抗日战争档案汇编

抗战时期抢修昆明机场档案汇编

云南省档案馆　编

中華書局

图书在版编目（CIP）数据

抗战时期抢修昆明机场档案汇编 / 云南省档案馆编.
－北京：中华书局, 2023.8
（抗日战争档案汇编）
ISBN 978-7-101-15304-0

Ⅰ. 抗… Ⅱ. 云… Ⅲ. 机场－历史档案－汇编
－昆明－1937-1945 Ⅳ. V351

中国版本图书馆CIP数据核字(2021)第163740号

书　　名　抗战时期抢修昆明机场档案汇编
丛 书 名　抗日战争档案汇编
编　　者　云南省档案馆
策划编辑　许旭虹
责任编辑　李晓燕
装帧设计　许丽娟
责任印制　管　斌
出版发行　中华书局
（北京市丰台区太平桥西里38号　100073）
http://www.zhbc.com.cn
E-mail:zhbc@zhbc.com.cn
图文制版　北京禾风雅艺文化发展有限公司
印　　刷　天津艺嘉印刷科技有限公司
版　　次　2023年8月北京第1版
2023年8月第1次印刷
规　　格　开本889×1194毫米　1/16
印张26½
国际书号　ISBN 978-7-101-15304-0
定　　价　400.00元

抗日战争档案汇编编纂出版工作组织机构

编纂出版工作领导小组

组　长　陆国强

副组长　王绍忠　付　华　魏洪涛　刘鲤生

编纂委员会

主　任　陆国强

副主任　王绍忠

顾　问　杨冬权　李明华

成　员（按姓氏笔画为序排列）

于学蕴　于晓南　于晶霞　马忠魁　马俊凡　马振犊

王　放　王文铸　王建军　卢琼华　田洪文　田富祥

史晨鸣　代年云　白明标　白晓军　吉洪武　刘　钊

刘玉峰　刘灿河　刘忠平　刘新华　汤俊峰　孙　敏

苏东亮　杜　梅　李宁波　李宗春　吴卫东　何素君

张　军　张明决　陈念芜　陈艳霞　卓兆水　岳文莉

郑惠姿　赵有宁　查全洁　施亚雄　祝　云　徐春阳

郭树峰　唐仁勇　唐润明　黄凤平　黄远良　黄菊艳

梅　佳　龚建海　常建宏　韩　林　程潜龙　焦东华

童　鹿　蔡纪万　谭荣鹏　黎富文

编纂出版工作领导小组办公室

主　任　常建宏

副主任　孙秋浦　石　勇

成　员（按姓氏笔画为序排列）

李　宁　沈　岚　贾　坤

云南省抗日战争档案汇编编纂出版工作组织机构

主　任　黄凤平

副主任　段俐娟　龙　岗　张文艺　刘海岩　王志强

委　员　梁屹峰　陈建东　杨健生　苏晓霞　梁雪花

叶惠杰　李　涛　杨庆树　杨　萍　和爱丽

《抗战时期抢修昆明机场档案汇编》编辑组

主　　编　黄凤平

副 主 编　段俐娟

执行副主编　李　艳

审　　稿　梁屹峰

编辑人员　刘春茂　杨　萍　殷俊燕　和丽琨　黄燕玲　李　燕　唐　娟

总序

为深入贯彻落实习近平总书记「让历史说话，用史实发言，深入开展中国人民抗日战争研究」的重要指示精神，国家档案局根据《全国档案事业发展「十三五」规划纲要》和《「十三五」时期国家重点档案保护与开发工作总体规划》的有关安排，决定全面系统地整理全国各级综合档案馆馆藏抗战档案，编纂出版《抗日战争档案汇编》（以下简称《汇编》）。

中国人民抗日战争是近代以来中国反抗外敌入侵第一次取得完全胜利的民族解放战争，开辟了中华民族伟大复兴的光明前景。这一伟大胜利，也是中国人民为世界反法西斯战争胜利、维护世界和平作出的重大贡献。加强中国人民抗日战争研究，具有重要的历史意义和现实意义。

全国各级档案馆保存的抗战档案，数量众多，内容丰富，全面记录了中国人民抗日战争的艰辛历程，是研究抗战历史的珍贵史料。一直以来，全国各级档案馆十分重视抗战档案的开发利用，陆续出版公布了一大批抗战档案，对揭露日本帝国主义侵华罪行，讴歌中华儿女勠力同心、不屈不挠抗击侵略的伟大壮举，弘扬伟大的抗战精神，引导正确的历史认知，发挥了积极作用。特别是国家档案局组织有关方面共同努力和积极推动，「南京大屠杀档案」被联合国教科文组织评选为「世界记忆遗产」，列入《世界记忆名录》，捍卫了历史真相，在国际上产生了广泛而深远的影响。

全国各级档案馆馆藏抗战档案开发利用工作虽然取得了一定的成果，但是，在档案信息资源开发的系统性和深入性方面仍显不足。正如习近平总书记所指出的：「同中国人民抗日战争的历史地位和历史意义相比，同这场战争对中华民族和世界的影响相比，我们的抗战研究还远远不够，要继续进行深入系统的研究。」「抗战研究要深入，就要更多通过档案、资料、事实、当事人证词等各种人证、物证来说话。要加强资料收集和整理这一基础性工作，全面整理我国各地抗战档案、照片、资料、实物等……」

国家档案局组织编纂《汇编》，对全国各级档案馆馆藏抗战档案进行深入系统地开发，是档案部门贯彻落实习近平总书记重要指示精神，推动深入开展中国人民抗日战争研究的一项重要举措。本书的编纂力图准确把握中国人民抗日战争的历史进程、主流和本质，用详实的档案全面反映一九三一年九一八事变后十四年抗战的全过程，反映中国共产党在抗日战争中的中流砥柱作用以及中国人民抗日战争在世界反法西斯战争中的重要地位，反映国共两党「兄弟阋于墙，外御其侮」进行合作抗战、共同捍卫民族尊严的历史，反映各民族、各阶层及海外华侨共同参与抗战的壮举，展现中国人民抗日战争的伟大意义，以历史档案揭露日本侵华暴行，揭示日本军国主义反人类、反和平的实质。

编纂《汇编》是一项浩繁而艰巨的系统工程。为保证这项工作的有序推进，国家档案局制订了总体规划和详细的实施方案，明确了指导思想、工作步骤和编纂要求。为保证编纂成果的科学性、准确性和严肃性，国家档案局组织专家对选题进行全面论证，对编纂成果进行严格审核。

各级档案馆高度重视并积极参与到《汇编》工作之中，通过全面清理馆藏抗战档案，将政治、军事、外交、经济、文化、宣传、教育等多个领域涉及抗战的内容列入选材范围。入选档案包括公文、电报、传单、文告、日记、照片、图表等多种类型。在编纂过程中，坚持实事求是的原则和科学严谨的态度，对所收录的每一件档案都仔细鉴定、甄别与考证，维护档案文献的真实性，彰显档案文献的权威性。同时，以《汇编》编纂工作为契机，以项目谋发展，用实干育人才，带动国家重点档案保护与开发，夯实档案馆基础业务，提高档案人员的业务水平，促进档案馆各项事业的发展。

守护历史，传承文明，是档案部门的重要责任。我们相信，编纂出版《汇编》，对于记录抗战历史，弘扬抗战精神，发挥档案留史存鉴、资政育人的作用，更好地服务于新时代中国特色社会主义文化建设，都具有极其重要的意义。

抗日战争档案汇编编纂委员会

编辑说明

一九三七年七月七日，中国抗日战争全面爆发，云南战略地位凸显，国民政府将云南作为中国航空训练飞行员的大后方，决定将中央航校迁往昆明，命云南扩修昆明、昭通等地机场，用于中央航校训练。武汉会战后，中国空军损失殆尽，国民政府采纳中国空军顾问陈纳德的建议，拟采用空中游击战术对抗日军空军，要多建机场。一九四〇年日军占领越南，陈纳德在云南组建飞虎队，云南从抗战大后方一跃成为抗战前沿。为便于飞虎队作战，云南修筑了大批机场。一九四二年滇西落入敌手，滇缅公路中断，为保障驼峰航线物资运输，云南又着手扩修大型机场。一九四三年，为配合滇西反攻，云南在边境沿线修筑一批简易机场。据档案统计，抗战时期云南新修筑机场四十一个，扩修机场十四个，总计有五十五个机场在抗战期间使用，其数量在全国名列前茅。

昆明机场（俗称巫家坝机场，曾名昆明飞行场）是云南的核心机场，是中国抗战最重要的航空基地，是「飞虎队」的主要基地，以「虎穴」而闻名于世。昆明机场包括一个核心机场——巫家坝机场，以及小麻苴、乾海子两个辅助机场。巫家坝机场历史悠久，一九二二年，云南省长唐继尧将位于巫家坝的陆军大操场改建为飞行训练场，是继北京南苑机场之后中国的第二个机场，开创云南航空先河。一九三〇年，云南省政府将巫家村全部搬迁，并征用和甸营、苜蓿村的部分土地，扩建成长两千米、宽一千五百米的机场。一九三七年八月，因中央航空学校即将迁来昆明，蒋介石命令扩建巫家坝机场，占用民地九百余亩，此次扩修建成两条长一千米的碎石跑道，并在小麻苴修建辅助机场。一九三九年七月，又将昆明官渡乾海子营房前原有东西跑道延长二百米，并在营房西面修筑一条长七百米、宽三百米的南北向跑道，作为中央航校的飞行训练场地。一九四二年美军驻华空军司令部设立在巫家坝。一九四三年，将巫家坝机场面积扩至四千余亩，两条跑道均增长到两千二百米，其中一条还改造成沥青路面，并配套修建仓库、候机室、医务所、旅馆、饭店和昆明美军第七招待所。

抗战时期云南抢修机场是中华民族全面抗日战争历史的有机组成部分。云南地处西南边陲，多高山少平地，粮食本不能自给，每隔两三年需到越南采购大米补充省内需求。但在抗战时期，为了抗击日本侵略军，云南不仅将仅有的平地贡献出来修筑机场，还出力、出钱，按时修筑完成大批的机场，为抗日空中作战和驼峰航线物资运输提供了保障。云南省档案馆以影印方式，编辑出版《抗战时期抢修昆明机场档案汇编》，真实记录了云南人民抢修机场的历史，展现了云南各民族在抗战中的奉献和牺牲精神，丰富和完善了中华民族在中国共产党抗日民族统一战线的领导下全民抗战的伟大历史，具有独特的价值。

本书选取档案九十三份，全部来自云南省档案馆藏。所选档案时间跨度为一九三七年至一九四五年，包括筹划与施工、征地与补偿两个部分，内容主要为航空委员会与云南省政府协商扩修昆明机场的往来电文；云南省政府、云南省建设厅、昆明实验县、昆明飞行场关于扩修机场事宜的往来公文；勘测、扩修机场相关记录；拨发征地费、青苗费等地价清册；扩修机场征地统计表；扩修机场会议记录、工作报告等。

每部分采用「主题—时间」的体例进行编排。档案所载时间不完整或不准确的，经考证作了补充或订正。全书未做删节，如有缺页，为档案自身缺页。标题中人名使用通用名，机构名称使用机构全称或规范简称，历史地名沿用当时地名。

本书使用规范的简化字。对标题中人名、历史地名、机构名称中出现的繁体字、错别字、不规范异体字、异形字等，予以径改。限于篇幅，本书不作注释。

限于学识与水平，本书难免会有疏漏，敬请专家和读者指正。

编　者

二〇一八年十月

目录

一、筹划与施工

二、征地与补偿

一、筹划与施工

滇黔「剿匪」总司令部关于扩修昆明飞行场并在昆明附近另辟新机场致参谋处的训令（一九三七年八月二十八日）

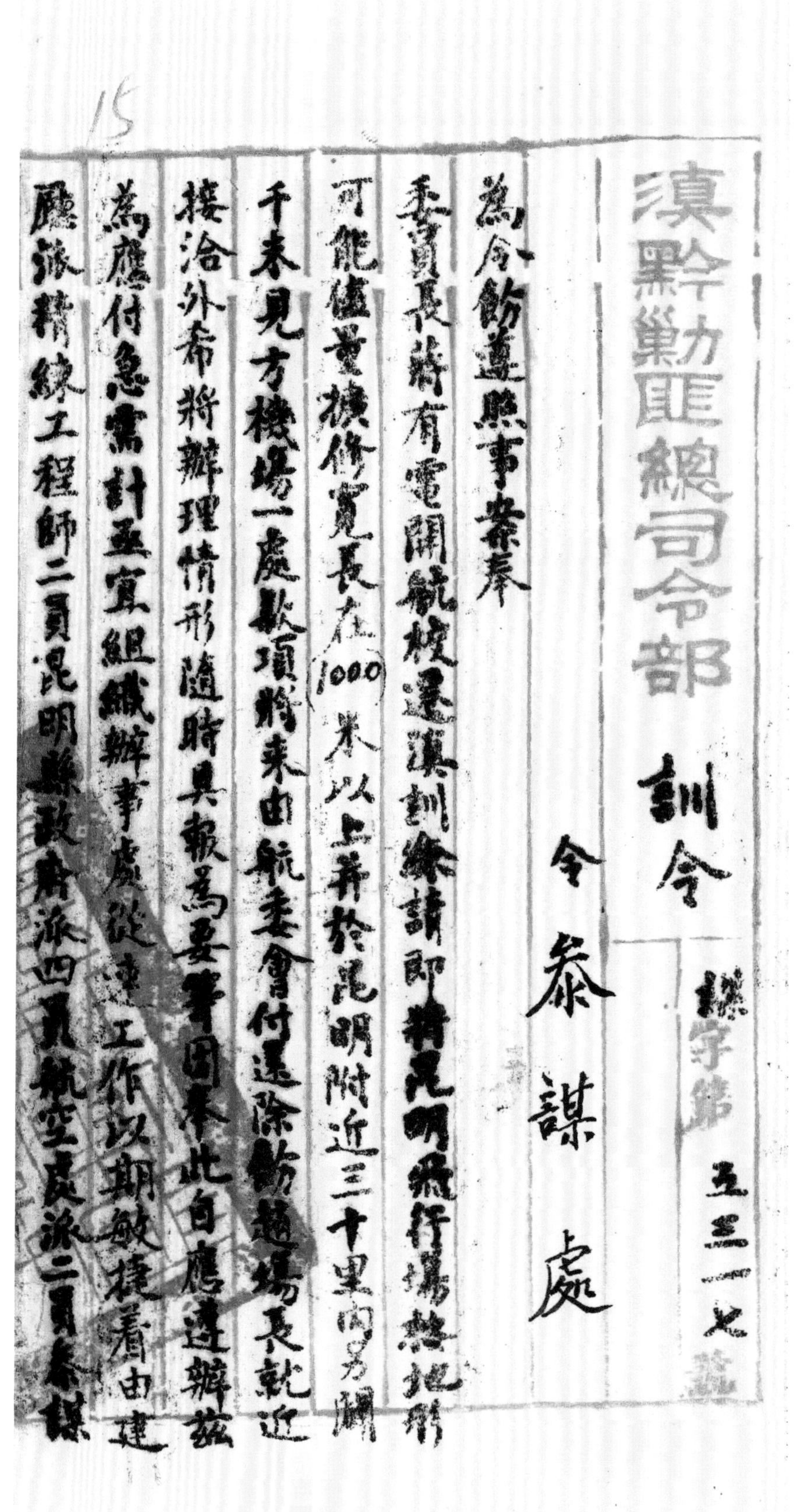

滇黔勦匪總司令部 訓令 標字第五三一七號

令參謀處

為令飭遵照事案奉

委員長蔣有電開航校遷滇訓練請即將昆明飛行場盡地形可能儘量擴修寬長在1000米以上并於昆明附近三十里內另闢千米見方機場一處款項將來由航委會付還除飭趙場長就近接洽外希將辦理情形隨時具報為要等因奉此自應遵辦茲為應付急需計亟宜組織辦事處從速工作以期敏捷着由建廳派精練工程師二員昆明縣政府派四員航空處派二員參謀

處派二員軍需局派二員會同飛行場長迅將巫家壩飛行場儘量擴修長寬至一千米以上并另於小麻苴地方勘修一千米見方之飛行場一塊以資軍用至各處所派人員務擇其精幹得力者為主統由參謀處所派之人員負責召集即日組織成立具報此令

總司令龍雲

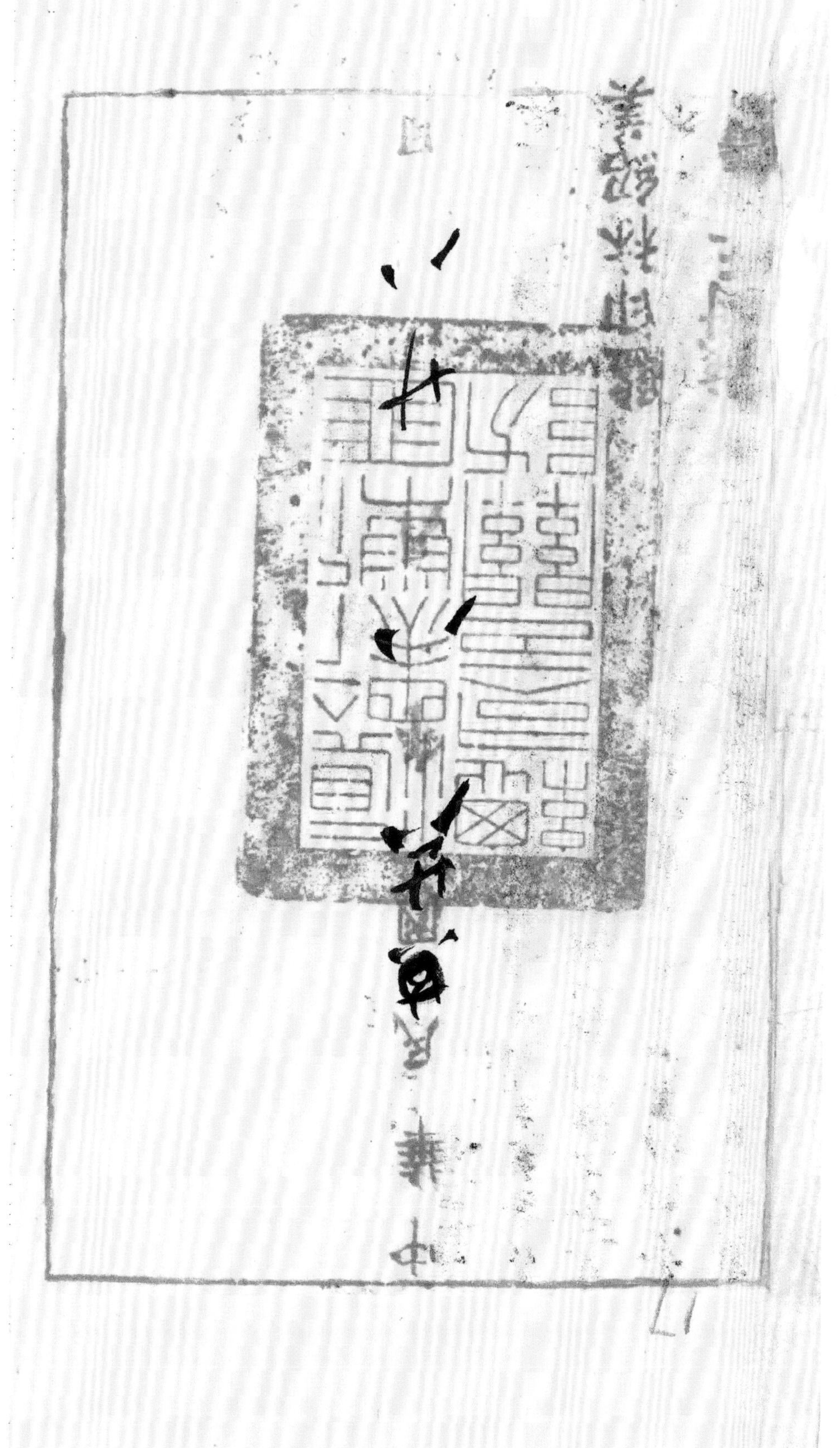

航空委员会昆明飞行场关于经勘察小麻左（苴）可修机场事宜致云南省政府的呈（一九三七年八月二十九日）

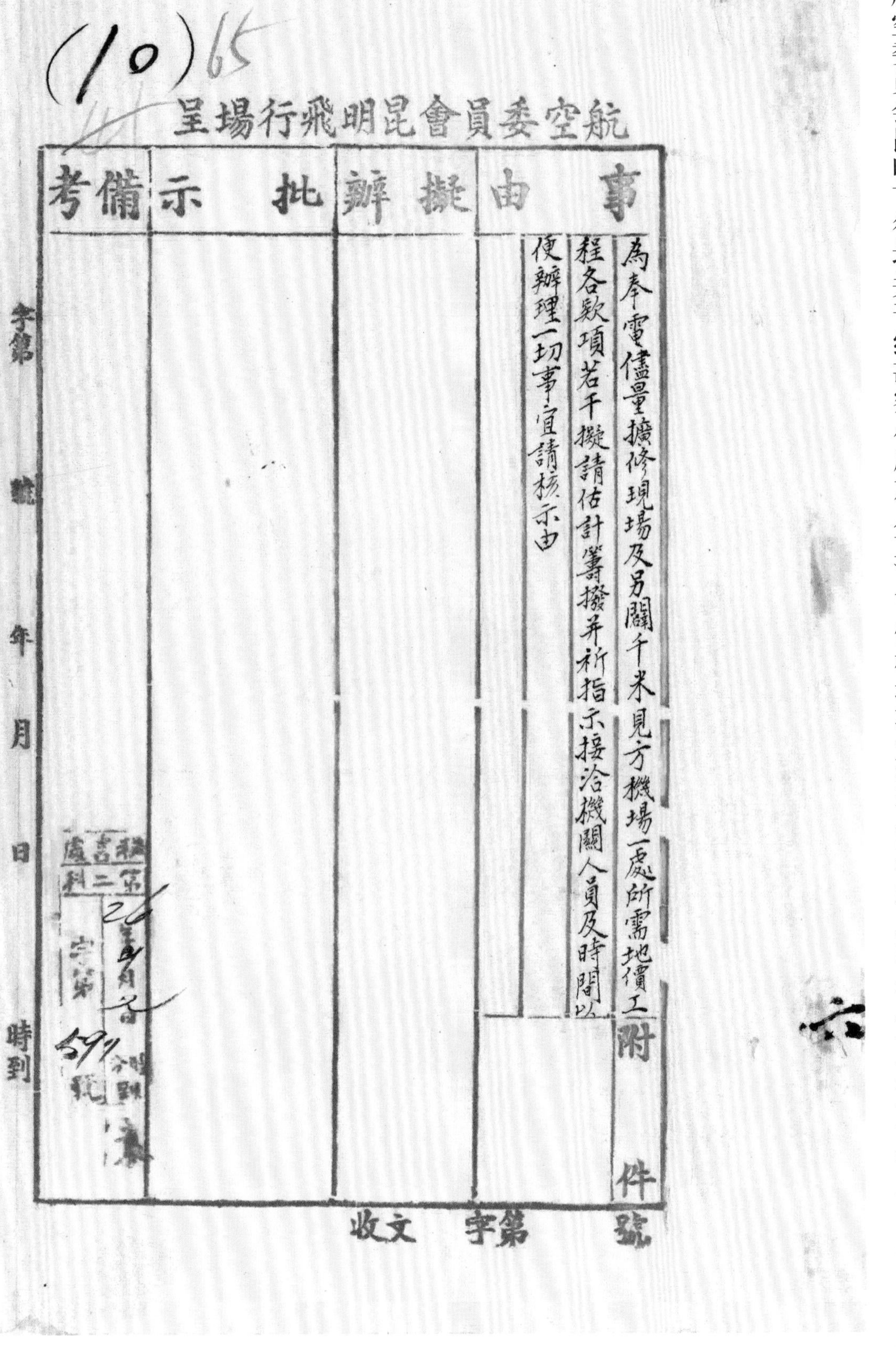
(10)65

航空委員會昆明飛行場呈

事由	為奉電儘量擴修現場及另闢千米見方機場一處所需地價工程各款項若干擬請估計籌撥并祈指示接洽機關人員及時間以便辦理一切事宜請核示由
附件	
擬辦	
批示	
備考	

收文　字第　號

案奉

航空委員會有冠丁電開：

「航校即日遷昆明，着即往省府接洽，將現場儘量擴修，並於

卅里内另闢千米見方機場一處，欵項將來由會付還，除由

委座電龍主席外，仰遵照，并將辦理情形隨時具報為要」

等因，奉此，應即遵辦。查現場儘量擴修一案，應重行劃界，測量，估計

工料，地價，火速興工，以利軍用急需，至飭於三十里内另闢千米見方

機場一處，職場昨奉會令飭勘選預備機場，業已勘選得小麻左地方

，其面積已達千米見方，交通方便，地價便宜，工程不大，土質合用

，均適於建築飛行場之用，業經繪具地形圖，呈報

航委會在案，惟儘量擴修現場，及另闢千米見方機場，所需地價工料各欵項若干，擬請估計籌撥，將來由會付還，並祈指示接洽機關人員及時間，以便商辦一切事宜。是否有當？理合備文呈請

鑒核示遵！謹呈

雲南省政府主席龍

昆明飛行場場長趙達

67

68
中華民國二十六年八月二十九日
昆字第67號

滇黔「剿匪」总司令部参谋处关于派员筹商扩修巫家坝机场事宜给去南省建设厅、昆明县、航空处、军需局、昆明飞行场的通报（一九三七年八月三十日）

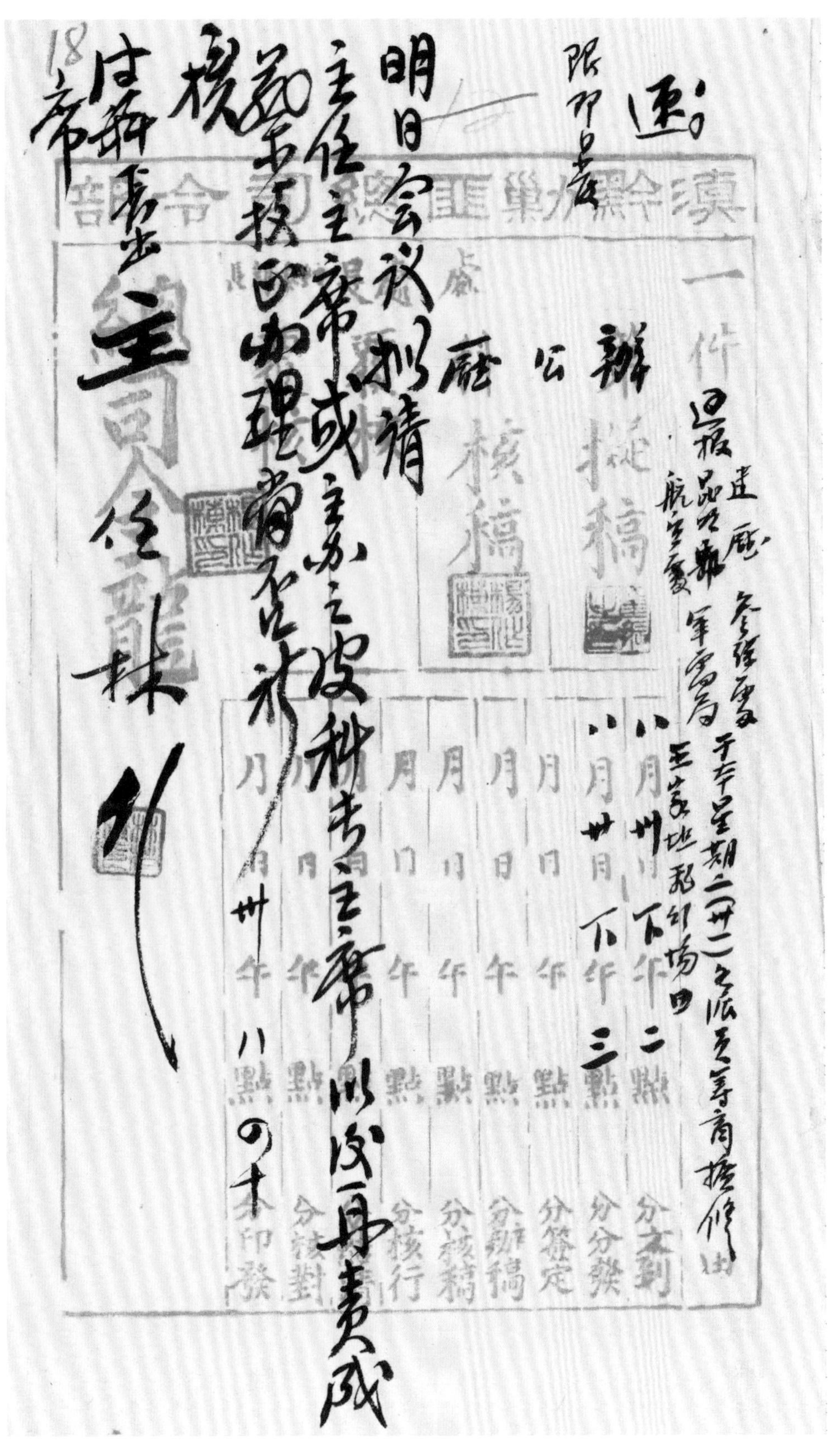

通報　八月卅日
于參謀室

為通報事案奉總司令部代電第5317號

開特奉

委員長蔣有電開　航校遷陸訓練云云

（錄原文）總司令參謀處長黃召集即日組團

成立具報　本團業於本星期二

（八月廿一日午後二時）

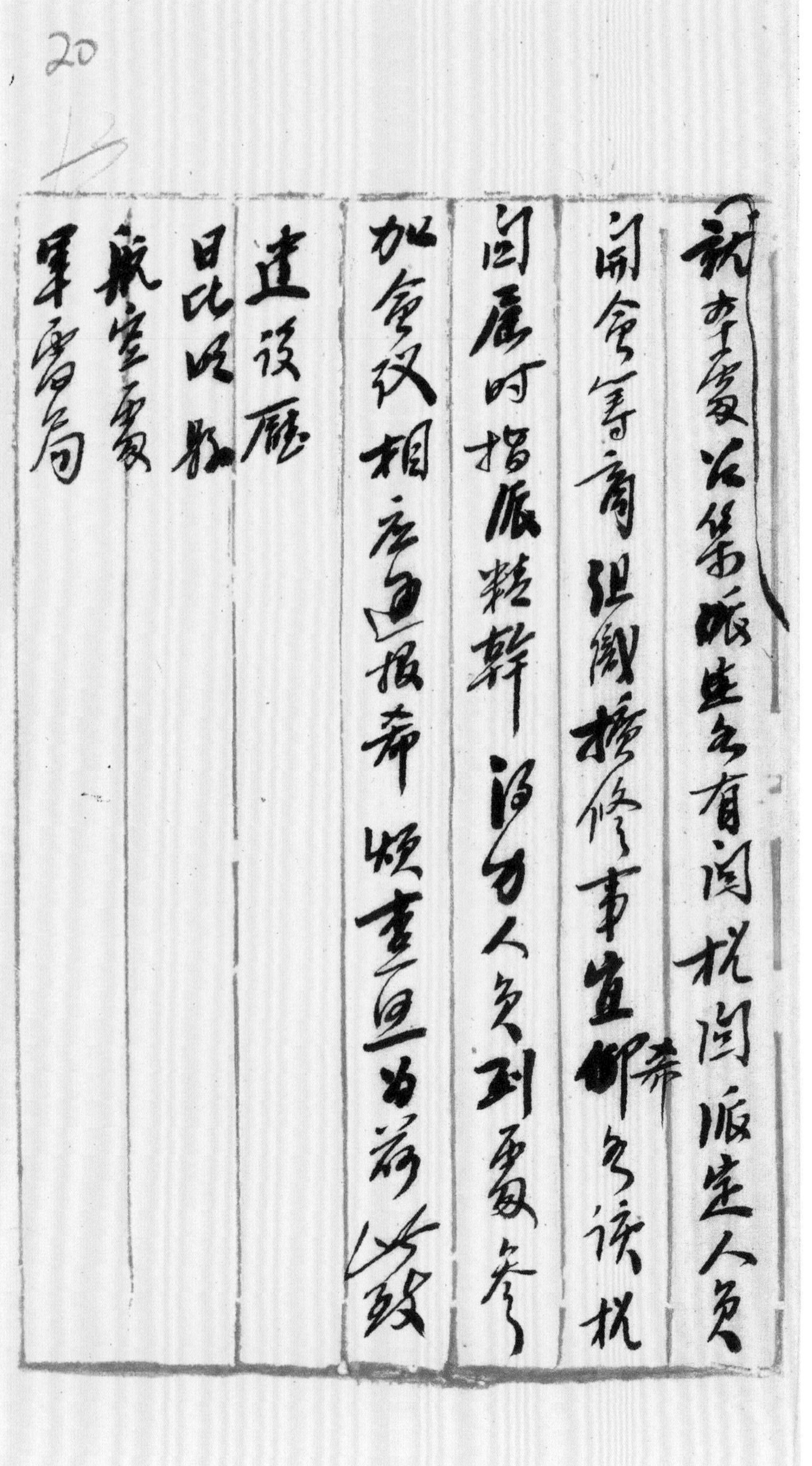

20

逕本處以業派定各有關機關派定人員開會籌商組織搶修事宜，即希各該機關屆時指派精幹得力人員到處參加會議，相應函達，即希查照為荷。此致

建設廳

昆明縣

航空處

軍需局

[illegible]

中華民國廿六年八月廿二日

[illegible]啓

昆明县政府关于派鲁锋等人出席会商办理扩修机场事宜致滇黔「剿匪」总司令部的呈（一九三七年八月三十日）

呈為呈覆事：案奉
鈞部謀字第三三一七號訓令開：
案奉
委員長蔣有電開：航校遷滇訓練，請即將昆明飛行場按地形可能儘量
擴修寬在一千米以上，并於昆明附近三十里內，另闢千米見方機場一處，款項
將來由航委會付還。除飭趙場長就近接洽外，希將辦理情形隨時具報
為要。等因。案。飭縣派四員會同飛行場長迅將巫家壩飛行場儘量擴修長寬
至一千米以上，并另於小麻苴地方勘修一千米見方之飛行場一塊，以資軍用，至各處所
派人員，務擇其精幹得力者為主，統由參謀處所派之人員負責召集，即日組織成立籌
等因，奉此，自應遵照辦理。除由縣派財政局正副局長魯鋒、林嘉懋，建設局正副局

長趙烟高慶嵩及技士魯啟昆前往出席，負責辦理，并於必要時由縣長親往會同辦理外，理合將辦理情形具文呈覆，請祈

鈞部鑒查備案。

謹呈

滇黔剿匪總司令部

昆明縣縣長董廣布

40

中華民國二十六年八月三十日

云南省建设厅关于派夏昌槐等人办理扩修机场致云南省政府的密函（一九三七年九月一日）

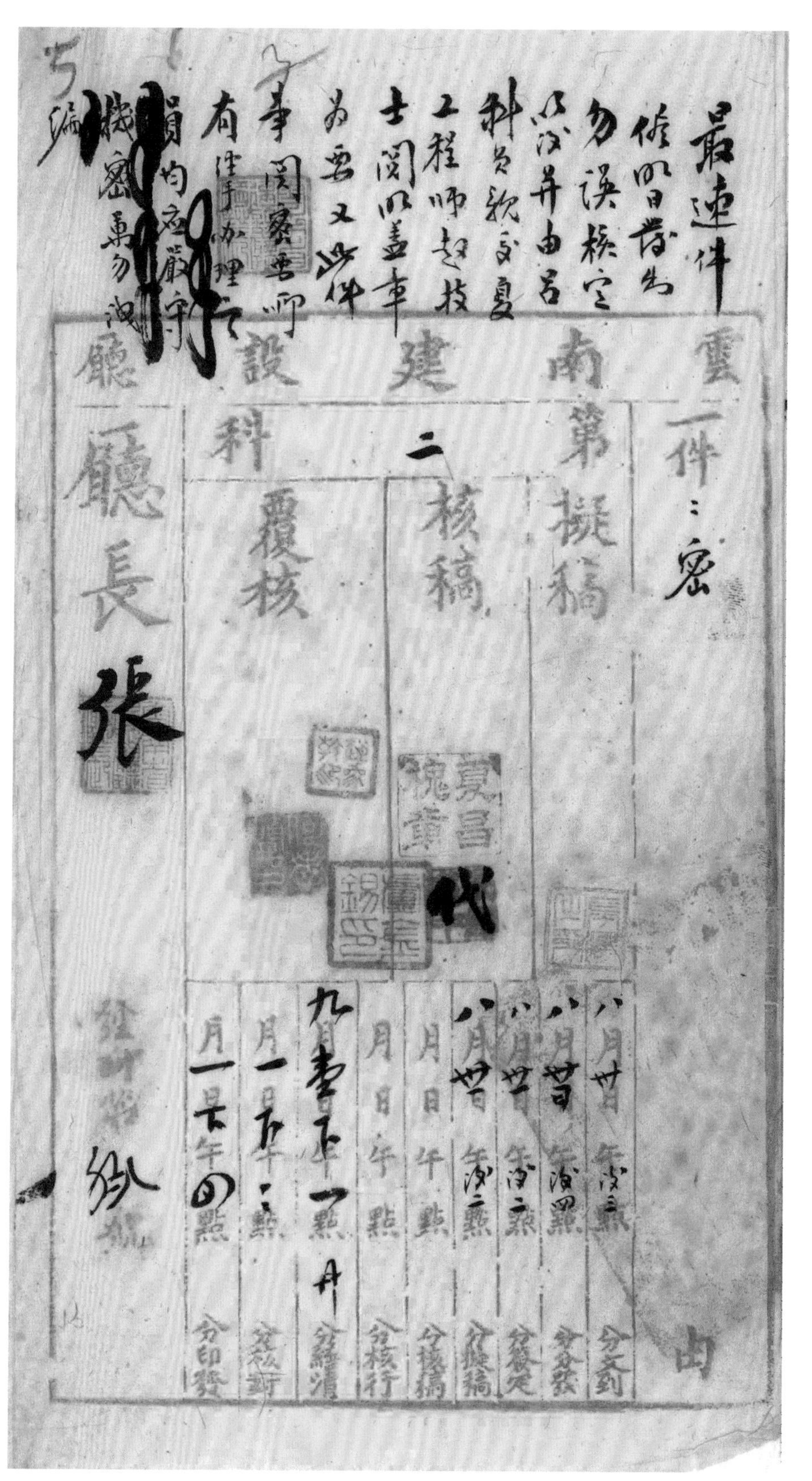

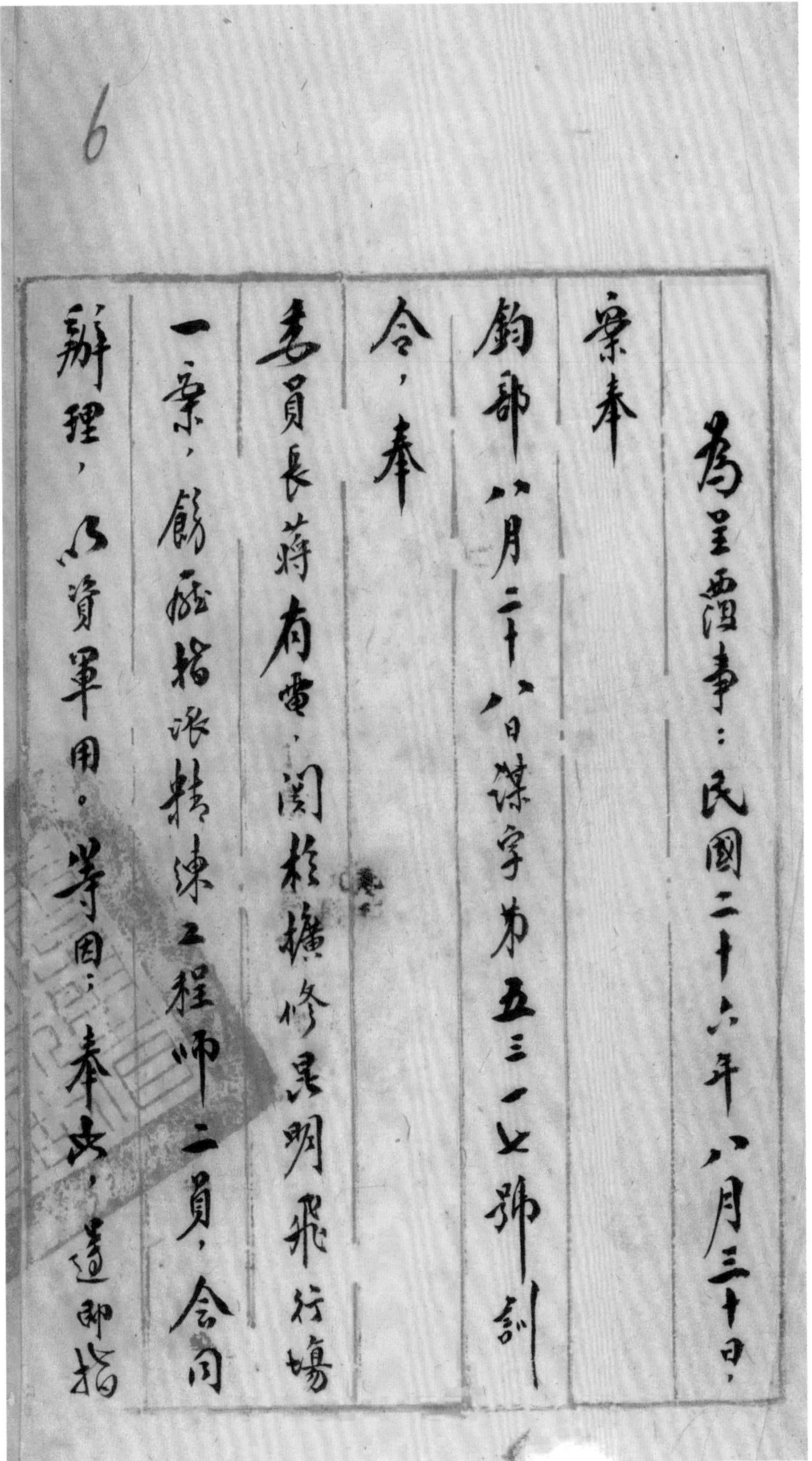

6

為呈覆事：民國二十六年八月三十日，

案奉

鈞部八月二十八日謀字第五三一七號訓

令，奉

委員長蔣有電，關於搶修昆明飛行場

一案，飭派指派精練工程師二員，會同

辦理，以資軍用。等因；奉此，遵即指

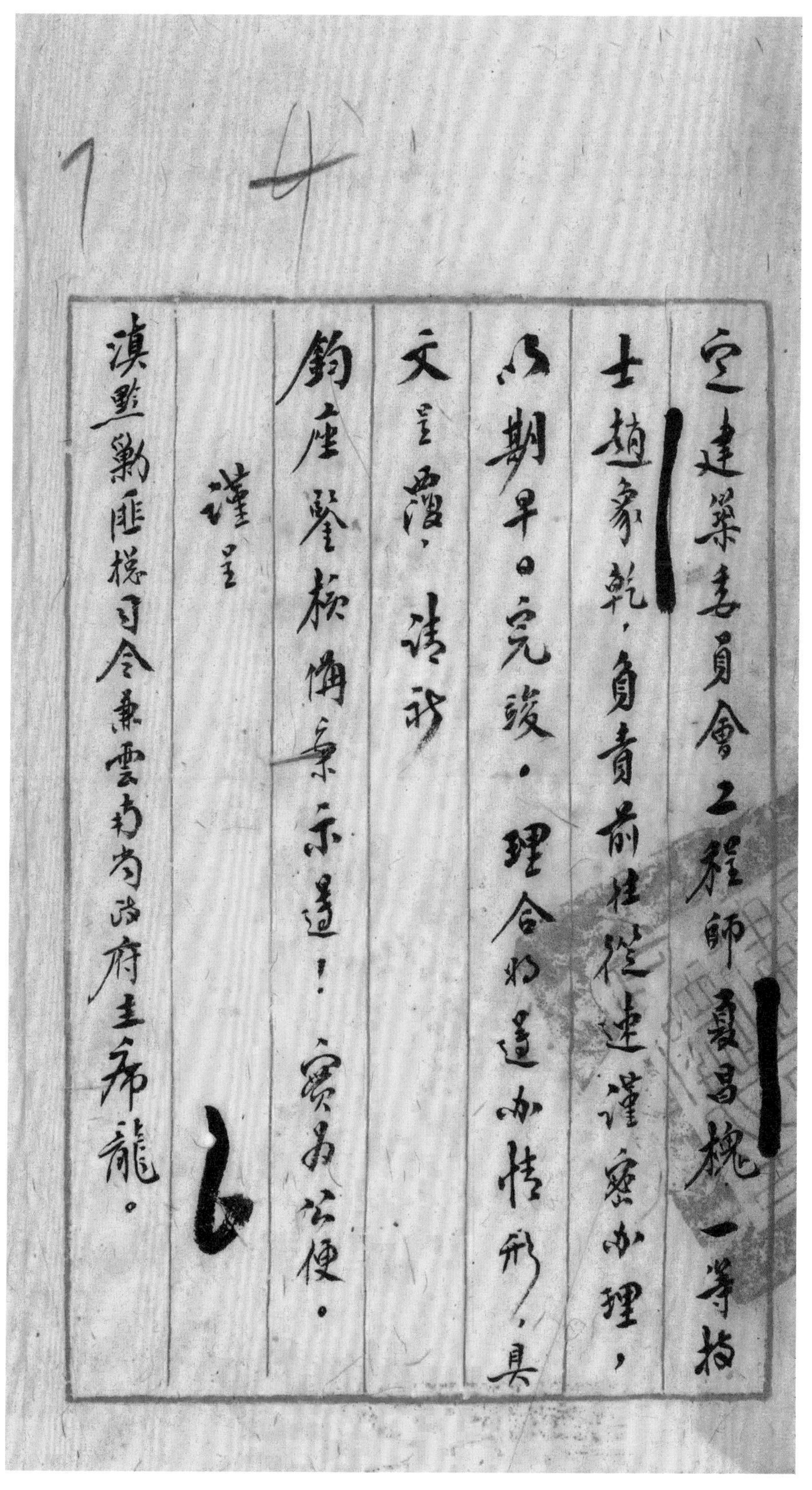

空建築委員會工程師聶昌槐一等技
士趙家乾，負責前往從速謹慎辦理，
以期早日完竣。理合將遵辦情形，具
文呈覆，請祈
鈞座鑒核備案示遵！實爲公便。
謹呈
滇黔剿匪總司令兼雲南省政府主席龍。

8

兼建设厅厅长张〇

民国二十六年八月　日

承缮员徐汝烔

滇黔「剿匪」总司令部参谋处关于上报扩修巫家坝、勘辟小麻苴机场会议记录的签呈（一九三七年九月一日）

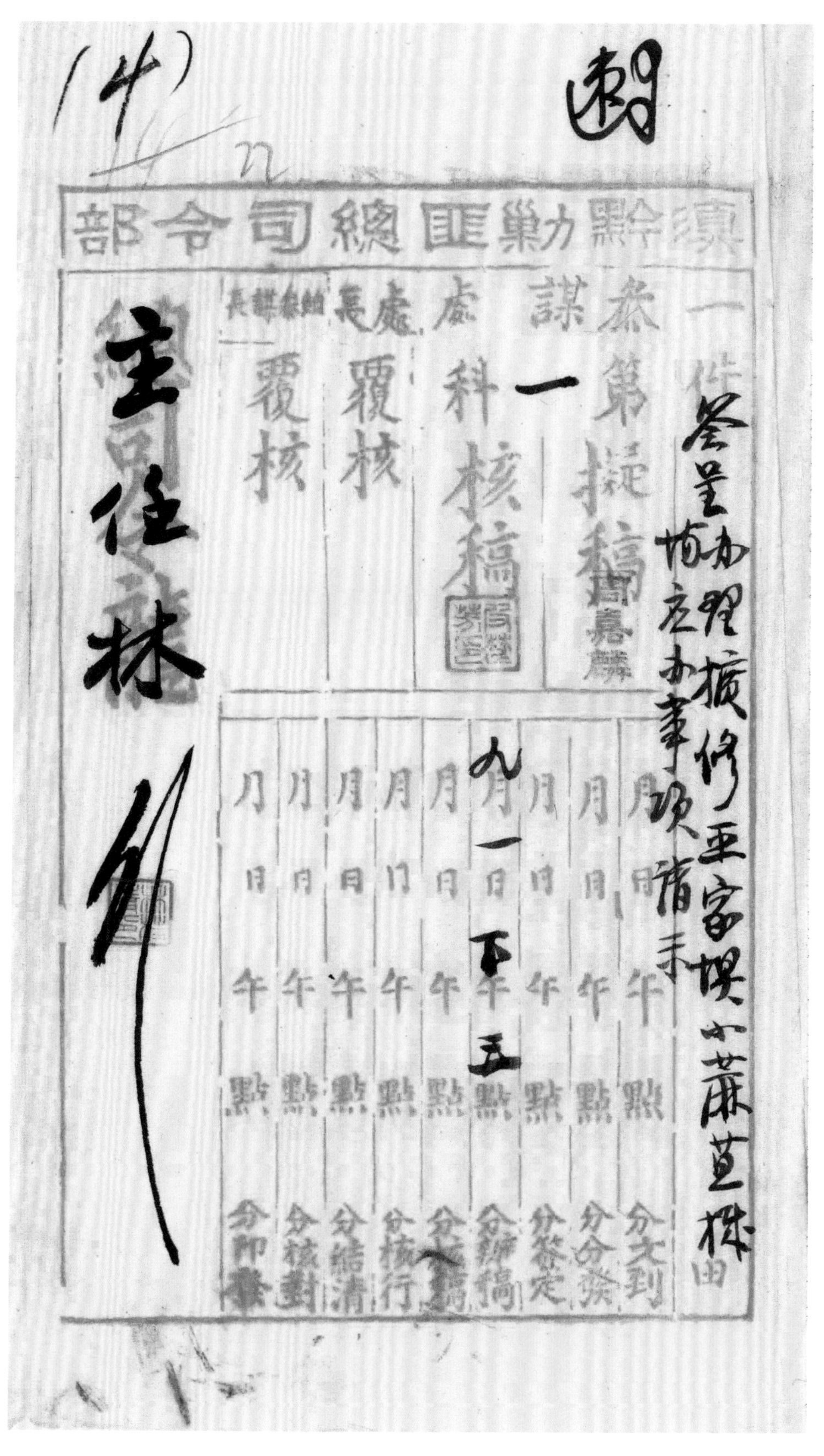

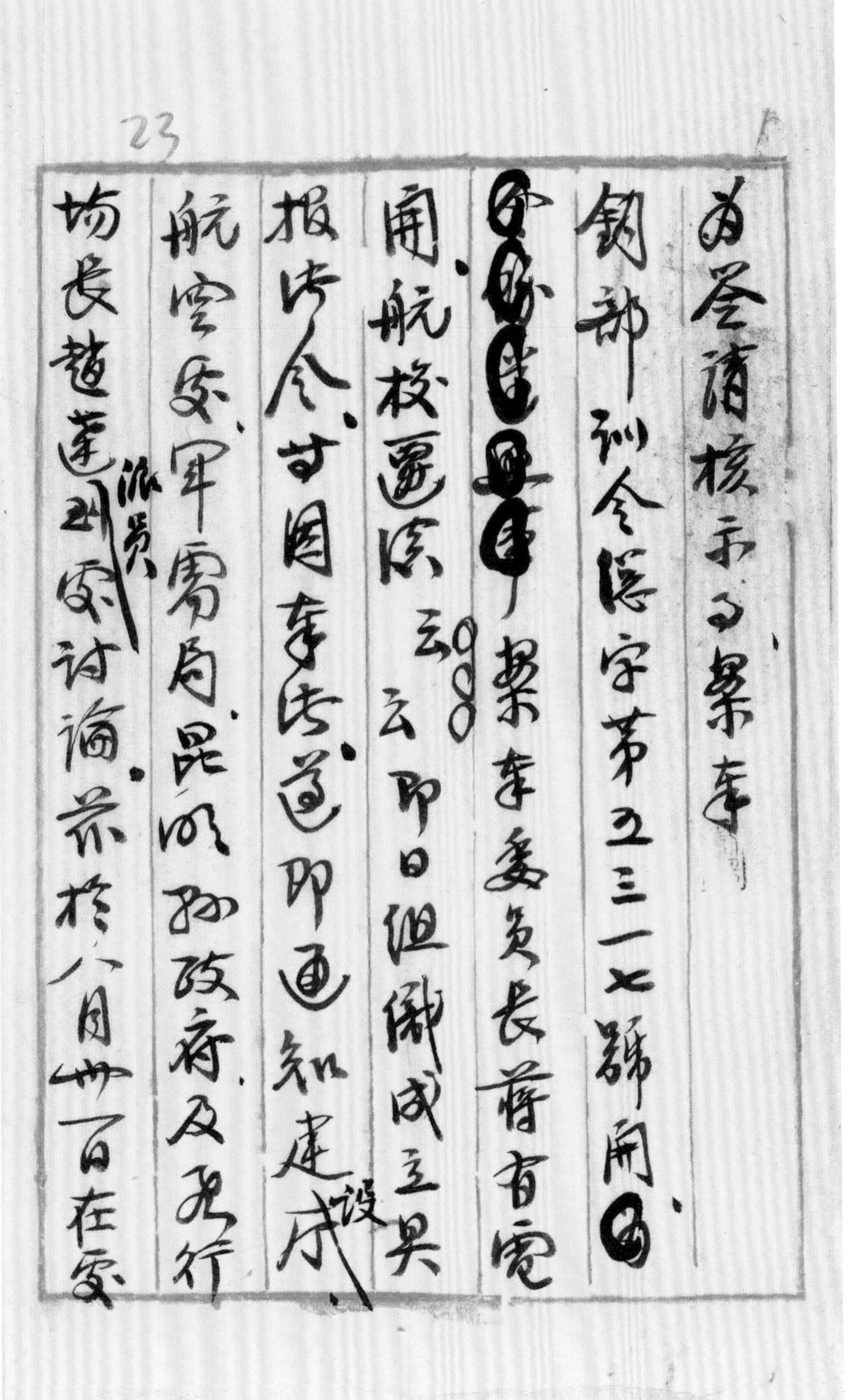

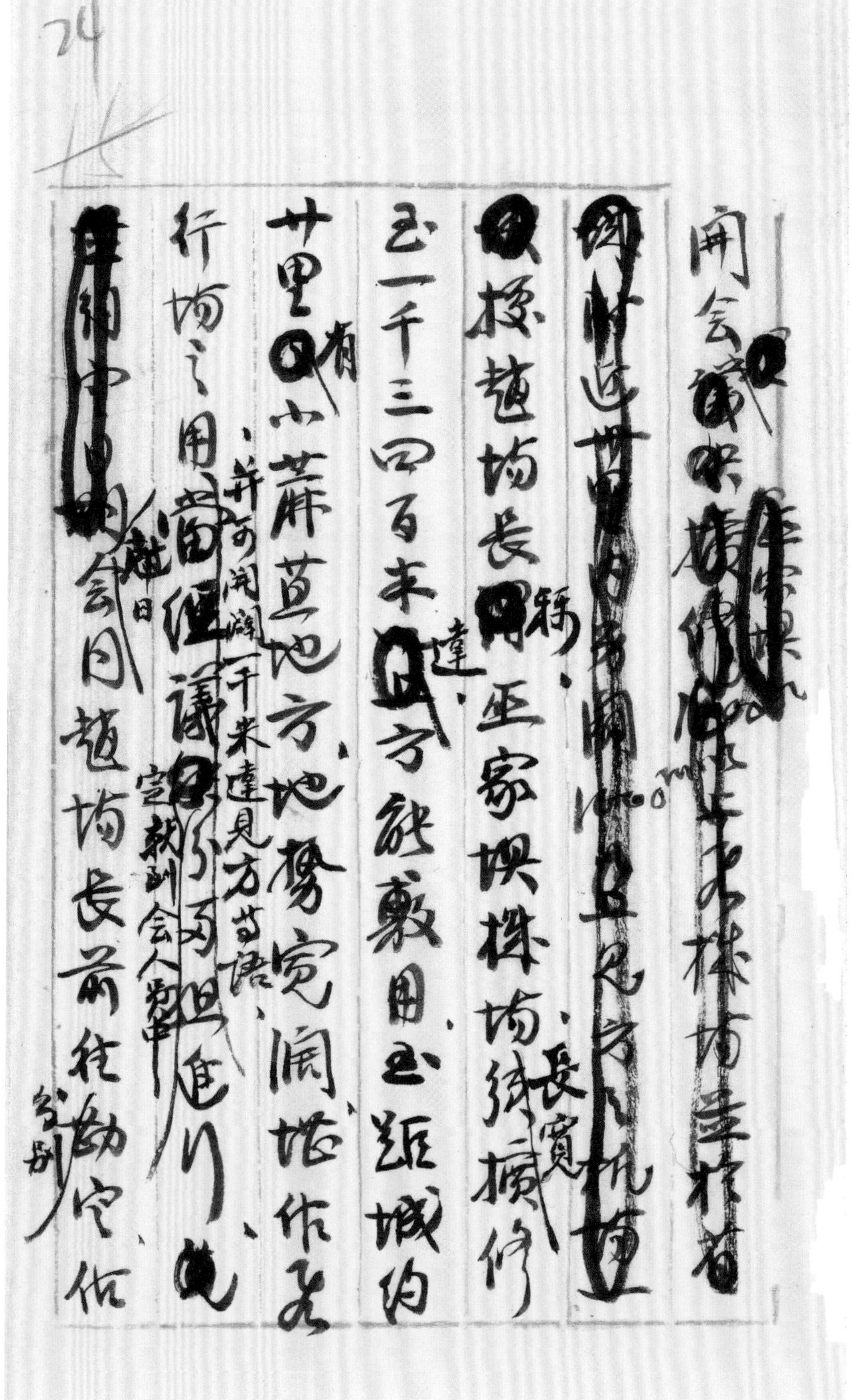

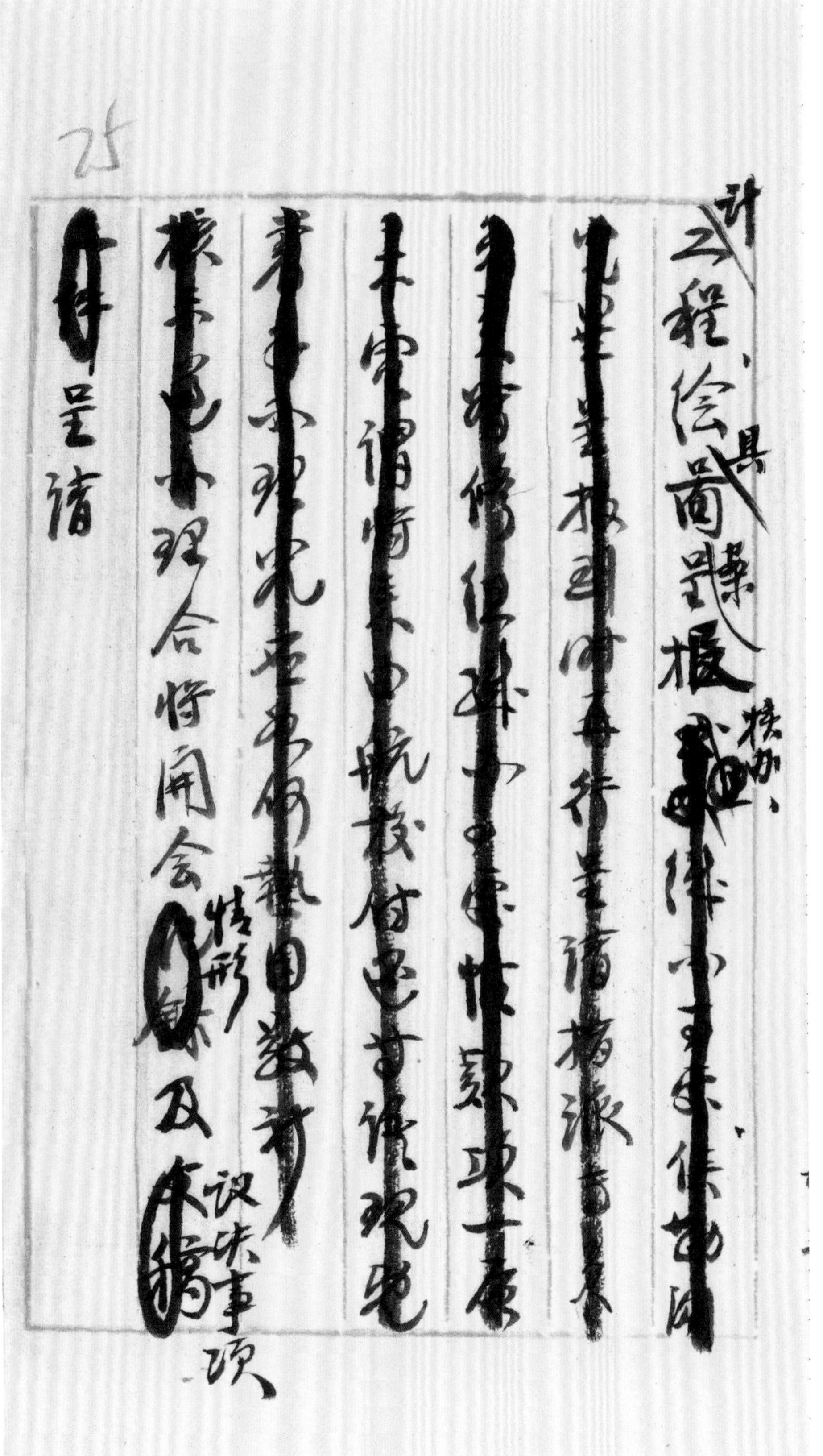

计工程、绘具图表、核办、

理合将开会情形及议决事项

呈请

峯核[illegible]謹呈
張參謀長核轉
張司令鑒、
云任株○○
附呈[illegible]議事紀錄一件。

附：扩修巫家坝、勘辟小麻苴飞行场会议记录

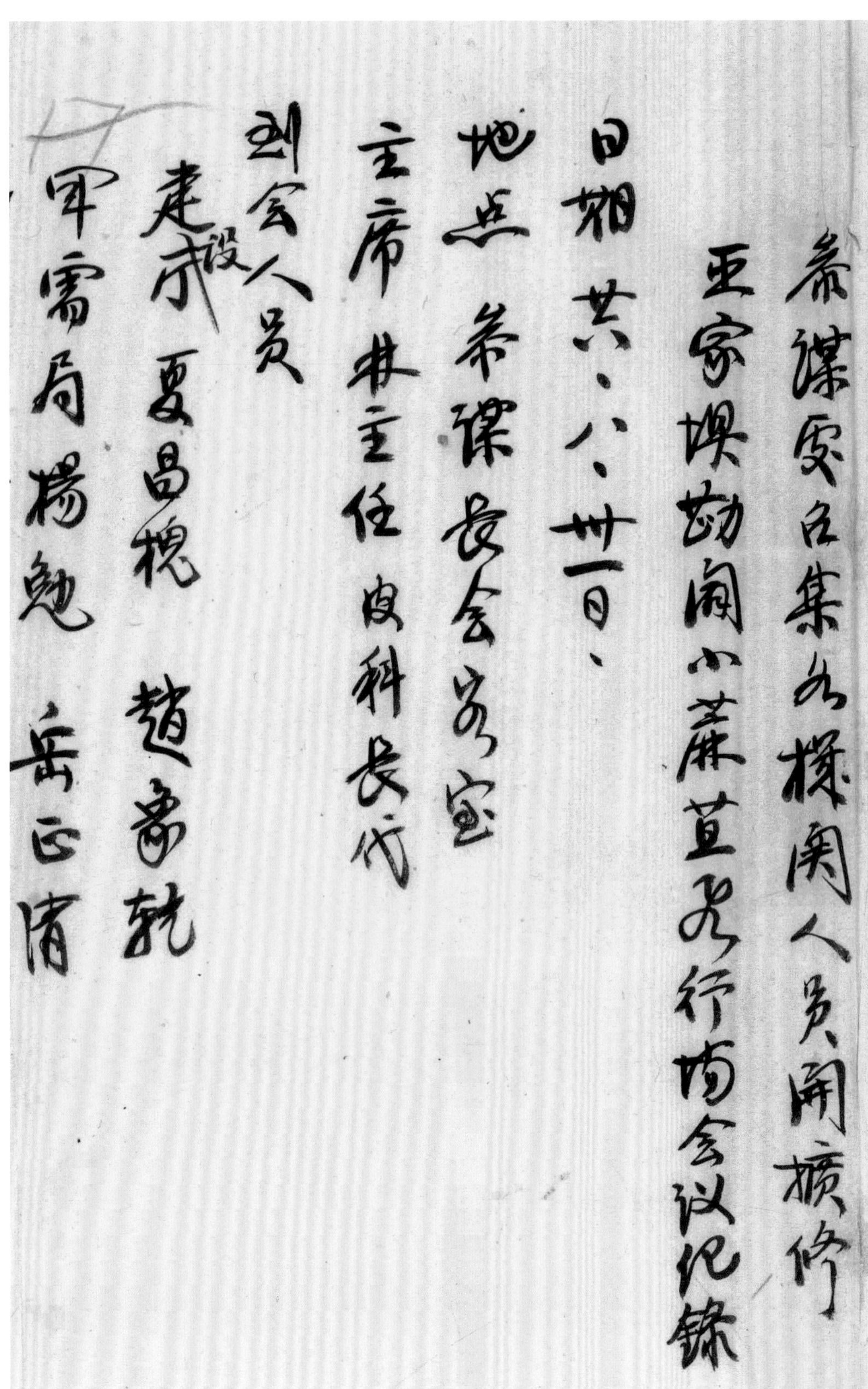

参谋处召集各机关人员开扩修

巫家坝勘辟小麻苴飞行场会议纪录

日期 廿六、八、廿一日、

地点 参谋长会客室

主席 林主任 由科长代

到会人员

建设厅 夏昌槐 赵希乾

军需局 杨勉 岳正清

航空委 陈空川 陈文彬

参谋处 蔡崇礼 梁家祥

昆明财政府 赵炯 高庆嵩

鲁锋 鲁启昆

赵埼长达

纪录 周嘉麟

闻会理由

皮科长报告：本日召集各位到会，系奉
委员长电令扩修羊街机场，其详细情形，
政府已令知在案，勿庸赘述。惟事关重
大，此时机紧迫，特请各位开会讨论，以期办事
捷速，并望严守秘密，办事宜俾以免敌人探
知为要。

提议事项

一、扩修王家坝机场及勘测小麻苴

桥墩应如何办理

议决（就到会人员）分为两班进行，第一班（查勘）由夏昌

槐、赵炯、鲁启昆、杨勉、陈文彬、蔡学礼

等担任，第二班（查勘）外滩道，由赵鲁统、鲁铧、

高庆嵩、岳正清、陈定川、梁家祥等

担任，并（即约定日期会同赵扬厂前往）勘定，估计工程、绘

图呈报，勘测器具由建厅李赵二工程师

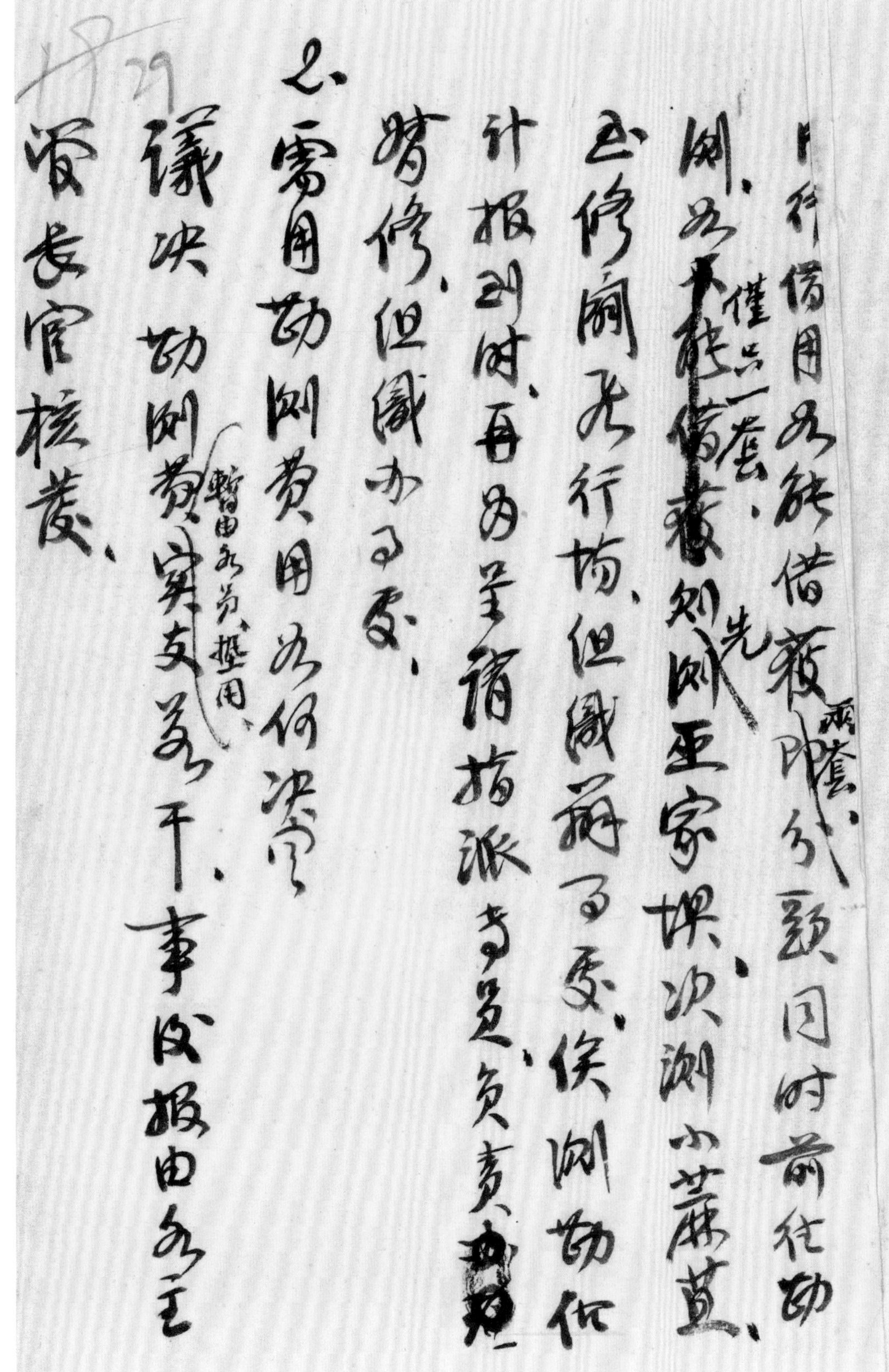

29

□行借用各种借被两套，分头同时前往协

测，各先种借被仅出一套，知测亚家坝、次测小麻苴、

再修测各行场，但织稍可足，俟测协作

计报到时，再分呈请指派专员负责办理

赶修，但织亦可足。

2. 需用协测费用如何决定

议决：协测费实支若干（暂由各员垫用），事后报由各主

管长官核发。

航空委员会昆明飞行场关于请派炮兵团挖掘巫家坝机场防空壕沟致滇黔绥靖公署的呈（一九三七年九月一日）

84

案奉

航空委員會訓令技五丁字第4136號開：

「現值時局緊張，本會各站場四週，應即挖掘壕溝，各站場員兵並須教以空襲時自衛方法，茲隨令繪發適用於飛行場之防空溝圖一種，仰即參考赶日開挖，限期完成備用，一面訓練全站員兵防空自衛方法，並將約幾時可以完成時間先行具復為要。此令。附發天字三十一號乙圖一張。」

等因，奉此，除遵令訓練職場員兵教以空襲時自衛方法外，理合將奉發之防空溝圖照繪一張，隨文呈請

鈞署飭派砲兵團赶日開挖，以防萬一；并祈將約幾時可以完成時間，先

85

行示遵，俾便呈復。謹呈

滇黔綏靖主任龍

計呈照繪天字三十一號乙圖一張

昆明飛行場長趙　達

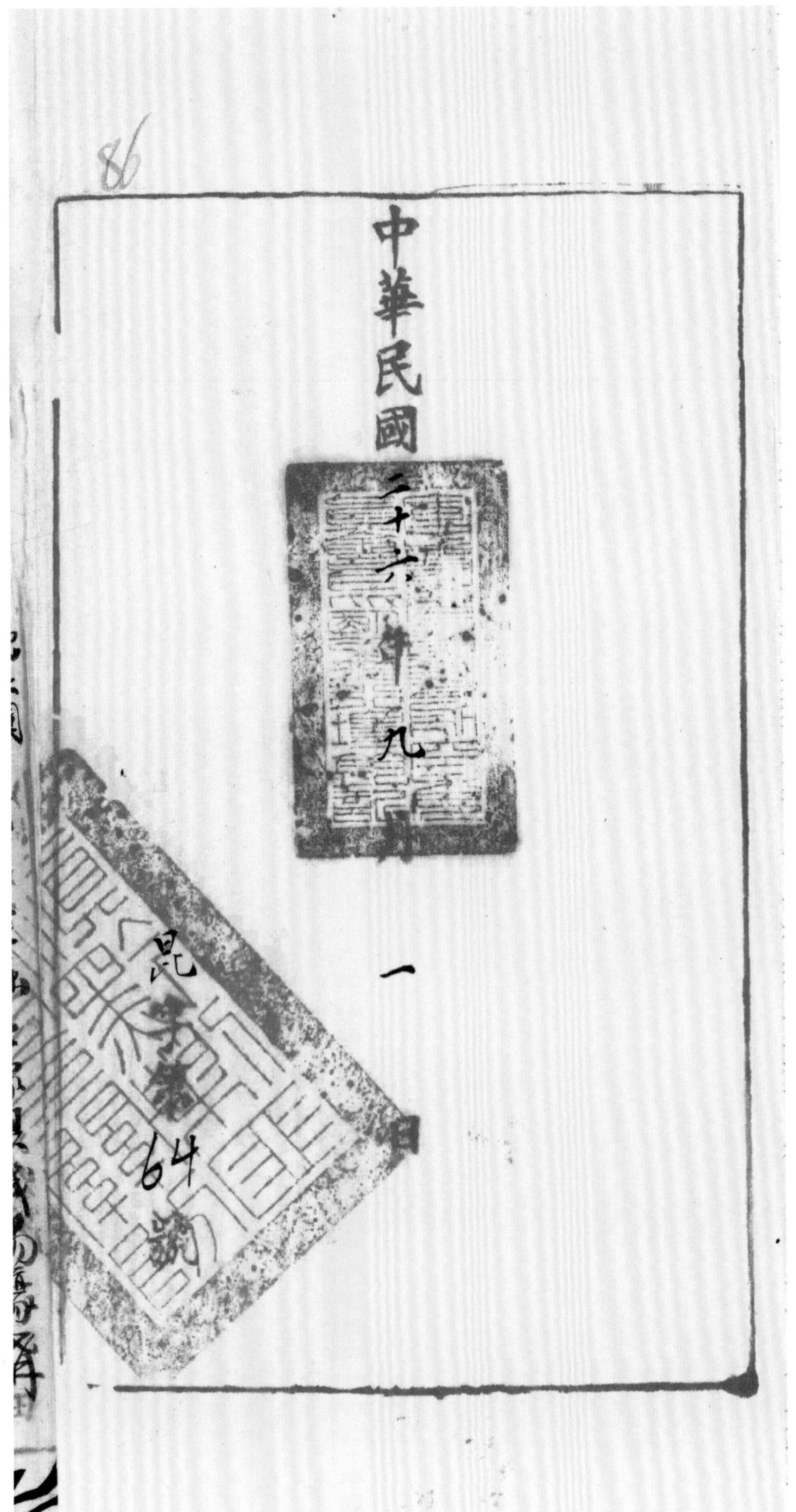
中華民國二十六年九月一日

昆字第64號

航空委员会昆明机飞行场关于请派警戒部队协助航校迁滇致滇黔绥靖公署的呈（一九三七年九月三日）

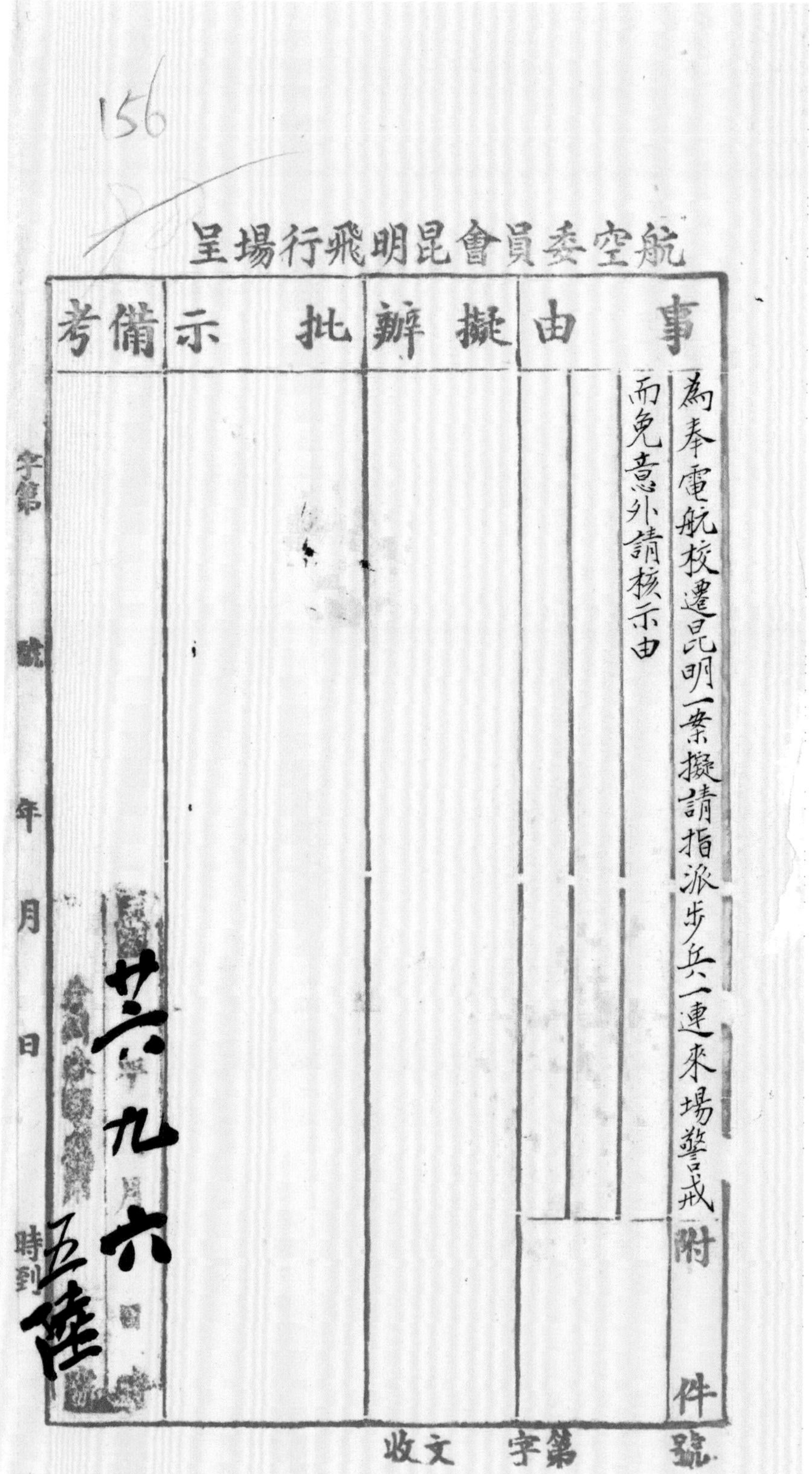

156

航空委員會昆明飛行場呈

事由	為奉電航校遷昆明一案擬請指派步兵一連來場警戒而免意外請核示由
附件	
擬辦	
批示	
備考	

收文　第　字　號

到時　廿六年九月六日五時

第　字　號　年　月　日

案查昨奉

航委員冠丁電，航校即日遷昆明等因，一案。查航校遷移昆明，必有多量飛機，隨之而來，現航空處内之廠庫有限，恐難容納，勢必放置場中，事關空軍軍事，勢應事前週密，場外四週，須斷絶交通。擬請指派警戒部隊得力步兵一連，俟航校遷來前，即來場警戒，而免意外。是否有當？理合具文呈請

鑒核示遵！謹呈

滇黔綏靖主任龍。

昆明飛行場長趙達

157

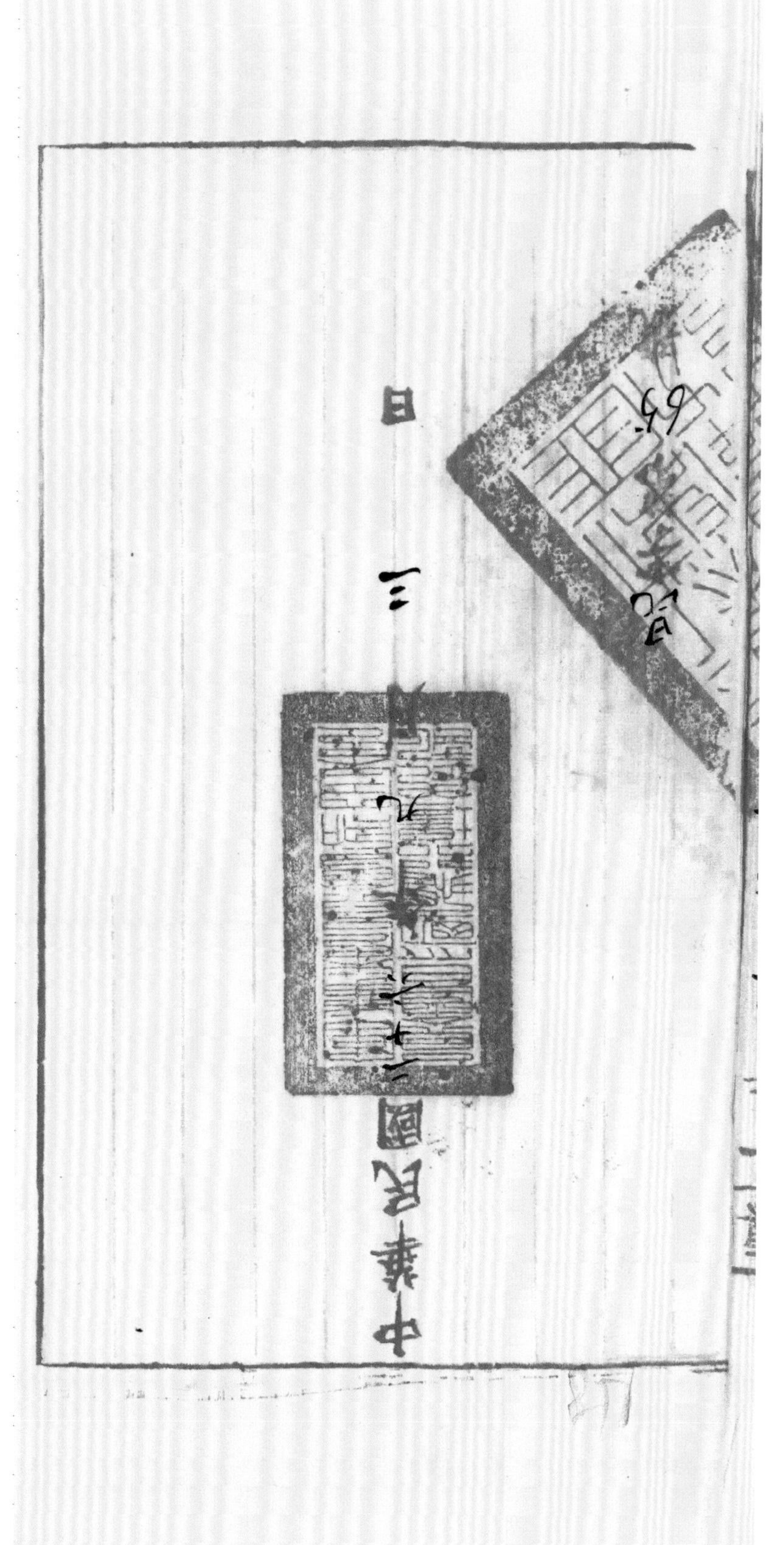

中華民國二十九年三月　日

滇黔绥靖公署关于会同建设厅办理勘测昆明机场事宜致昆明飞行场的指令（一九三七年九月八日）

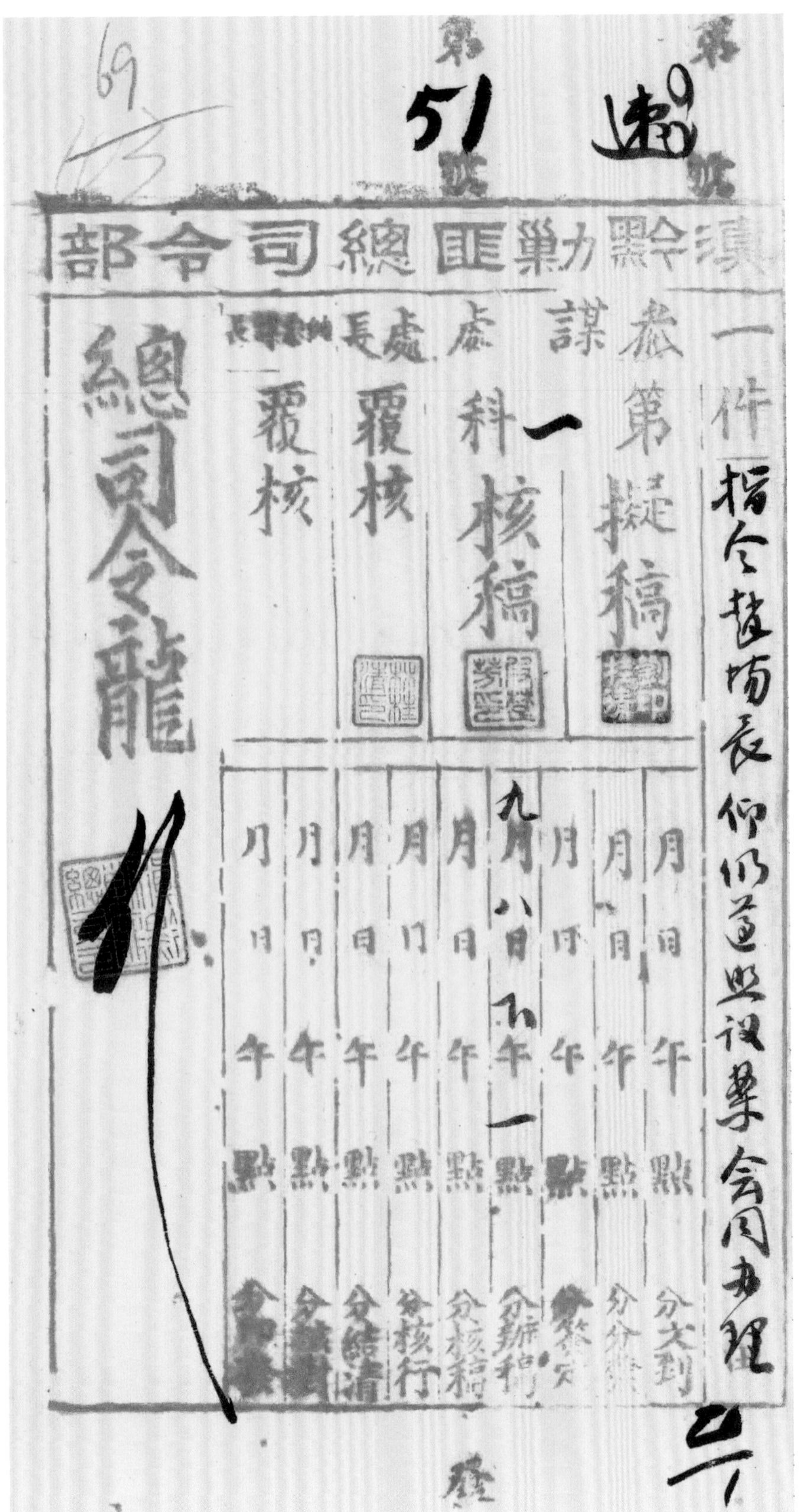

第51號 第9號

滇黔勦匪總司令部

一件 指令捷场长仰仍遵照设集会同办理

參謀處 第一科 擬稿 核稿

處長 覆核

參謀長 覆核

總司令龍

九月八日下午一點

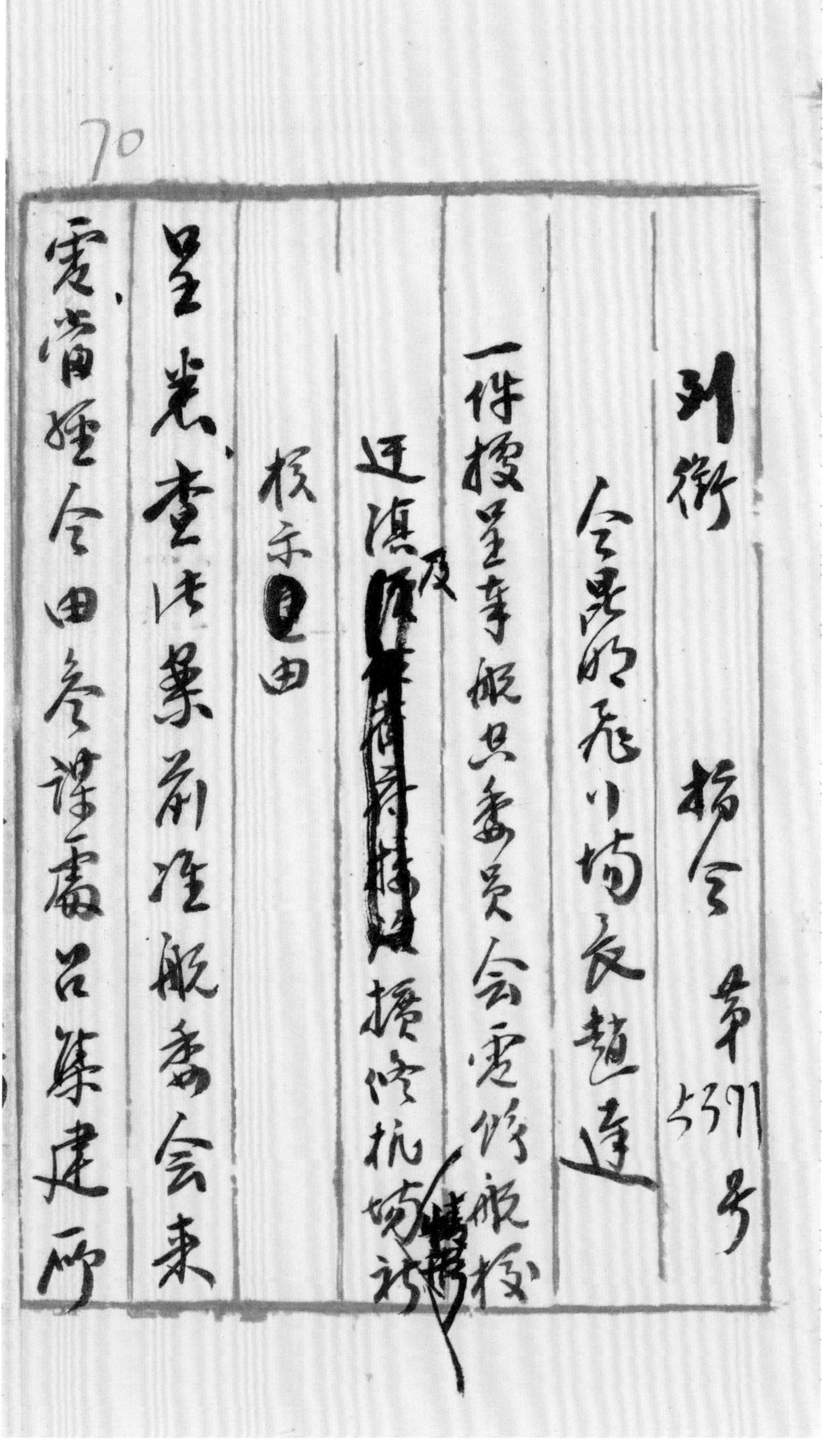

70

训衔 指令 第5371号

令昆明飞机场场长赵达

一件 据呈奉航委会电饬飞机场

迳滇及[illegible]扩修机场请

核示由

呈悉。查此案前准航委会来

电，当经令由参谋处召集建所

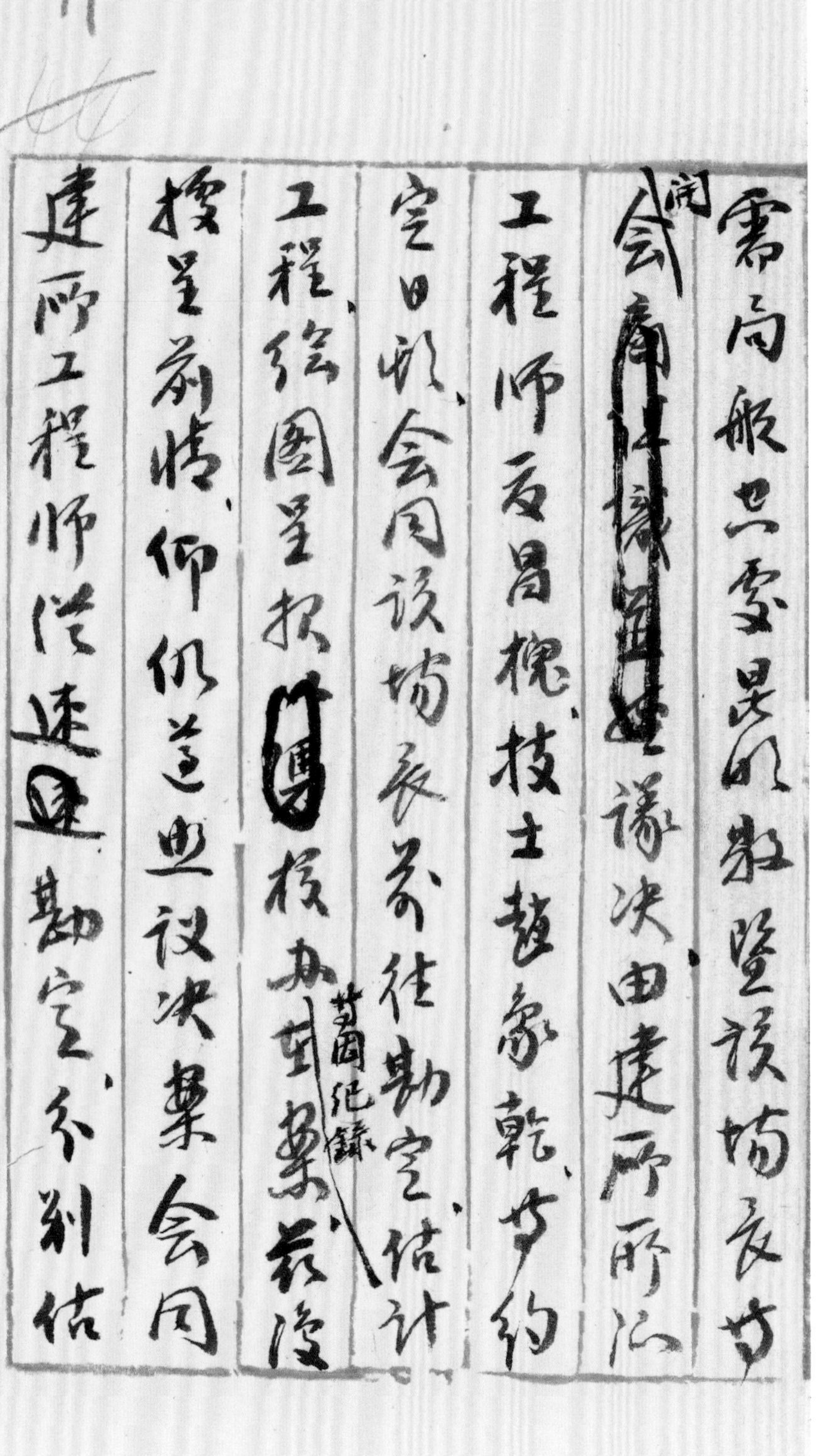

71

需向敝处要昆明机数量该场长并会商议决由建厅所派工程师及昌槐技士赵家乾并约空军机会同该场长前往勘察估计工程绘图呈核核办在案兹据呈前情仰仍遵照议决案会同建厅工程师从速勘定分别估

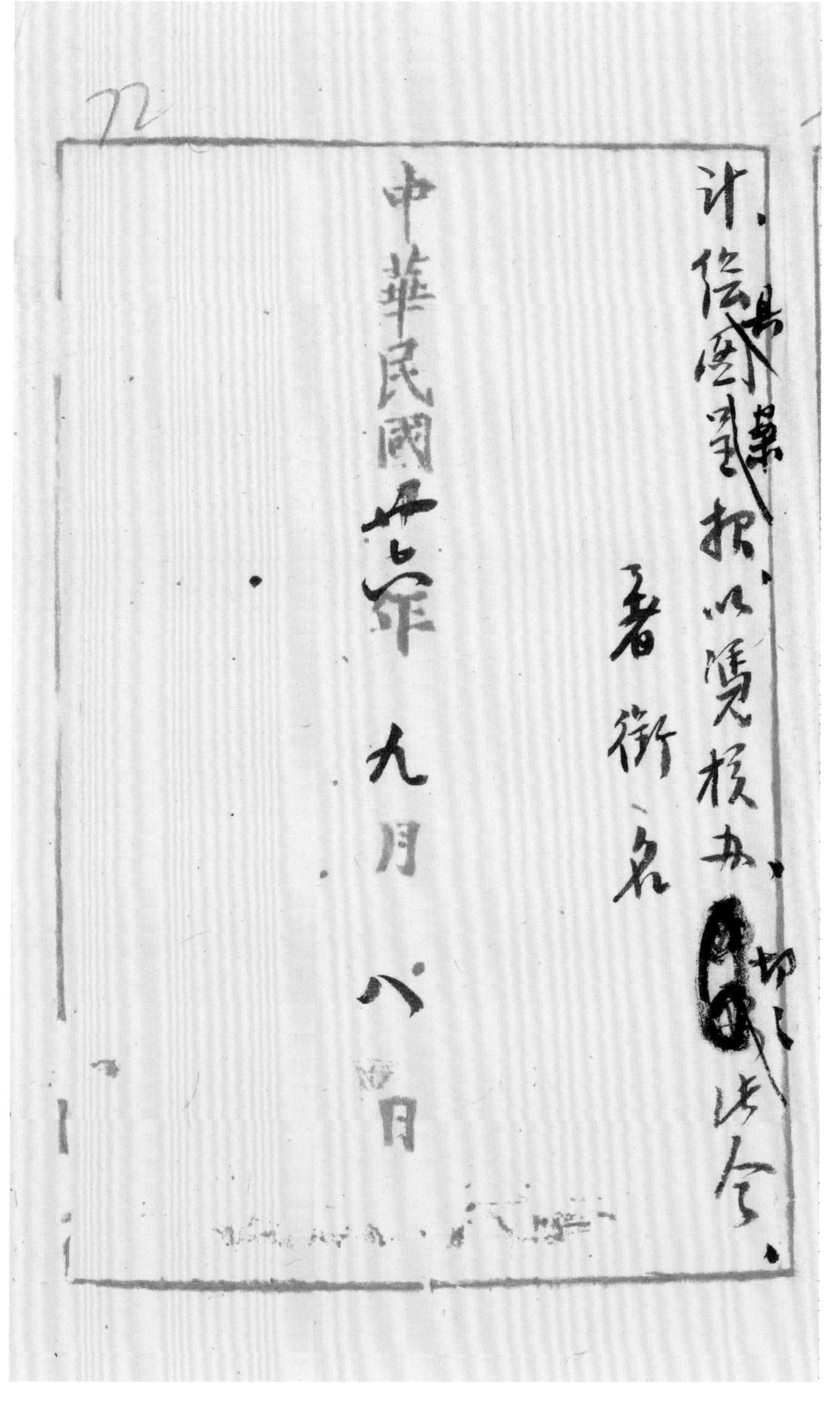

72

計繪圖表摺，以憑核辦，切切此令。

署銜名

中華民國廿七年九月八日

滇黔绥靖公署副官处关于改派炮兵团补充第一大队负责修筑岔街口至巫家坝飞机场公路致云南全省公路总局的笺函

（一九三七年九月九日）

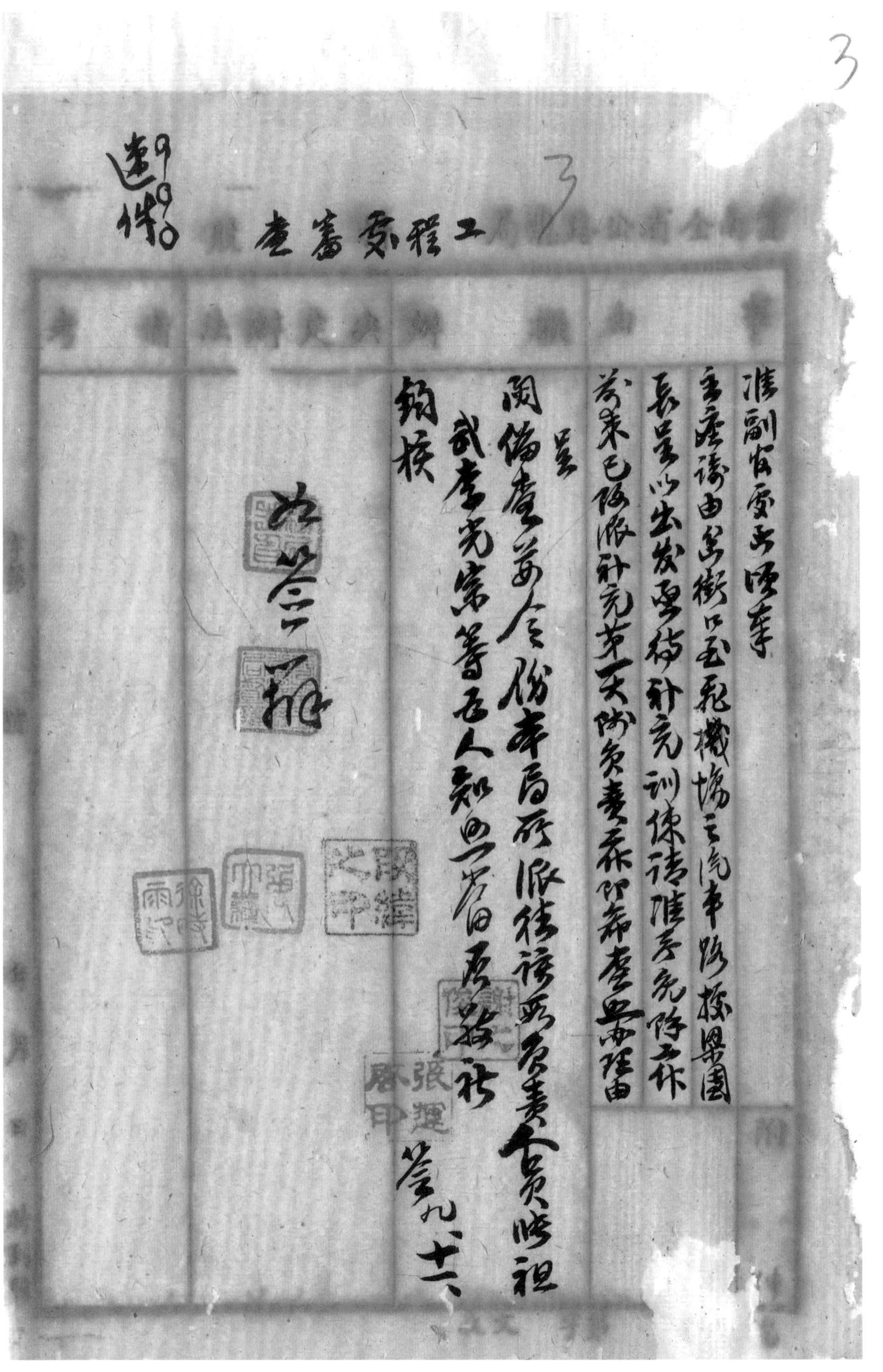

准副官處函開：查請由岔街口至飛機場之汽車路，按照園長呈以出發在即，補充訓練，請准予免除工作，茲業已改派補充第一大隊負責，希即查照由

呈

閱備查，并令飭本局所派往該段負責人員時祖武、李光宗等五人知照，並將原函存卷

鈞核

簽 九、十六

滇黔綏靖公署副官處用箋

逕啓者頃奉

主座諭由家衛口至飛機場之汽車路前飭由砲兵團補充二大隊會同公路總局負責修築在案現據該團梁團長呈稱此次本省出兵應派砲兵十五連出發亟待補充訓練若再負担路工深恐顧此失彼諸多貽誤請准予免除此項工作改派他部接充以利戎機等情前來查尚屬實應予照准着改

中華民國　年　月　日

中華民國廿一年九月十號　收到

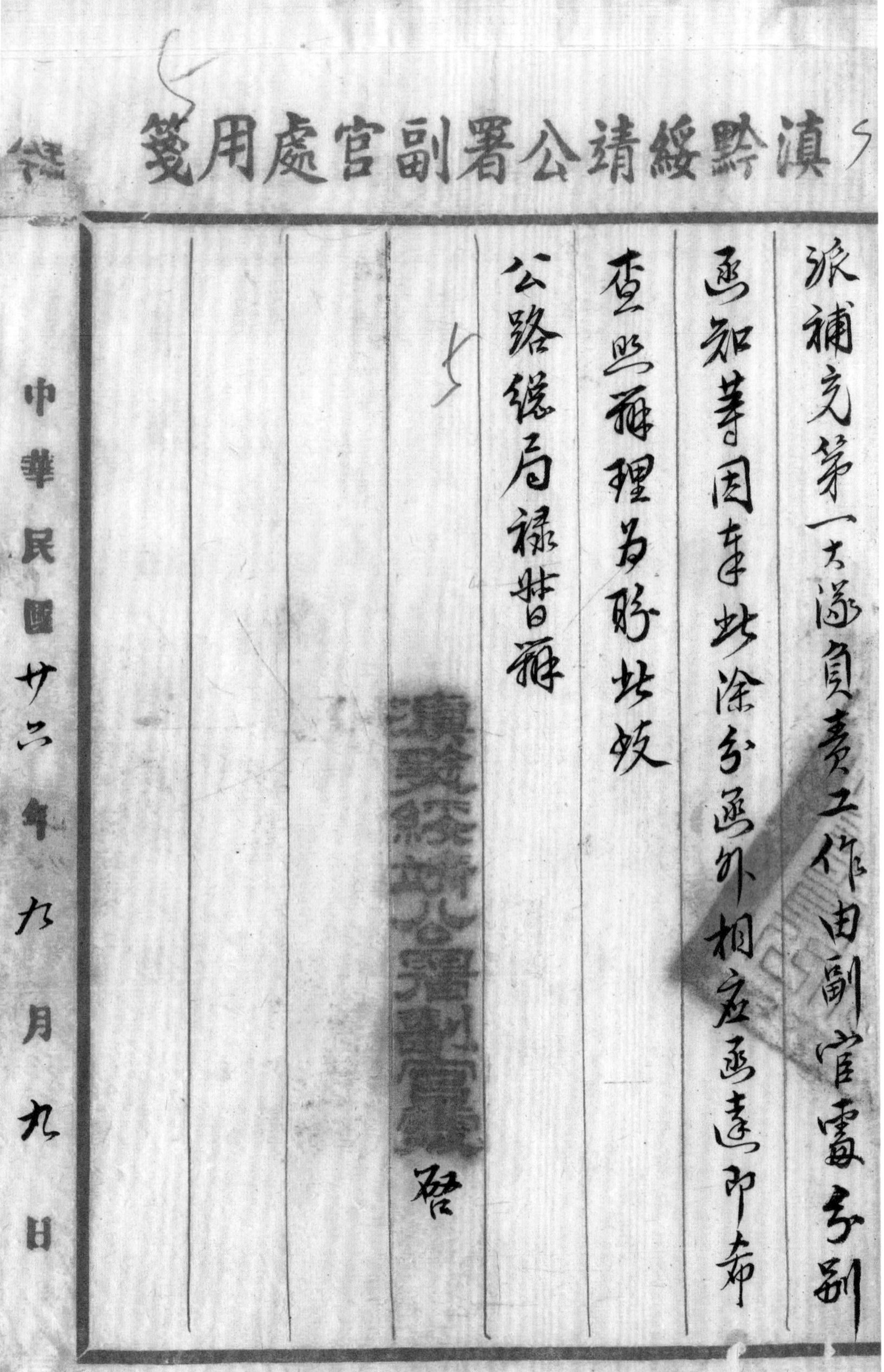

滇黔綏靖公署副官處用箋

派補充第一大隊負責工作由副官處分别
函知等因準此除分函外相應函達即希
查照辦理為盼此致
公路總局祿督辦

滇黔綏靖公署副官處 啓

中華民國廿六年九月九日

夏昌槐关于巫家坝机场勘测情况的签呈（一九三七年九月十日）

謹將擴修巫家壩飛行場工作經過及現狀呈覆如下：上本月卅日參謀處招集修理昆明飛行場會議，決議，巫家埧工程由職負責，小麻咀工程由本會技士趙家乾負責，並決議先由巫家壩著手。翌日（本月二日）職即前往會同場長趙達在擬擴充範圍內及附近地點踏勘一遍，隨即於次日派出測量人員測量地盤總圖，以作擴充根據。該圖現已製印完畢，昨日已會同丁總隊長及趙場長商定工程分二期進行，第一期係就現有場面寬度（四百五十公尺）分向東西延展，使成一長一千三百公尺寬四百五十公尺之整齊長方形，第二期工程係保持一千三百公尺長度向南擴張五百五十公尺，使南北成一千公尺。測量隊已於今晨出發測量第一期工程範圍內之詳細地形，惟此次之圖係將來估計土方以及施工之根據，需时較多，如天氣晴明，約四五日即可測畢，俟此圖繪就後，即可計算土方工價等開始工作。又，中央擬新闢之另一飛行場，前本擬在小麻咀，現須俟丁總隊長勘定後始能派遣測量隊前往，一併在此附帶報告。

謹呈

常務委員張

工程師 夏昌槐（夏昌槐章）簽

九月十日

附圖一張

滇黔绥靖公署副官处关于尽快赶修岔街口至巫家坝飞机场公路致云南全省公路总局的笺函（一九三七年九月十一日）

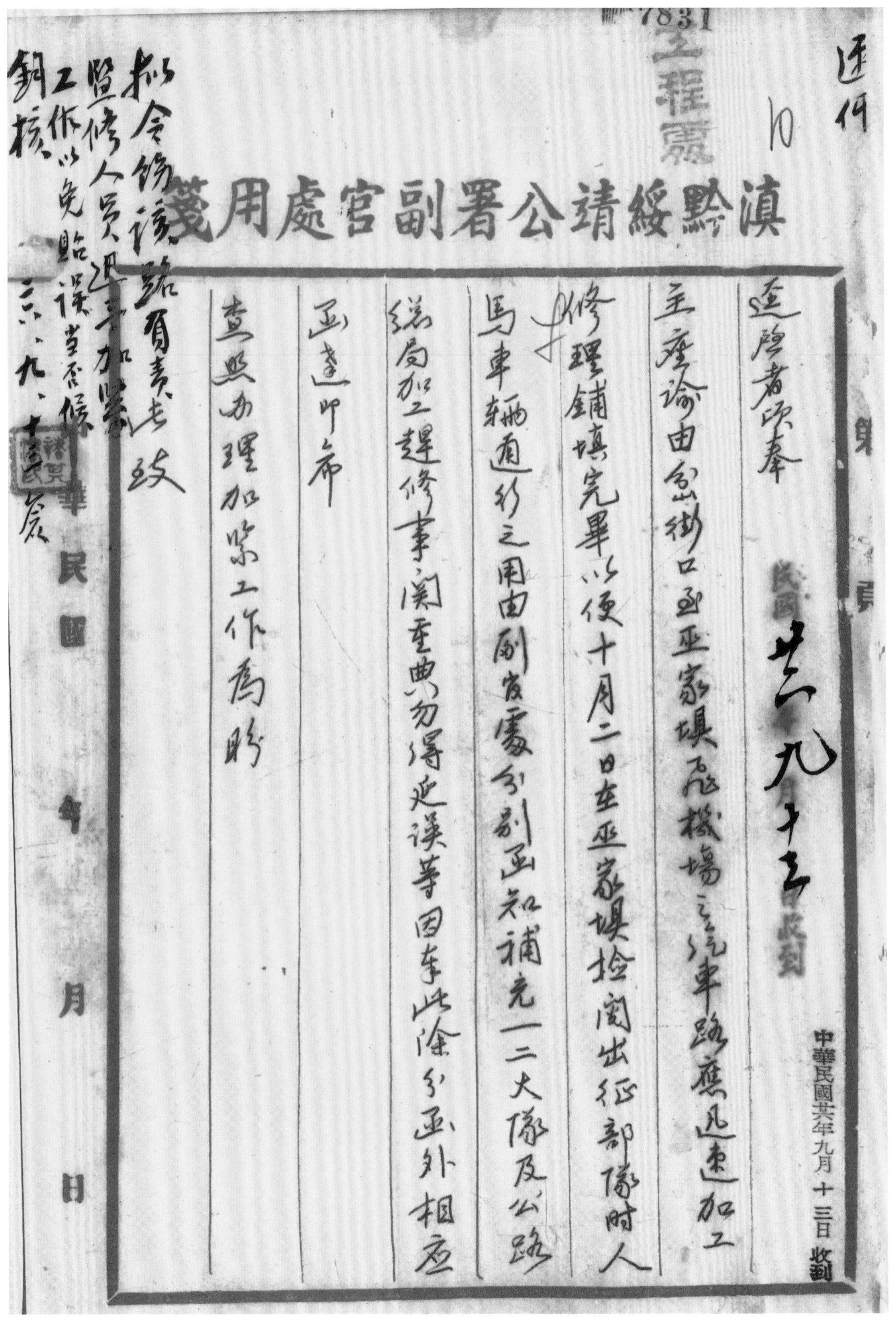
速件

工程處 7831

10

滇黔綏靖公署副官處用箋

逕啟者：頃奉

主席諭：由岔街口至巫家壩飛機塲之汽車路，應迅速加工修理，鋪填完畢，以便十月二日在巫家壩檢閱出征部隊時人馬車輛通行之用，由副官處分別函知補充一二大隊及公路總局加工趕修，事關要典，勿得延誤等因。奉此，除分函外，相應函達，即希查照辦理，加緊工作為盼。

民國廿六年九月十三日收到

中華民國廿六年九月十三日收到

擬令修該路負責者致督修人員從速加緊工作，以免貽誤，當否候鈞核。

二六、九、十三

二

滇黔綏靖公署副官處用箋

公路總局孫曹辦

滇黔綏靖公署副官處 啓

九月十一日

中華民國　年　月　日

扩修昆明飞行场工程委员会关于抽调压路机事宜致云南省政府的呈（一九三七年九月二十六日）

呈

事由：省府轉令公路總局於工作開始後三日派壓路機二部來塲應用祈核示

擬辦

批示

備考

民國廿六年九月廿七日

分到參謀處第四九五號

字第　號　年　月　日　時刻

為呈請轉令事，竊查昨奉

航委會有冠丁電開：

「航校即日遷昆明，着將現有機場儘量擴修」

等因，二案奉此，職會於奉令後，刻經就亟家填組織成立，定於本月二十六號，開始擴修，

加緊工作，惟查擴修場面第一步工作完竣後，亟需壓路機使用，以資壓平，而應急

需，懇由

鈞府令飭公路總局於動工後三日，派壓路機二部來場應用，是否有當，理合具文呈請

鑒核示遵！

謹呈。

主席龍

181

116 186
搶修昆明飛行場工程委員會常務委員張邦翰
戴永華
丁炎

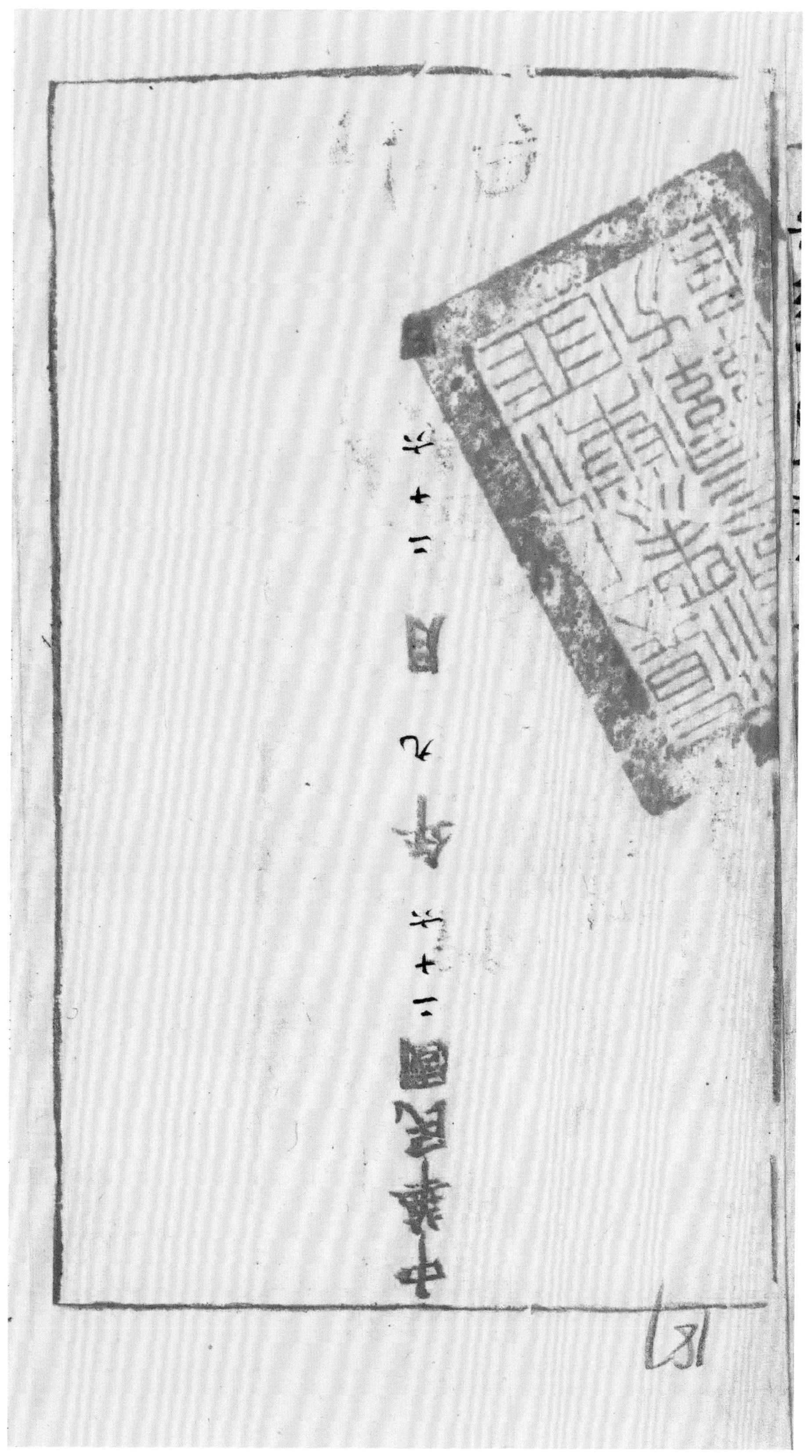

中華民國二十六年九月二十六

18

滇黔绥靖公署炮兵团补充第二大队关于已铺修完毕请派员验收岔街口至巫家坝飞机场公路致滇黔绥靖公署的呈

（一九三七年九月二十八日）

一件：呈報職隊鋪修由岔街口至飛機場之路段業已竣工請派員驗收工程由

示：

札飭公路總局派員驗收為要

中華民國廿六年十月一日收到

60

案奉
鈞署副官處轉下
鈞座諭：「由岔街口至飛機場及石虎關下首通飛機場之車路，均應從速修築（鋪石面沙）完善，以利車行。着砲兵團補充二大隊分別負責工作，一切辦法，由各團隊長官，逕與公路總局楊會辦石生商洽，須於最短期間竣事！」等因；奉此。亟應遵辦。業經將開始工作日期情形，備文呈報在案。嗣復奉　令催促，限於十月二日以前完成。職遵即督飭所屬，加緊工作，漏夜趕修，現在職隊應負鋪修路段，業已於九月二十五日鋪修完畢，復經公路總局派機碾壓清楚，理合具文呈報，並懇
俯予派員驗收工程，指令示遵！
謹呈

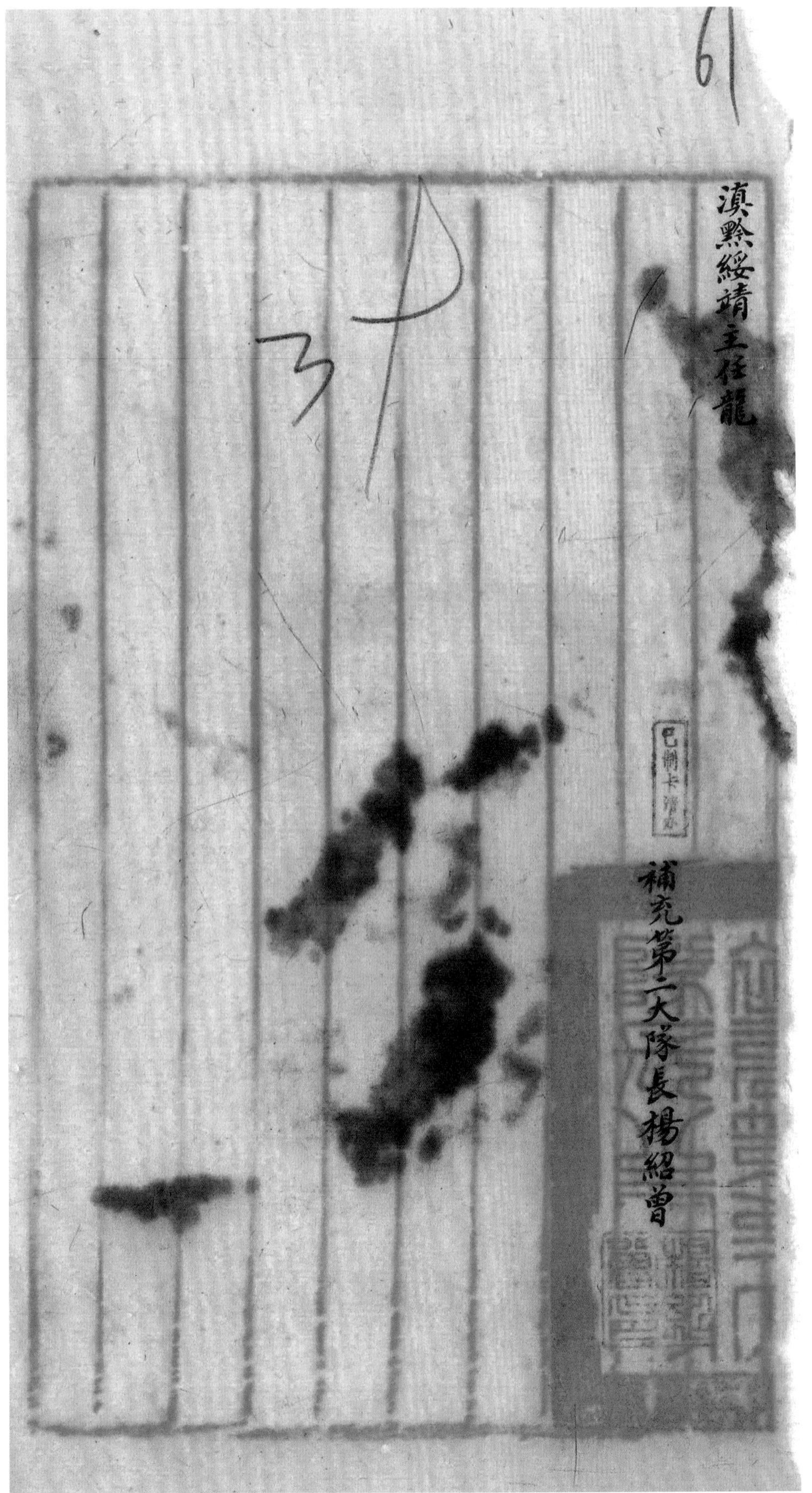

滇黔綏靖主任龍

補充第二大隊長楊紹曾

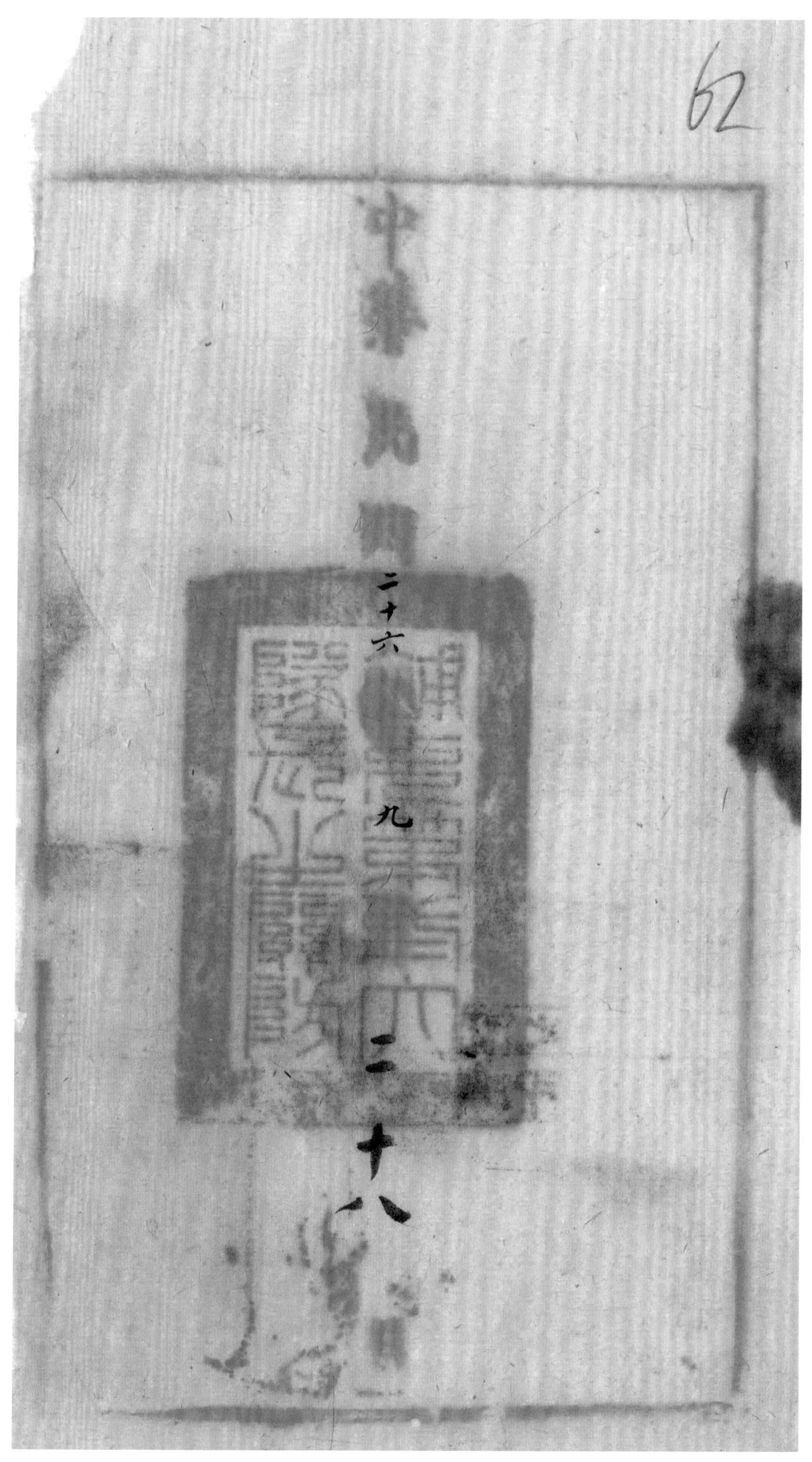

62

中華民國二十六 九 二十八

云南省建设厅关于昆明机场扩修工程动工情况致云南省政府的呈（一九三七年九月二十九日）

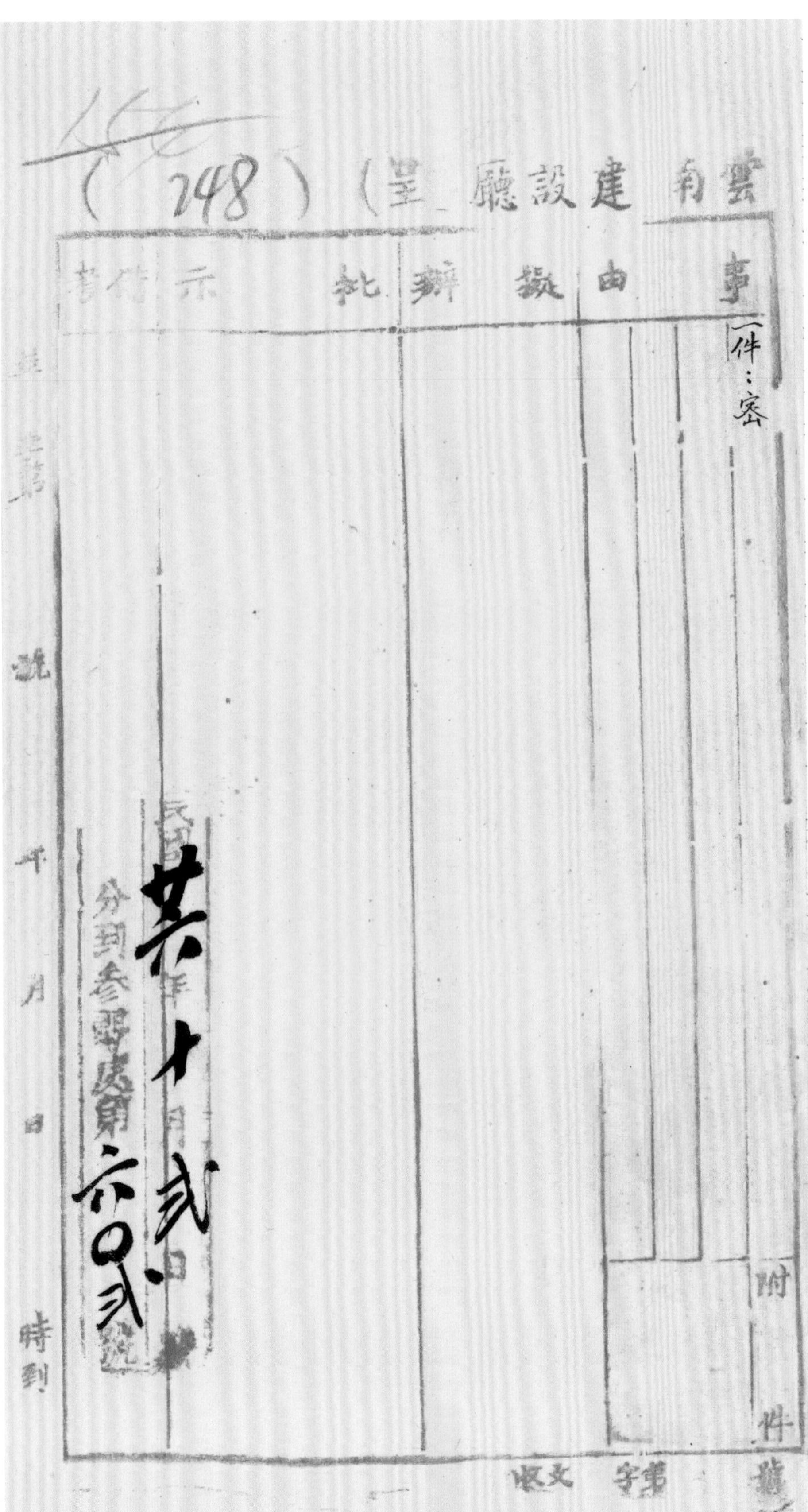
雲南建設廳（呈）（248）
事由　擬辦　批示　備考
附件：密
文收　字第　號

為呈請鑒核事：：民國二十六年九月二十一日，案奉
鈞部九月十八日諜字第五四三六號訓令，內開
「案奉
委座銑午侍參京電開：據陳校長慶雲寒電略稱卧密昆明機場面積有
限不敷應用，現正儘量擴充，並在附近另覓機場，以利教練等情，希查照飭
廳協助為盼等因，奉此，合亟令仰該廳長協助辦理，此令」。
等因，奉此，當即轉飭工程師夏昌槐遵照，並飭將最近工作情形具報，以憑查核轉呈去
後，茲據簽稱：「查擴修巫家壩飛行場一事，上月三十一日參謀處召集修理昆明飛行場會
議，決議，巫家壩工程由槐負責，小麻苴工程由本會技士趙象乾負責，並決議先由巫家
壩着手，翌日槐即前往會同場長趙達在擬擴充範圍內及附近地點踏勘，本月二日派測

250

量人员测量地盘总图，以作扩充根据，该图早已制印完毕，并于九日会同丁总队长及赵场长商定，工程分二期进行，第一期系就现有场面宽度（四百五十公尺）分向东西延展，使成一长一千三百公尺，宽四百五十公尺之整齐长方形，第二期工程系保持一千三百公尺长度，向南扩张五百五十公尺，使南北成一千公尺，已于十日派测量人员测量第一期工程范围内之详细地形，现已测量完毕，图亦绘就，俟土方工价等计算完毕后，即开始工作。至中央拟新辟之另一飞行场，前本拟在小麻苴，俟丁总队长勘定后，始能从事测量。又第一期扩修之处现已决定本星期六动工，第二期扩修范围，现亦已着手测量矣。」等情。据此，查签覆各节，办理尚无不合。除饬依照计划会同加紧进行外，理合具文报请

钧部鉴核备案示遵！

谨呈

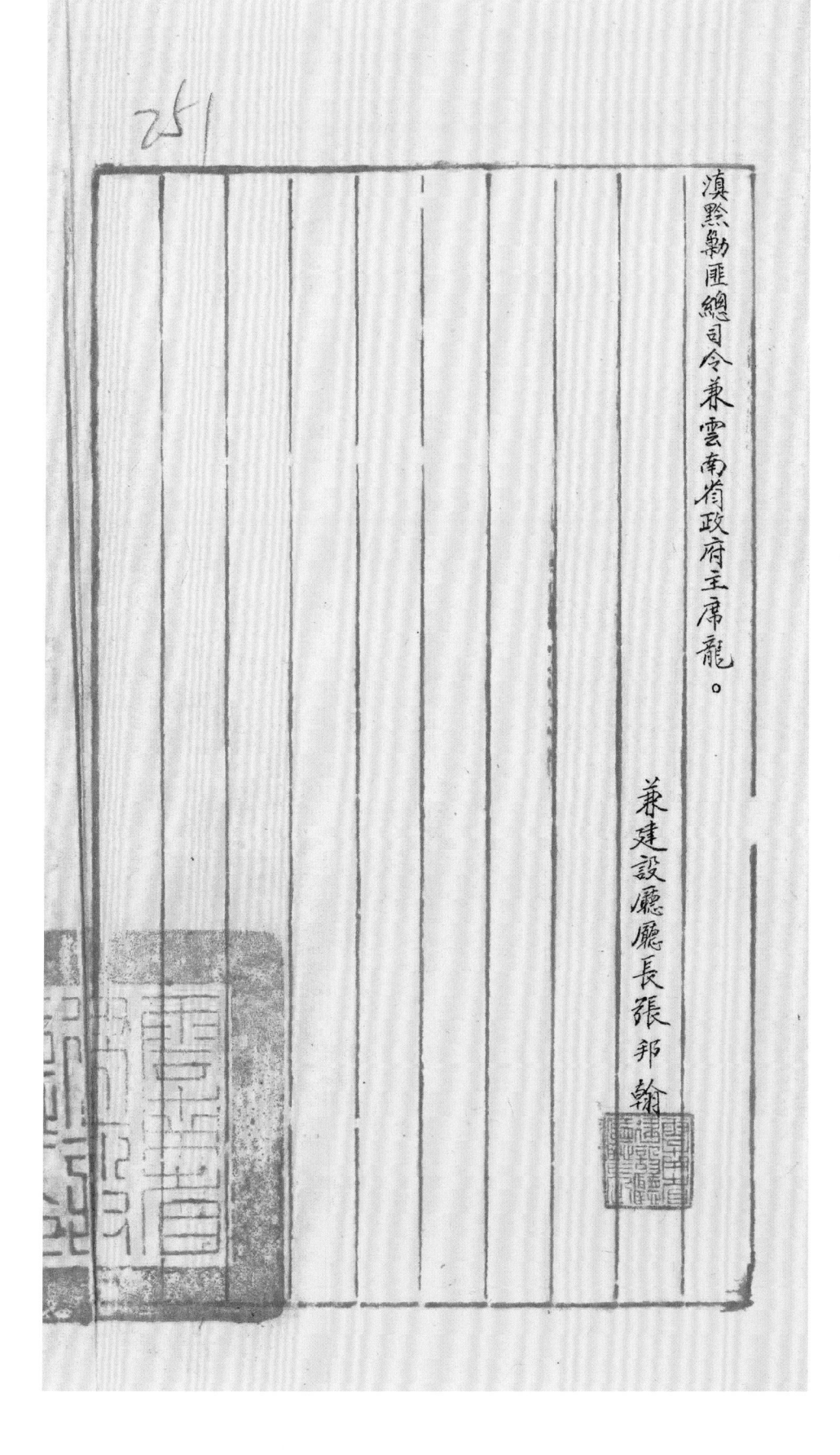

滇黔勦匪總司令兼雲南省政府主席龍。

兼建設廳廳長張邦翰

252

中華民國二十六年九月二十九日

扩修昆明飞行场工程委员会关于奉令成立并启用图记事宜致龙云的呈（一九三七年九月三十日）

呈
事由：一件呈報本會奉令組織情形暨啓用圖記日期懇祈
總部鑒核備案由
擬辦
批示
備考
民國廿六年十月四日
六叁〇
分到參謀處

為呈請備案事：案查前奉

鈞部訓令課字第五三一七號開：

「為令飭遵照事：案奉

委員長有電開航校遷滇訓練，請即將昆明飛行場按地形可能儘量擴修寬長在（1000）米以上，并於昆明附近三十里內另闢千米見方機場一處，款項將來由航委會付還，除飭趙場長就近接洽外，希將辦理情形隨時具報為要等因，奉此，自應遵辦，茲為應付急需計，亟宜組織辦事處，從速工作，以期敏捷。着由建廳派精練工程師二員，昆明縣政府派四員，航空處派二員，參謀處派二員，軍需局派二員，會同飛行場長迅將巫家壩飛行場儘量擴修長寬至一千米以上，并另於小麻苴地方勘修一千米見方之飛行場一塊，以資軍用。至各處所派人員，務擇其精幹得力者，為主，統由參謀處所派之人員負責召集即日組織成立具報此令」

等因，一案奉此 職會 於奉令後，當即遵令會同各有關機關組織辦理，意由建廳召集會

議決定由中央航校暨建民兩廳昆明縣政府昆明飛行場雲南航空處等機關組織

成立辦事處，定名為擴修昆明飛行場工程委員會，除組織情形推請建廳呈覆

外，職會 已於九月二十六日，開始辦公，加緊工作。并為辦事便利計，自行刊就圖記一顆，文

曰「擴修昆明飛行場工程委員會圖記」，即由開始辦公之日啟用，理合將奉令籌辦情形，及

啟用圖記日期，具文呈請

鈞部鑒核，俯准備案，以資信守，實沾德便，是否之處，伏候

鈞核，示遵！

謹呈

260

總司令龍

擴修昆明飛行場工程委員會常務委員張邦翰

戴永萃

丁炎

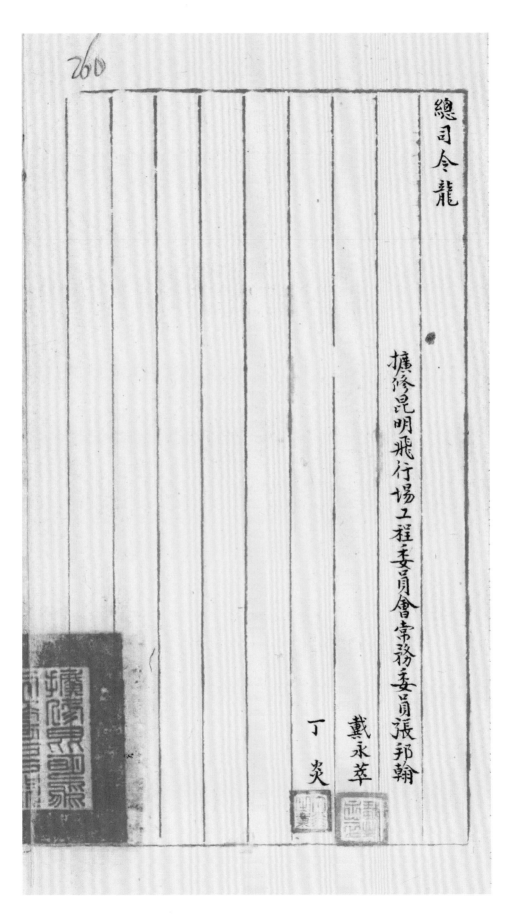

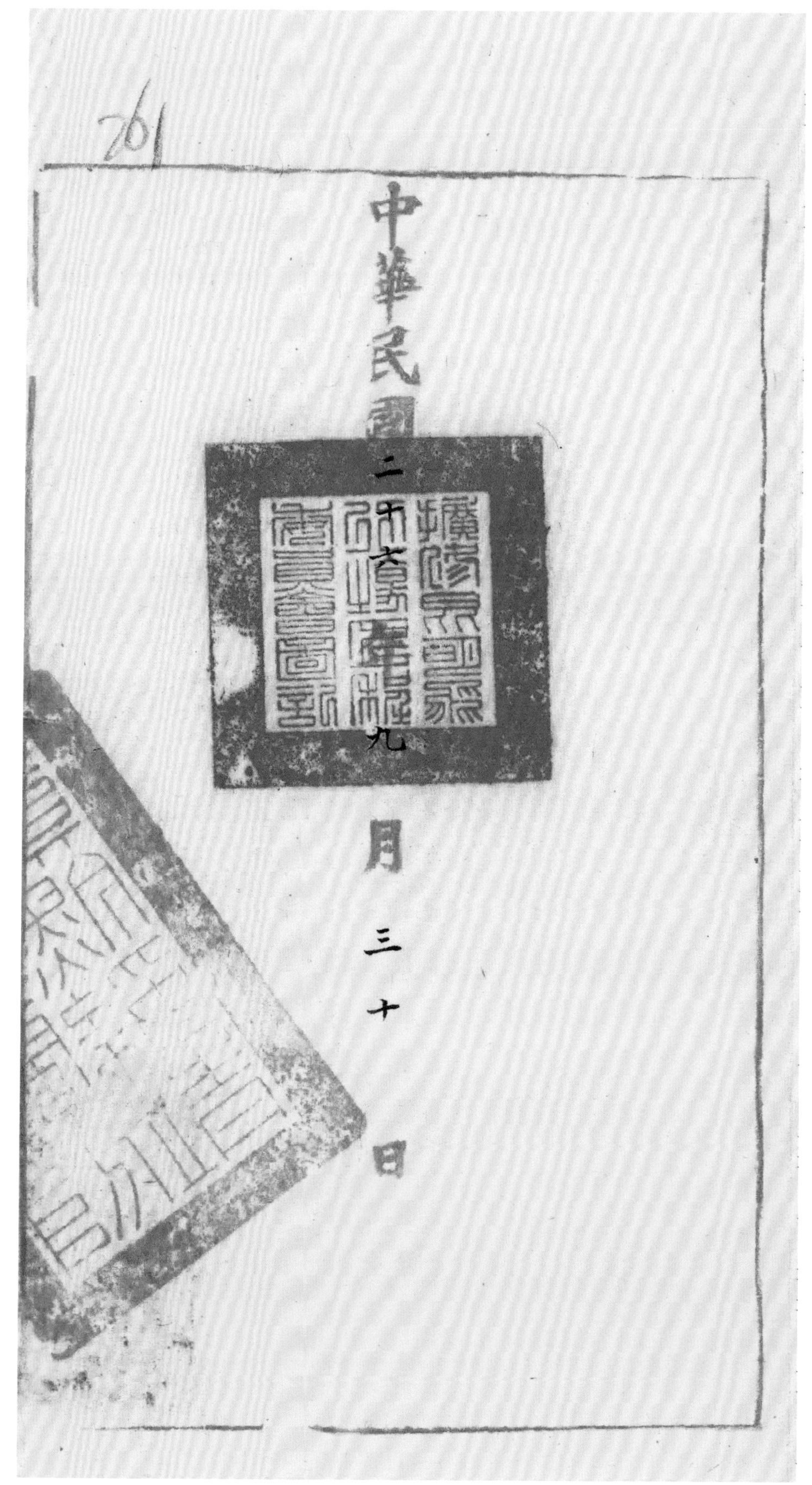

261

中華民國二十六九月三十日

滇黔绥靖公署关于扩修巫家坝飞机场事宜致云南省建设厅的指令（一九三七年十月六日）

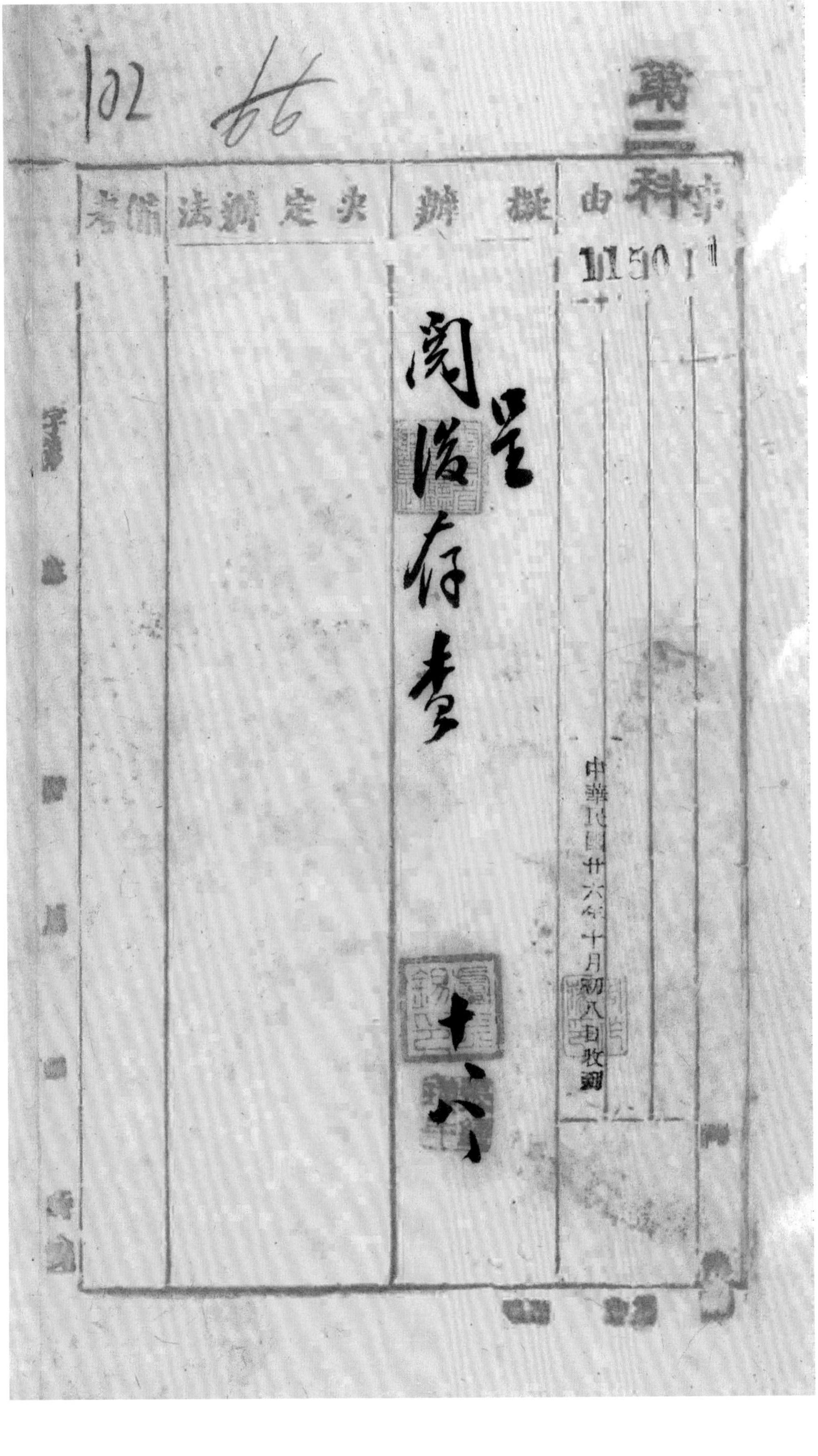
102 66

第三科

事由

1115011

拟办

决定办法

备考

阅呈洛存查

十六

中华民国廿六年十月初八日收到

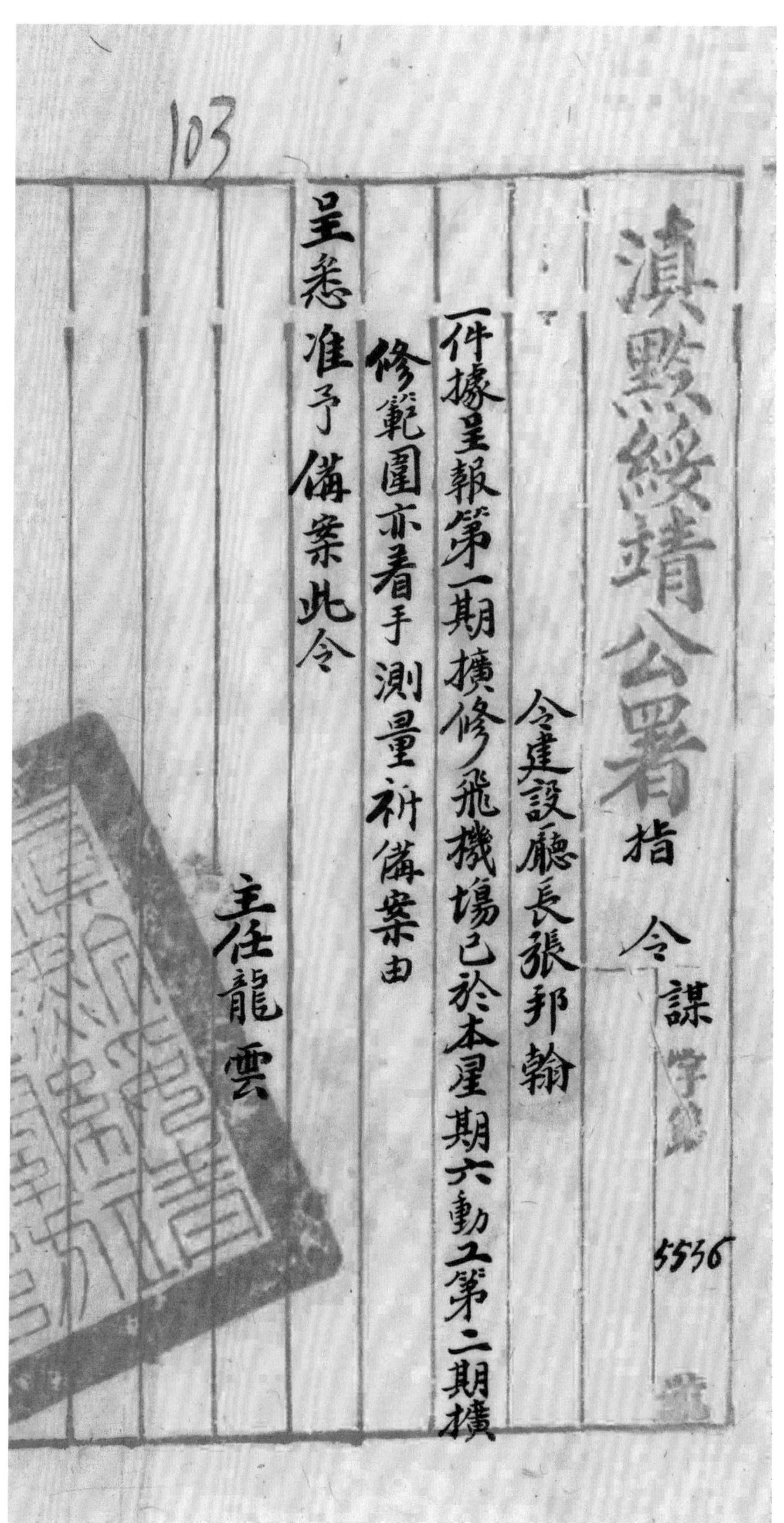

103

滇黔綏靖公署指令 謀字5536

令建設廳長張邦翰

一件據呈報第一期擴修飛機場已於本星期六動工第二期擴修範圍亦着手測量祈備案由

呈悉准予備案此令

主任龍雲

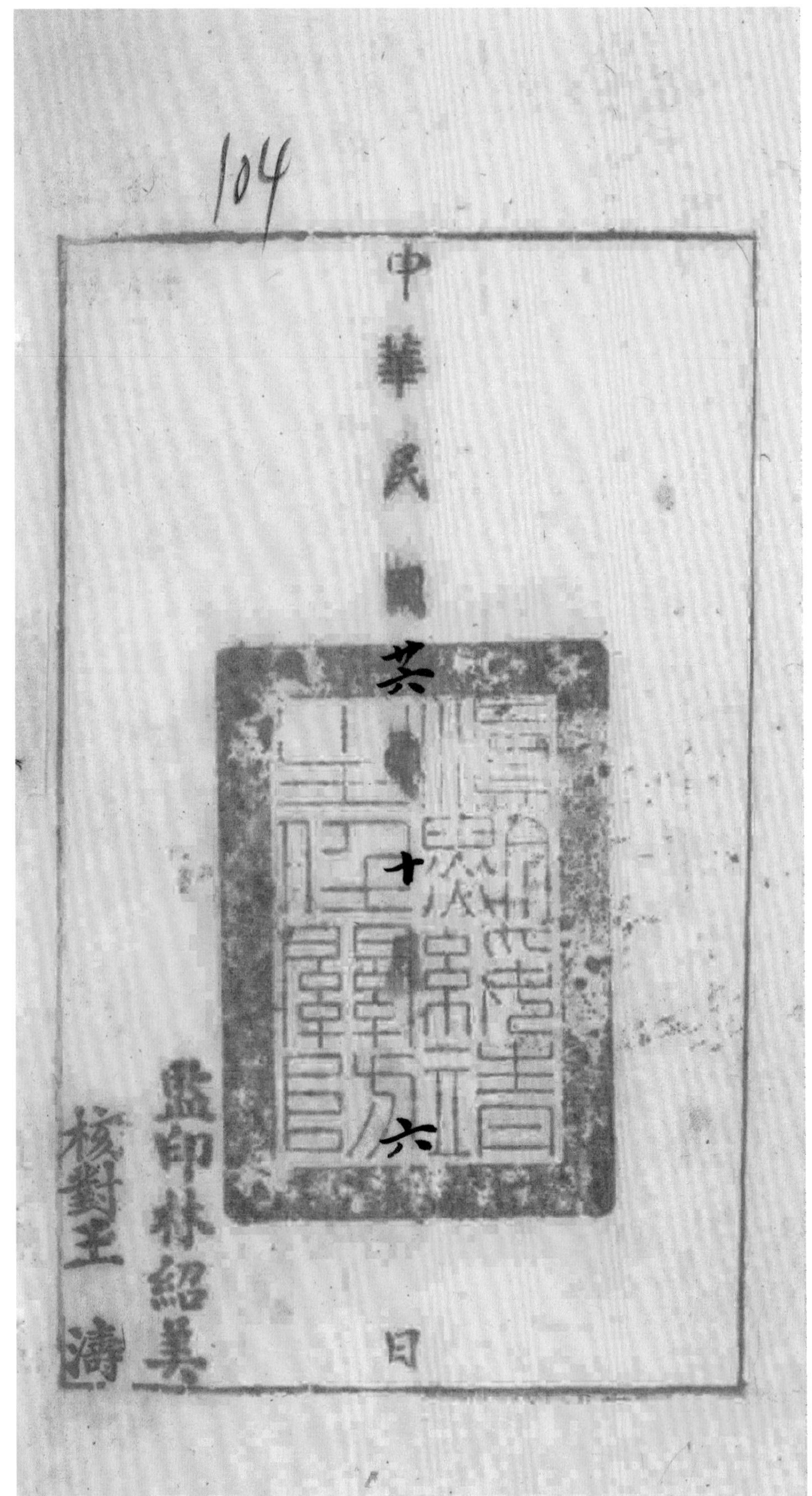

104

中華民國卅年十月六日

監印林紹美

核對王濤

附省名胜公路养路工程分处关于请派人验收岔街口至巫家坝飞机场公路碾压工程致云南全省公路总局的呈（一九三七年十月八日）

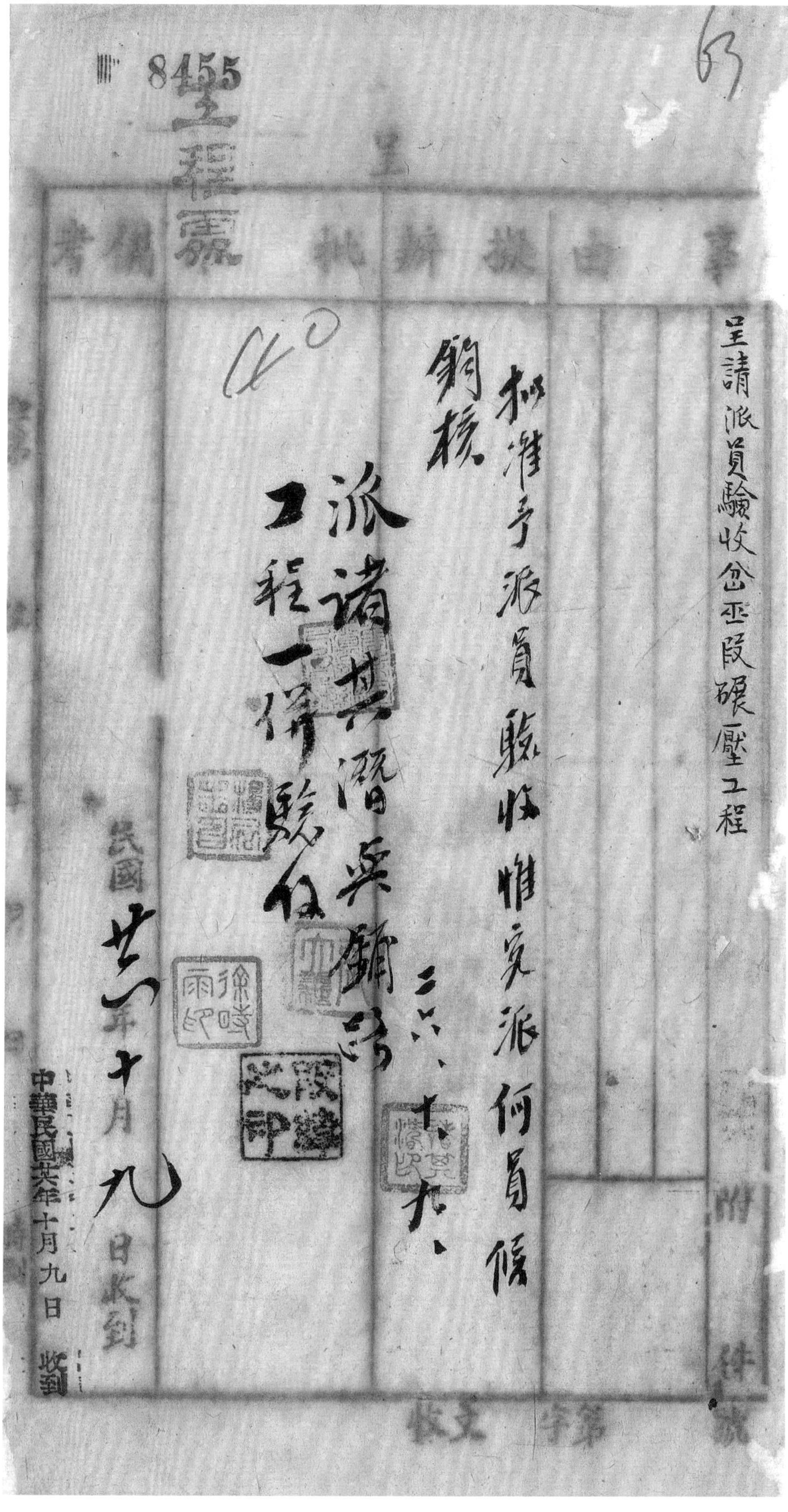

呈 8455

呈請派員驗收岔巫段碾壓工程

擬准予派員驗收，惟究派何員，簽核。

派諸葛潛與鋪路工程一併驗收。

二六、十、十

民國廿六年十月九日收到

中華民國廿六年十月九日收到

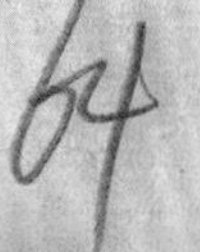

為呈請派員驗收岔巫段碾壓工程事竊主任奉
督辦祿面諭派壓路機碾壓岔巫段碎石路面務須依限完成等因奉此主任
以時期迫促恐有貽誤當即親身到段督飭員工晝夜加緊工作以期依限
完工查自九月二十二日起至十月一日即壓完一度又由二日至四日止復加碾光
路面計共工作十三日上蒙
鈞局會督辦暨技監科長之督催下賴各員工之努力効命星夜工作在此短期
内已將岔巫段碾壓完竣不致貽誤現工作既經告竣理合具文呈報懇
鈞局鑒核派員到段驗收以解除主任責任至所用碾壓燒柴機油等費
現正彙繕一俟辦理完畢即當呈請
核消合併呈明謹呈

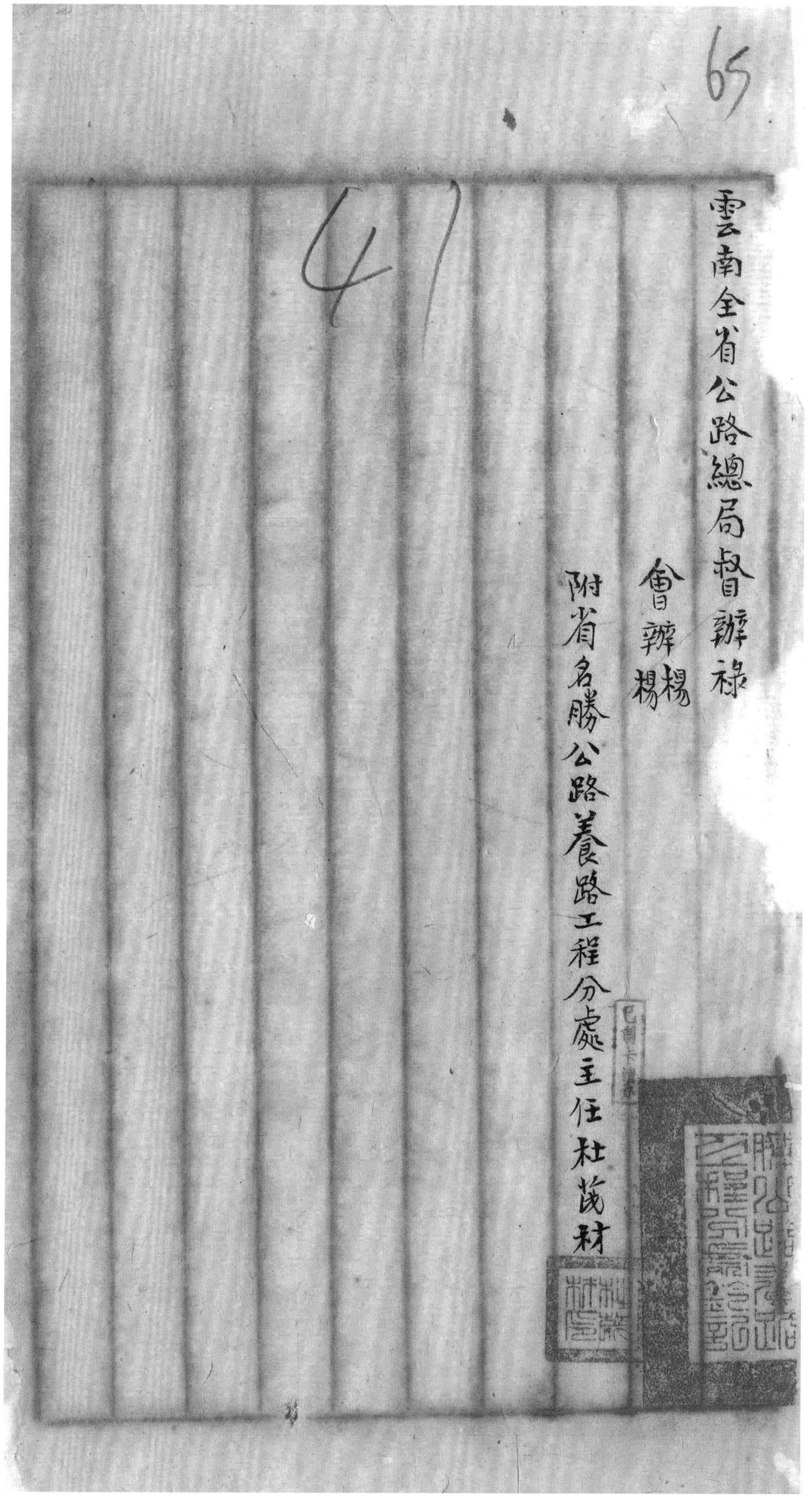

雲南全省公路總局督辦祿

會辦楊
楊

附省名勝公路養路工程分處主任杜蔵材

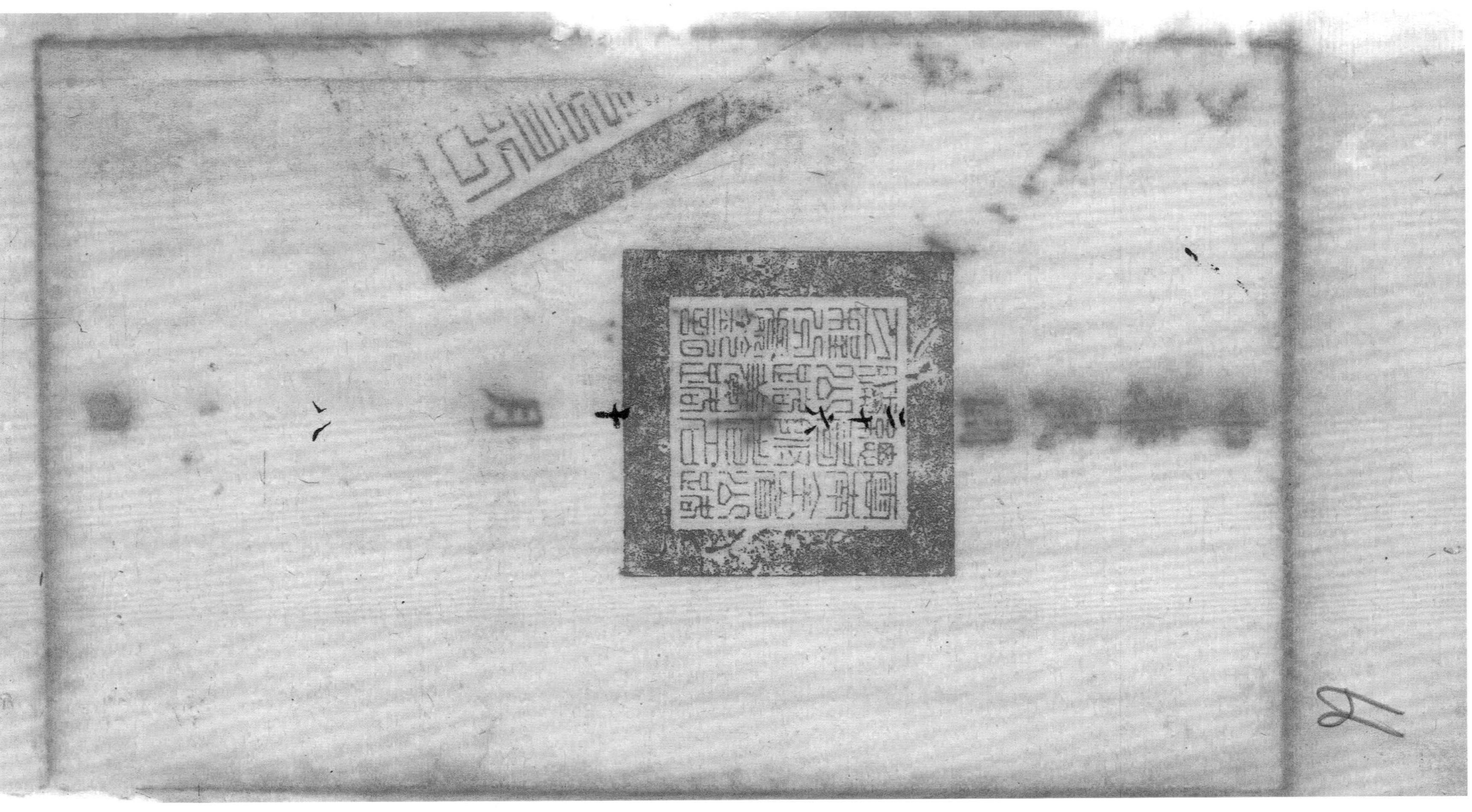

云南省建设厅关于扩修昆明飞行场工程委员会已成立办公致云南省政府的呈（一九三七年十月十一日）

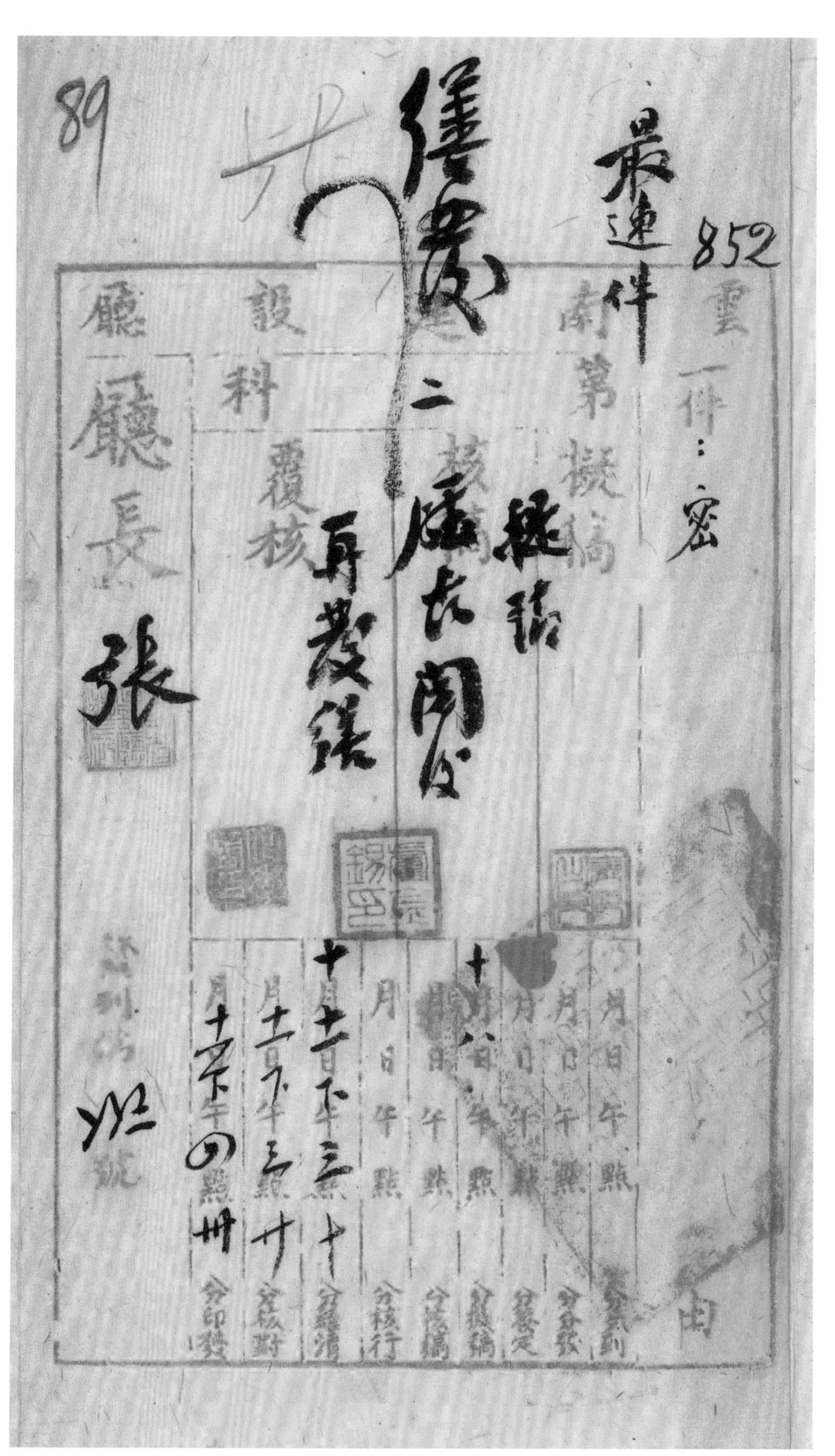

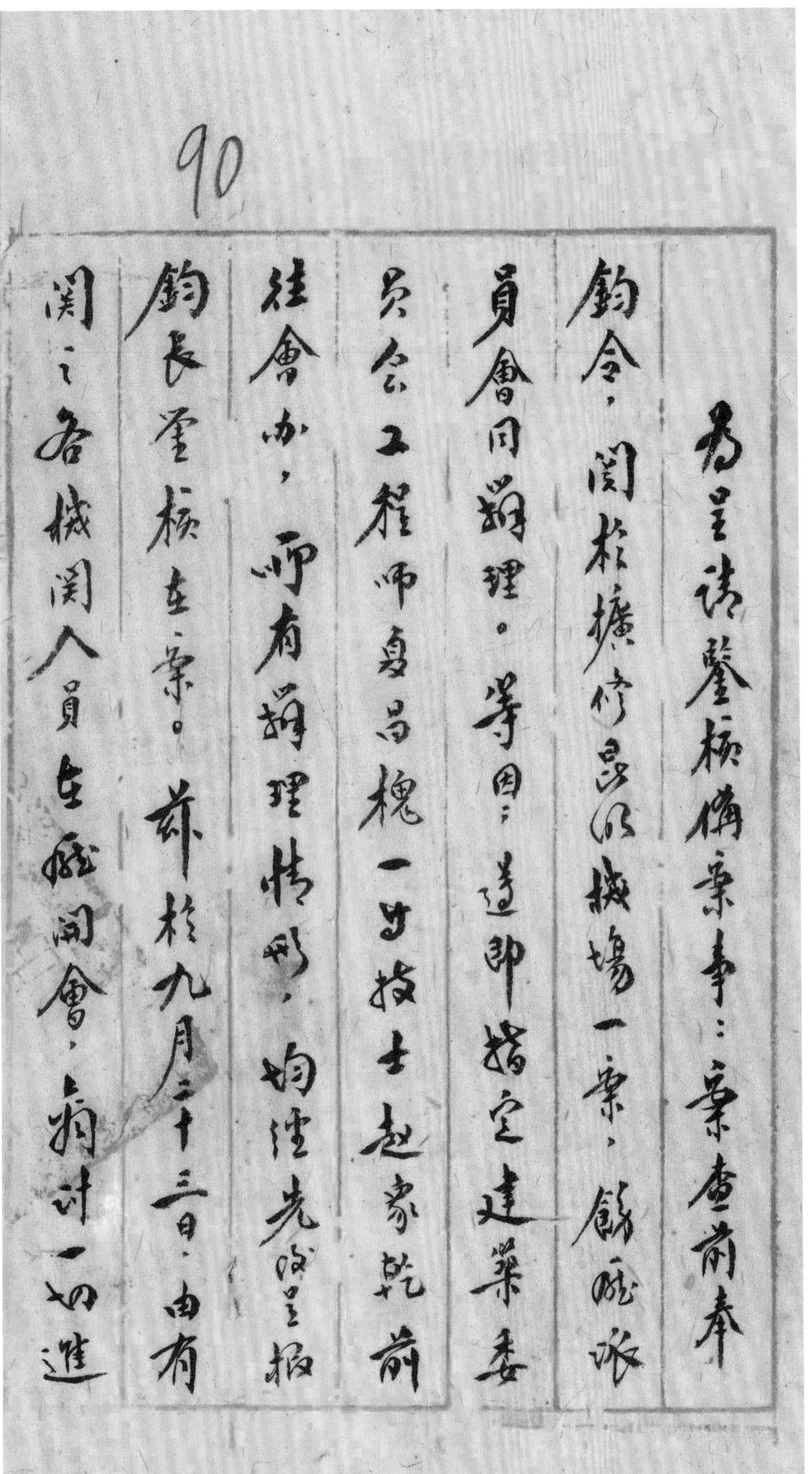
90

為呈請鑒核備案事：案查前奉
鈞令，關於擴修昆明機場一案，飭派
員會同辦理。等因；遵即指定建築委
員會工程師曼昌槐、技士赵家乾前
往會办，所有辦理情形，均經先後呈报
鈞長鑒核在案。茲於九月二十三日，由有
関各機関人員在昆開會，商討一切進

行事項。當經議決：由業佃組織擴修昆
明飛行場工程委員會。對於內部之組
織、職務之分配，地價、青苗費之規定，
公田公地之處理……等項問題，均已逐
一提出研議，分別決定辦法在案。現
該會業於九月二十六日成立，開始辦公。
此次擴修機場之事件，即由該會負

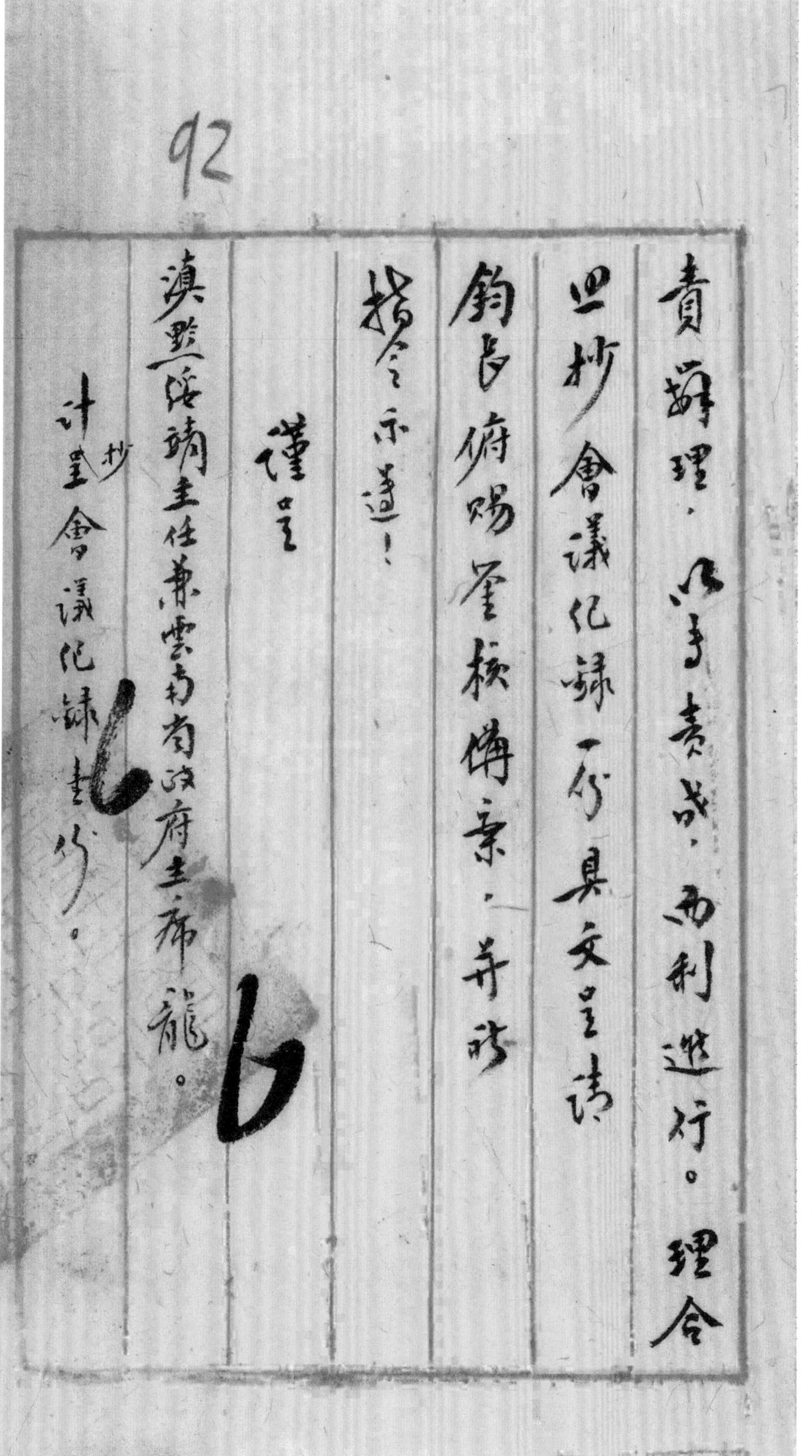

责办理，以专责成，而利进行。理合
照抄会议纪录一份，具文呈请
钧长俯赐鉴核备案，并祈
指令示遵！
谨呈
滇黔绥靖主任兼云南省政府主席龙。
计呈抄会议纪录壹份。

93 61

兼建設廳廳長張

民國二十六年十月　日

扩修昆明飞行场工程委员会关于上报第一旬昆明飞行场扩修进展情况致龙云的呈（一九三七年十月十一日）

呈

事由：一件奉令扩修昆明场自开工后已达旬日填具工作旬报表一份呈报总部鉴核备案由

附件

拟办

批示

备考

廿六年十月十三日

分到委员处第七八五号

為呈報懇祈鑒核事，案查前奉
鈞令轉奉
航委會電令，飭即擴修昆明飛行場等因；一案，當即遵令辦理，旋將會同各
有關機關組織辦理情形，暨開工日期，推請建廳轉報
鈞部鑒核在案。現查昆場自九月二十六日起，開工後，至十月五日已達旬日，所有在
此期内一切工作概况，及款項支付等，除由昆明飛行場長具報
航委會外，理合填具工作情形旬報表一份，備文呈報
鈞部鑒核，俯予備案飭遵！
謹呈。
總司令龍

附呈擴修昆明場工作情形旬報表一份

擴修昆明飛行場工程委員會常務委員張邦翰

戴永萃

丁㷫

290

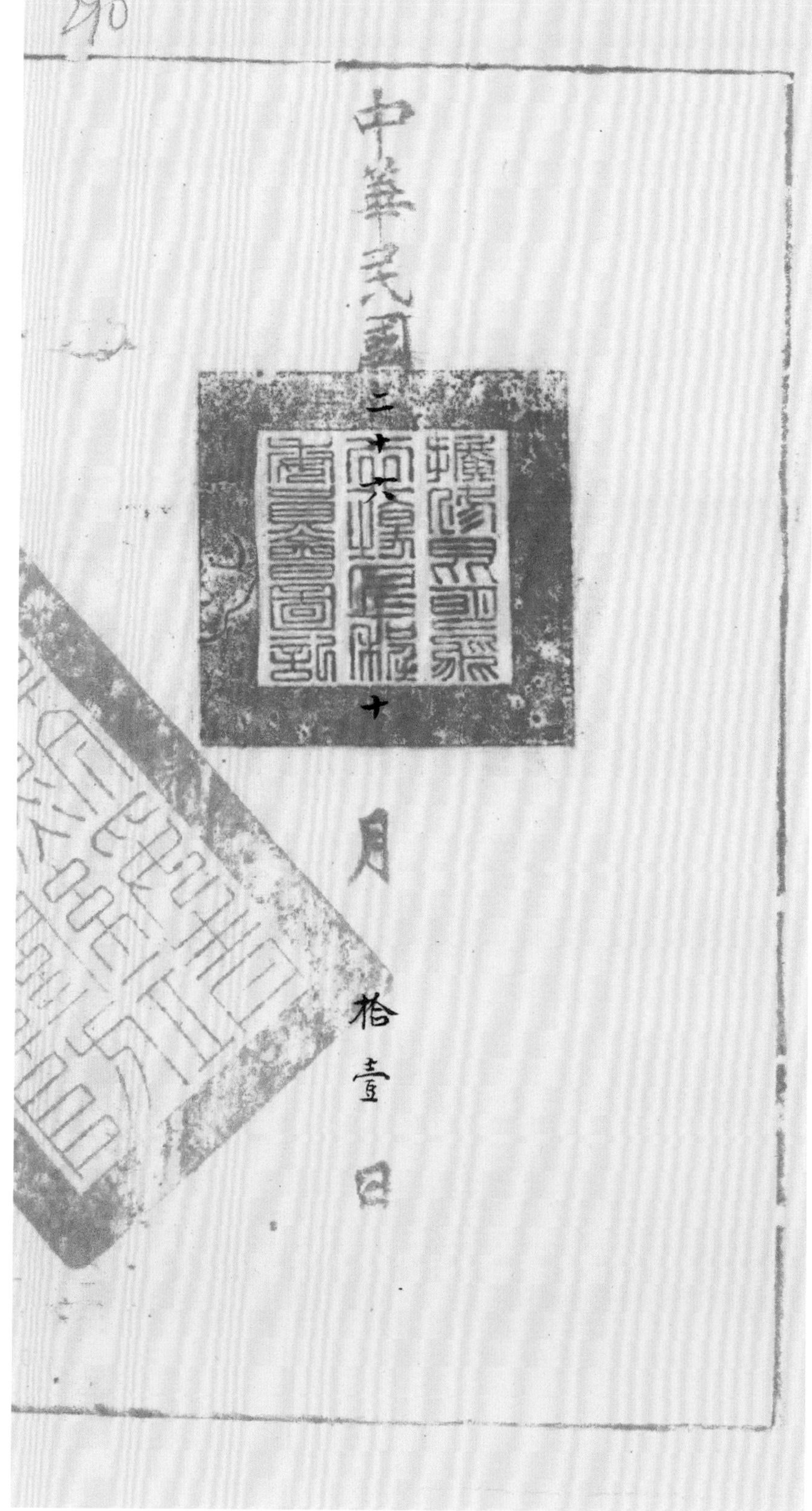

中華民國二十六 十月拾壹日

附：云南省扩修昆明军用飞行场工作情形旬报表

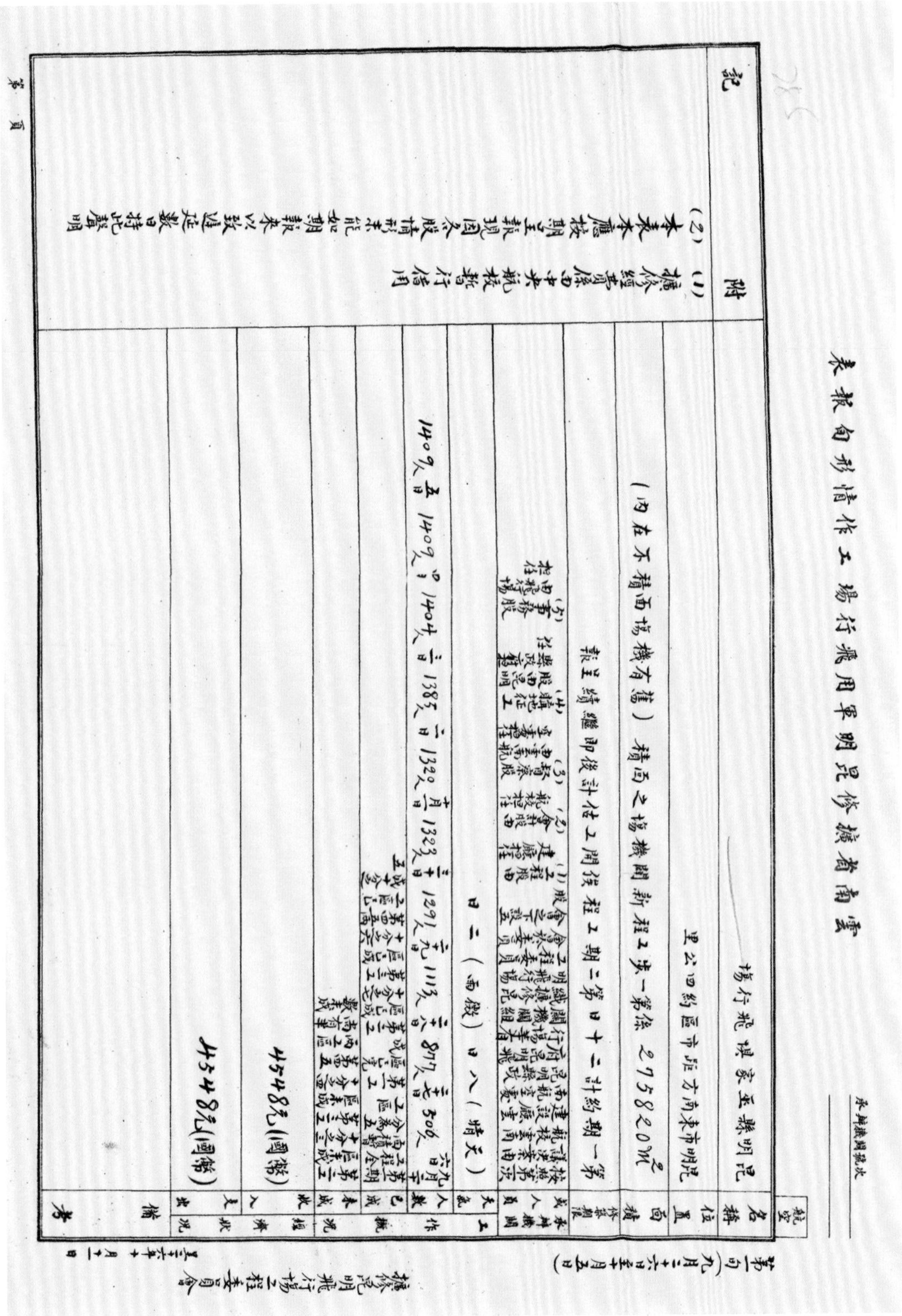

承辦機關號次

雲南省擴修昆明軍用飛行場工作情形旬報表

航空

第一旬（九月二十六日至十月五日）

名稱		昆明縣巫家壩飛行場
位置		昆明市東南方距市區約四公里
面積		係第一步工程新闢機場之面積 275820m²（舊有機場面積不在內）
修築期限		第一期約計二十日第二期工程工作完竣後即繼續呈報
承辦機關或人員		按照第次議決案由航校雲南建設廳雲南航空處昆明縣政府昆明飛行場等有關機關組織擴修昆明飛行場工程委員會於委員會之下設五股 (1)工程股由建廳擔任 (2)會計股由航校擔任 (3)督察股由雲南航空處擔任 (4)購地征工股由昆明縣政府擔任 (5)事務股由飛行場擔任
工作概況	天氣	（天晴）八日（微雨）二日
	人數	九月二十六日 506人　二十七日 877人　二十八日 1113人　二十九日 1291人　三十日 1323人　十月一日 1320人　二日 1385人　三日 1404人　四日 1409人　五日 1409人
	已成	第一期工程全面積暫分為五工區 第一工區已完成 第二工區已成十分之七 第三工區已成十分之六 第四五兩工區已成十分之五
	未成	第二工區未成十分之三 第三工區未成十分之四 第四五兩工區尚有半數未成
經濟狀況	收入	4548元（國幣）
	支出	4548元（國幣）
備考		

附記：
(1)擴修經費係由中央航校暫行借用
(2)本表本應按期呈報現因各股情形未能如期報來以致遲延數日特此聲明

擴修昆明飛行場工程委員會
[illegible]二十六年十月十一日

第　頁

云南全省公路总局督办禄国藩关于派压路机参与抢修机场事宜致龙云的呈（一九三七年十月十一日）

07287

事由	一件呈復總司令部巫家垻飛行場已派杜茂材前往碾壓由。
附件	
批示	
決定辦法	
備考	

收文 字第 號

呈字第 號 年 月 日

民國廿六年十月十三日 分別參謀處第七八七號

269

為呈復事：案奉

鈞部二十六年九月二十八日諜字第五四八四號訓令，飭抽調壓路機一部，尅日開往巫家壩飛行場應用，並將辦理情形報查一案。等因；奉此。自應遵辦！惟查本局壓路機，昨已開往東路壓路，只餘一部，日來亟趕壓岔街至巫家壩公路，大約九月三十日即可蒇事。除令飭附省名勝養路工程分處主任杜茂材，俟巫家壩公路壓畢，賡續開往飛行場碾壓外；理合將辦理情形，具文呈請

鈞部鑒核備案！

謹呈

滇黔剿匪總司令龍

代理雲南全省公路總局督辦祿國藩
會辦楊文清

肆寶齋製

楊石生

271

中華民國二十六年十月十一日

雲南省公路總局關防

監印 施汝濟

校對 楊國清 文紹堯

滇黔绥靖公署关于收悉第一旬昆明飞行场扩修工作旬报表致扩修昆明飞行场工程委员会的指令
（一九三七年十月十五日）

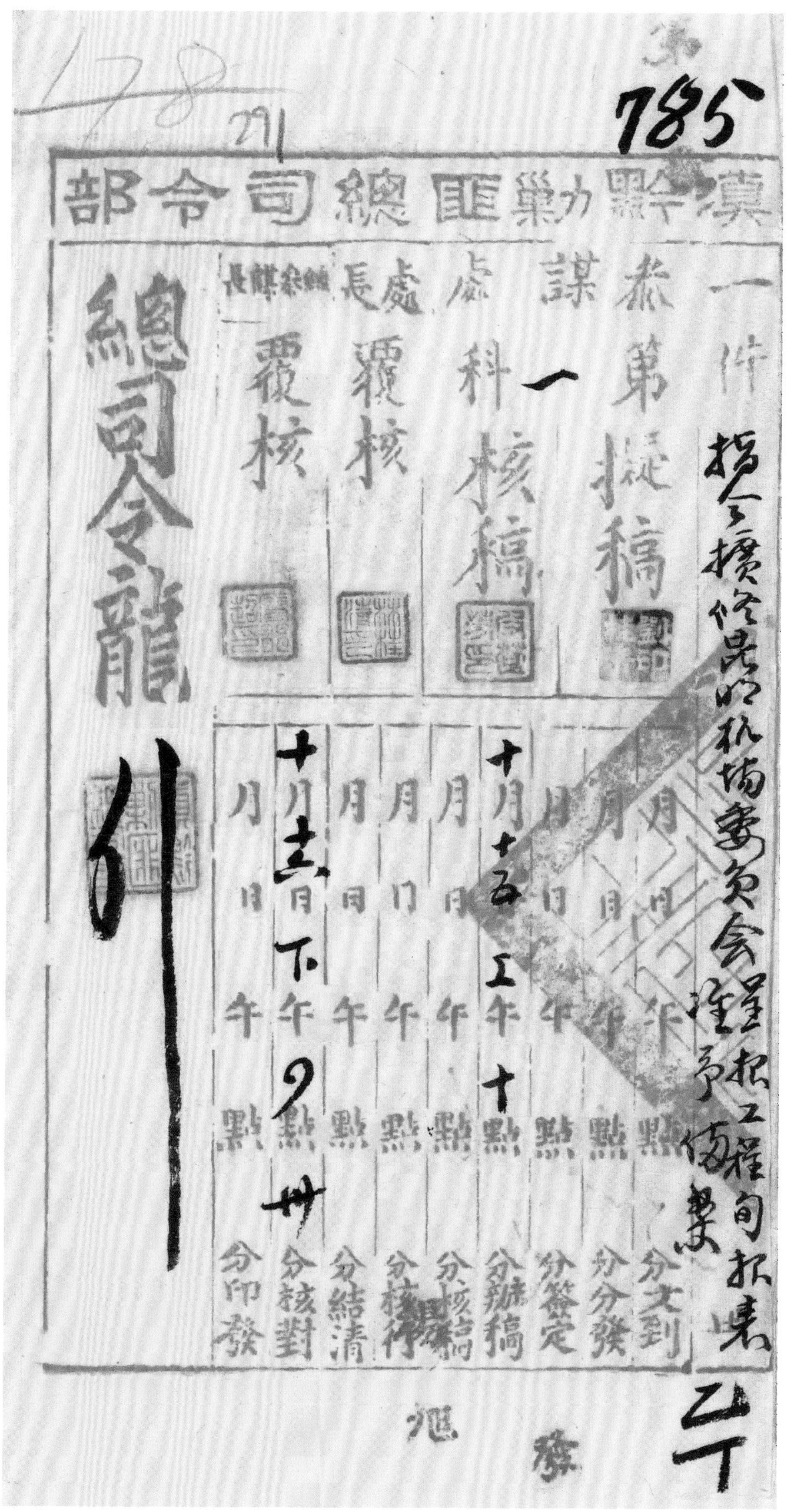

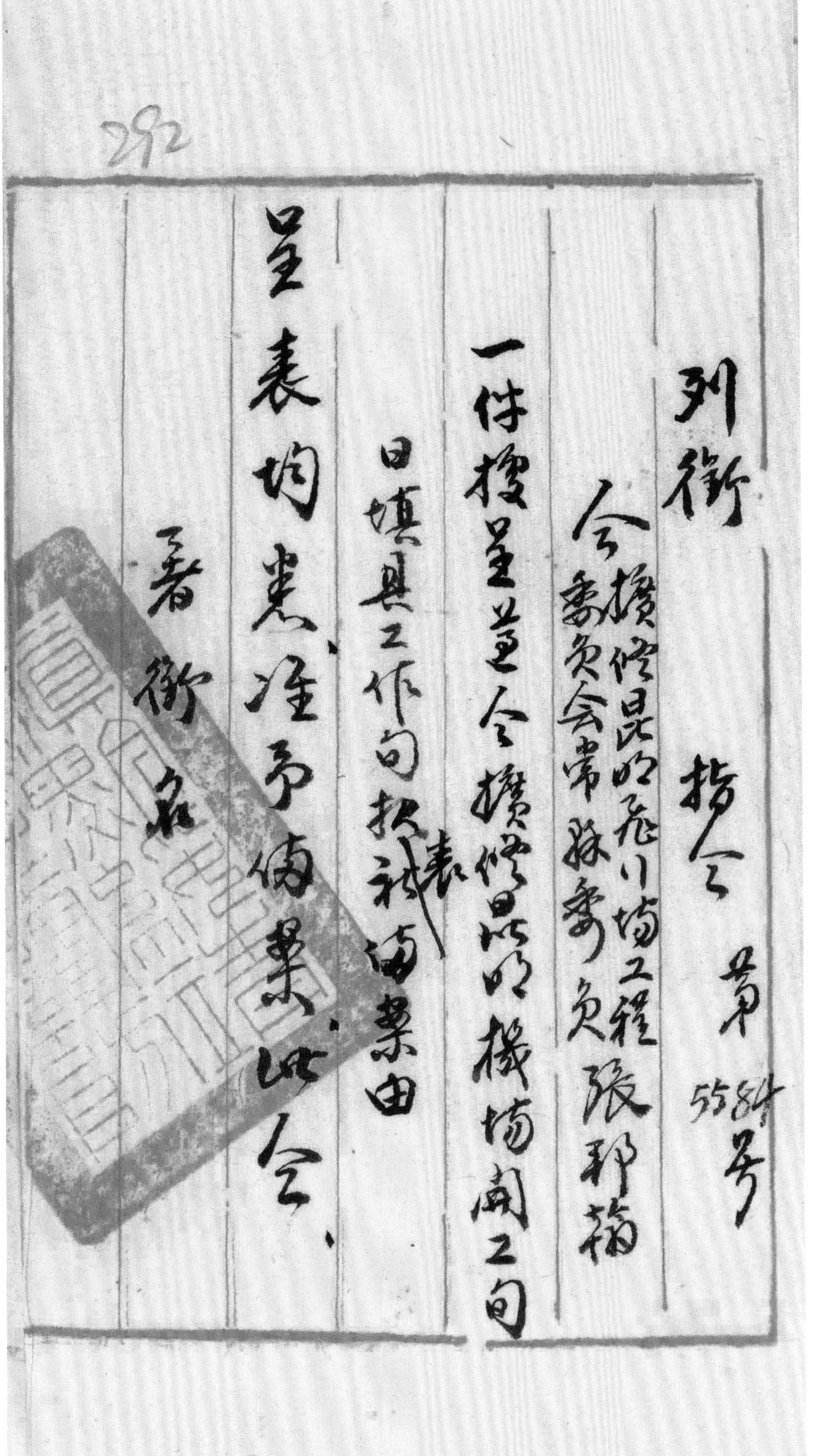

列衔　指令　第5584号

令攅修昆明飞机场工程委员会常务委员张邦翰

一件攅呈并令攅修昆明机场开工日填具工作旬报表请备案由

呈表均悉，准予备案。此令。

署衔名

293
中華民國
月

云南省建设厅关于造报扩修机场预算致扩修昆明飞行场工程委员会的公函（一九三七年十一月四日）

150

速件928

雲南建設廳

第二科

擬稿　核稿　覆核

廳長　張

一件：「奉總署訓令，造報擴修機場預算一案，函工委會辦理。」由。

月日午點分到
月日午點分擬稿
十一月一日午點分核稿
月日午點分擬稿
月日午點分核行
月日午點分繕清
月日午點分核對
四月四日下午四點廿分印發

列　街公函第五九四號

逕啓者：案奉

滇黔綏靖公署經字第六一七號訓令開：

「案准

航空委員會電開：錄原文　函　即便

轉飭遵照。此令。」

等因，奉此，相應錄案函達，即希

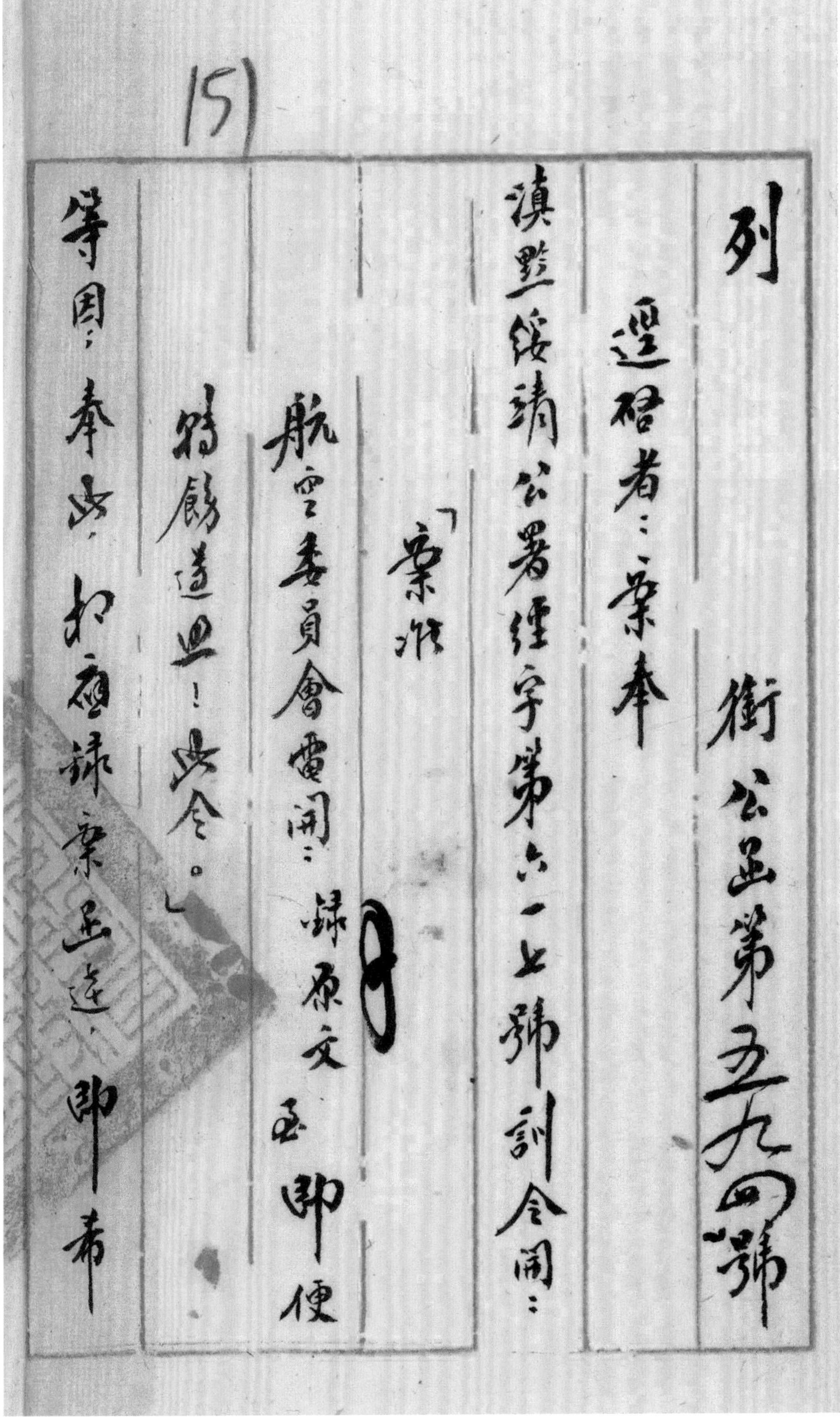

(15)

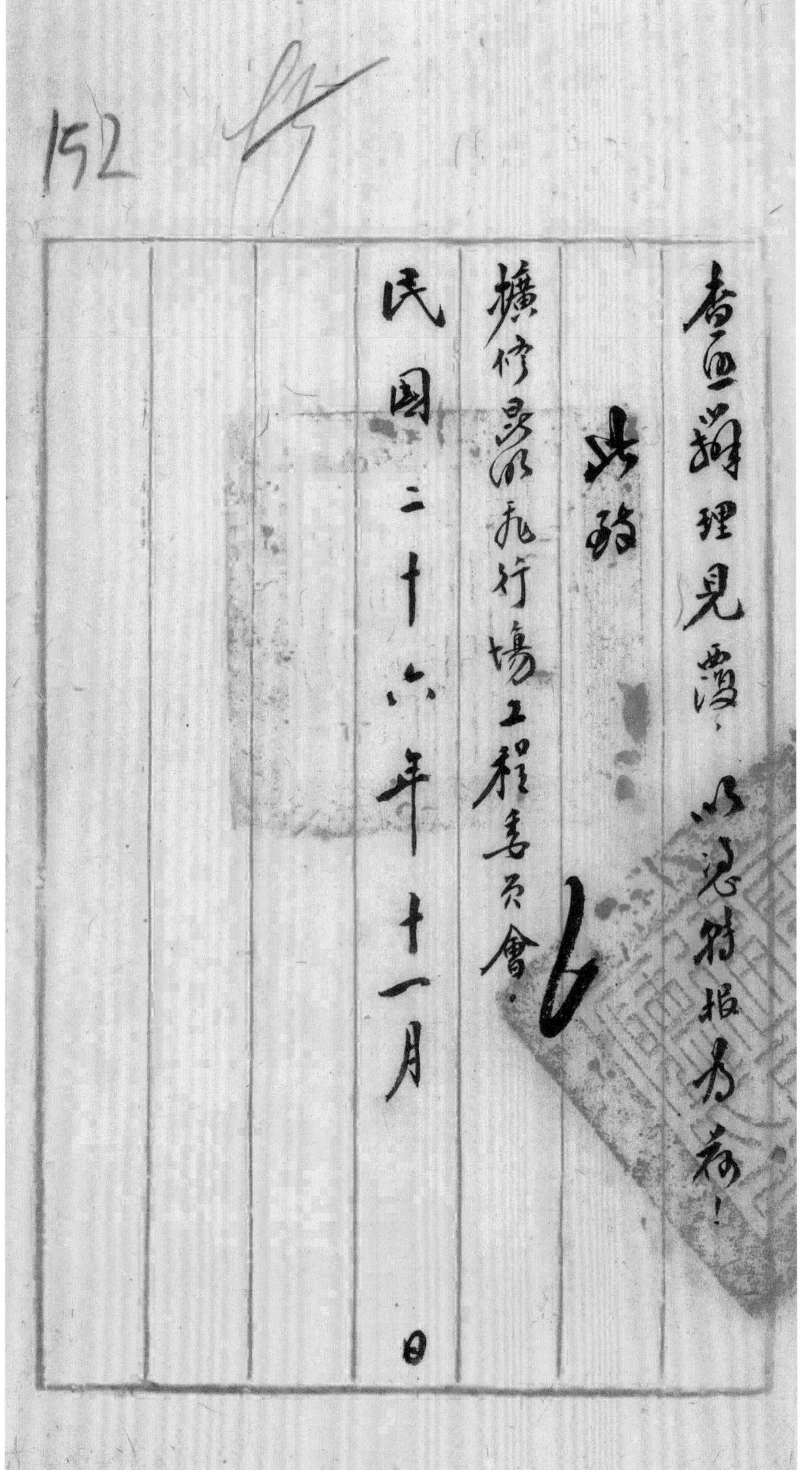

152

查照辦理見覆，以憑轉報爲荷！

此致

擴修昆明飛行場工程委員會

民國二十六年十一月　日

扩修昆明飞行场工程委员会、滇黔绥靖公署关于上报第三旬昆明飞行场工作情形旬报表的往复文件

扩修昆明飞行场工程委员会致滇黔绥靖公署的呈（一九三七年十一月九日）

呈
事由
一件呈報第三旬工作旬報表由
擬辦
批示
備考
附件
民國廿六年十一月十三日時
分到參謀處第四〇七號
字第 號 年 月 日 時到
收文 字第

38

為呈請鑒核備案事：竊查本會擴修昆明飛行場工作情形旬報表，已經呈報至第二旬在案。兹自十月十六日起，至二十五日止，又屆第三旬呈報之期，除分填呈報外；理合填具旬報表一份，備文呈請

鈞部鑒核備案。

謹呈

滇黔綏靖主任龍

附呈第三旬工作旬報表一份

擴修昆明飛行場工程委員會常務委員丁兆冠

張邦翰

340

中華民國二十六年十一月九日

附：云南省扩修昆明军用飞行场工作情形旬报表

雲南省擴修昆明軍用飛行場工作情形旬報表

承辦機關號次

第三旬（自十月十六日起至二十五日止） 擴修昆明飛行場工程委員會呈 二十六年十一月　日

航空		
名稱		昆明縣巫家壩飛行場
位置		昆明市東南方距市區約四公里
面積		275820m²此係新闢機場初步工程之面積其他步驟之工程面積及原有舊機場在內
修築期限		第一步工程之限期原定二十天嗣因臨時增加一部份工程故又延長一星期始大體完成
承辦機關或人員		仍照一二兩旬組織辦理惟因一步工程大體完成酌將每股人員減少俟二步工程開始再為恢復以節靡費
工作	天氣	晴六天 陰三天 微雨一天
	人數	十月十六日243人 十七日950人 十八日1066人 十九日1006人 二十日1028人 二十一日846人 二十二日38人 二十三日58人 二十四日84人 二十五日38人 共計5427人
概況	已成	第一步275820m²面積之工程大體已經完成現係清理填補高低不平之工作
	未成	尚未動工之第二步工程現正積極籌劃一俟地價匯到即可繼續二步工程至一步工程僅係填補碾壓
經濟狀況	收入	國幣2662.37
	支出	國幣2662.37
備考		

附記

（一）第一步工程已於十月二十一日大體完成，自二十一日以後，遂暫時減少工人，專干從事修理填補低凹，及排水溝，停機線等工作

（二）第二步擴修工程，業已籌劃妥善，一俟人民地價及遷移等費奉發滙到，即可加工開始工作

第　頁

滇黔绥靖公署给扩修昆明飞行场工程委员会的指令（一九三七年十一月十六日）

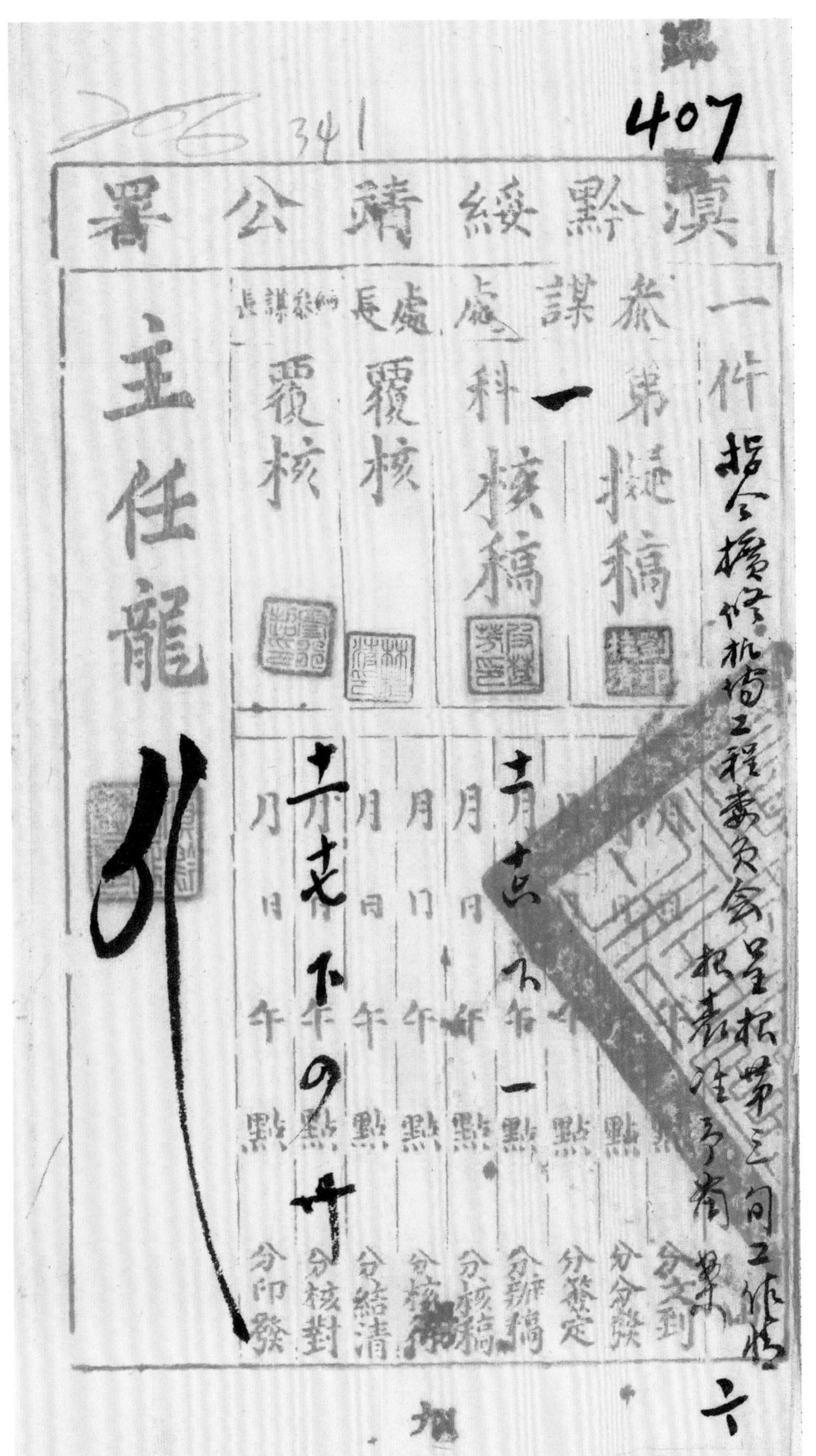
滇黔綏靖公署

主任龍

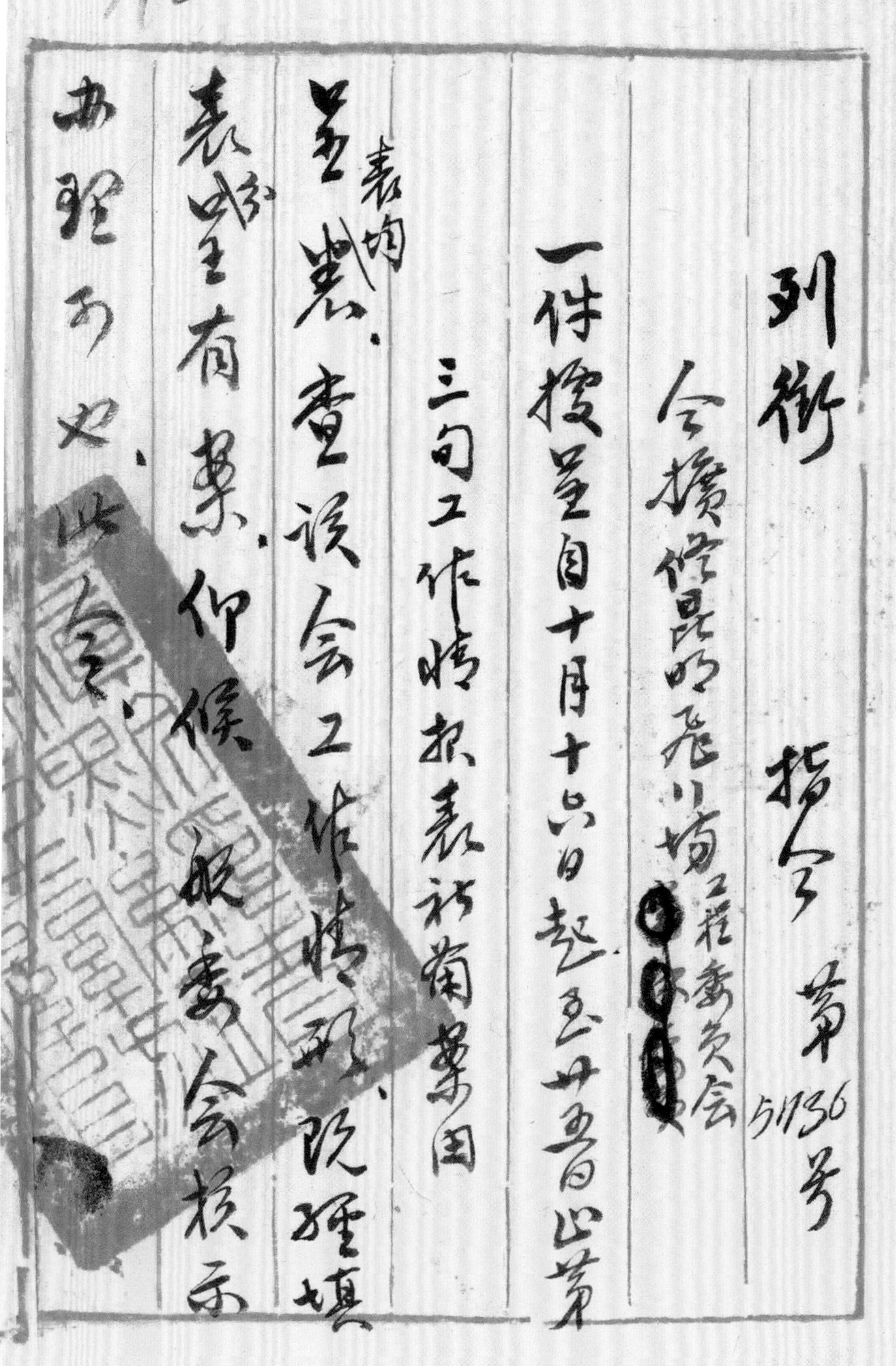

列衔　指令　第5136号

令扩修昆明飞机场工程委员会

一件：拨呈自十月十六日起至廿五日止第三旬工作情形表祈备案由

呈暨表均悉。查该会工作情形及呈填表式均有案，仰候报委会核示办理可也。此令。

343

署衔名

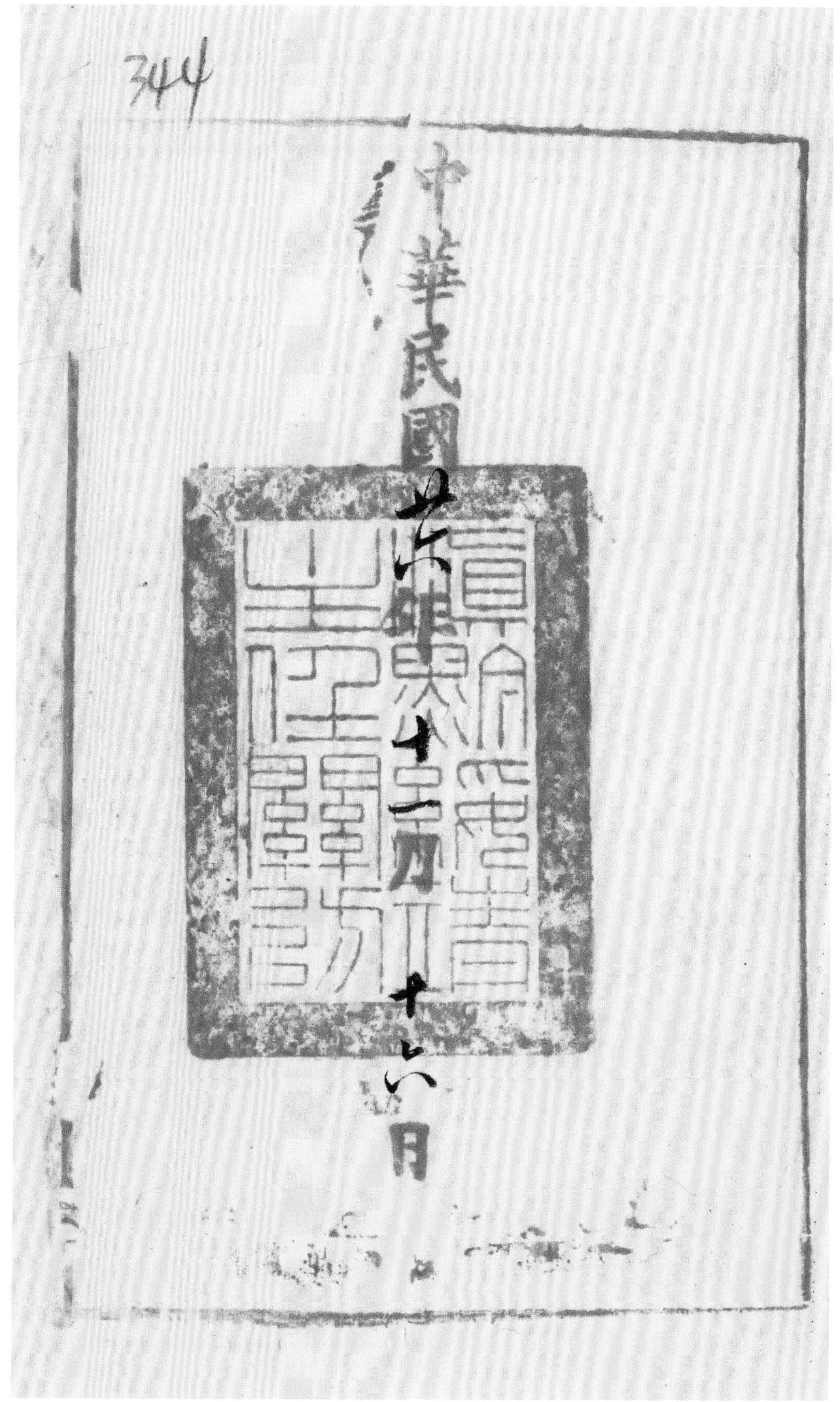
344
中華民國廿六年十二月十六月

扩修昆明飞行场工程委员会、滇黔绥靖公署关于上报第四旬昆明飞行场工作情形旬报表的往复文件

扩修昆明飞行场工程委员会致滇黔绥靖公署的呈（一九三七年十一月十日）

347

呈

事由	擬辦	批示	備考
呈報第四旬工作情形旬報表由			

附件

收文　第　字　號

字第　號　年　月　日　時到

分到参謀处

廿六年十一月十八日

四九零號

398

案查本會擴修昆明飛行場工作情形旬報表，業經分別呈報至第三旬，茲自十月二十六日起，至十一月五日止，已屆第四旬呈報之期，除

航委會由昆明飛行場呈報外；亟應填具第四旬工作情形旬報表壹份，備文呈請

鈞署鑒核備案。

謹呈

滇黔綏靖主任龍

附呈第四旬工作情形旬報表一份

擴修昆明飛行場工程委員會常務委員張邦翰

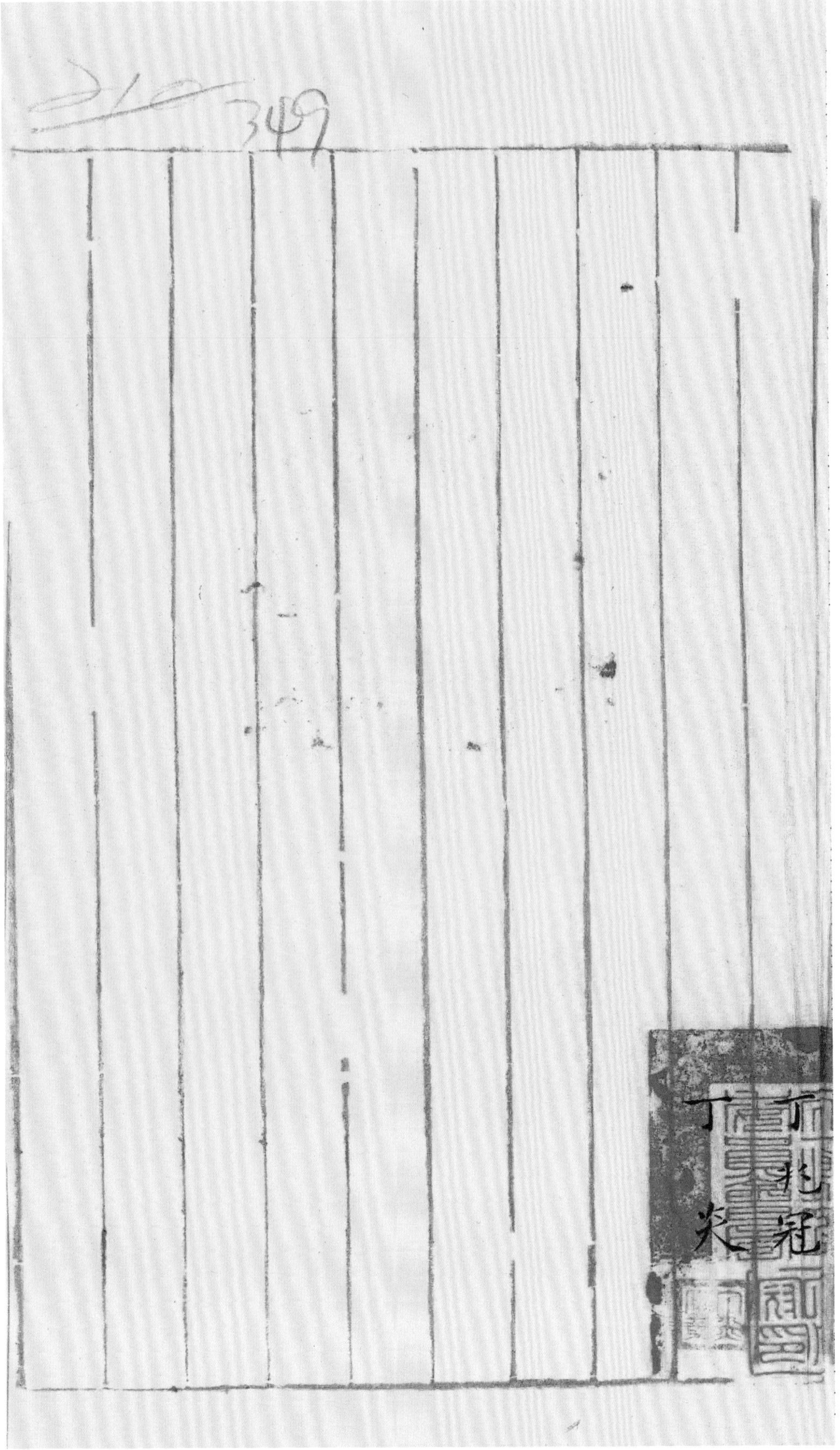
349
丁兆冠
丁炎

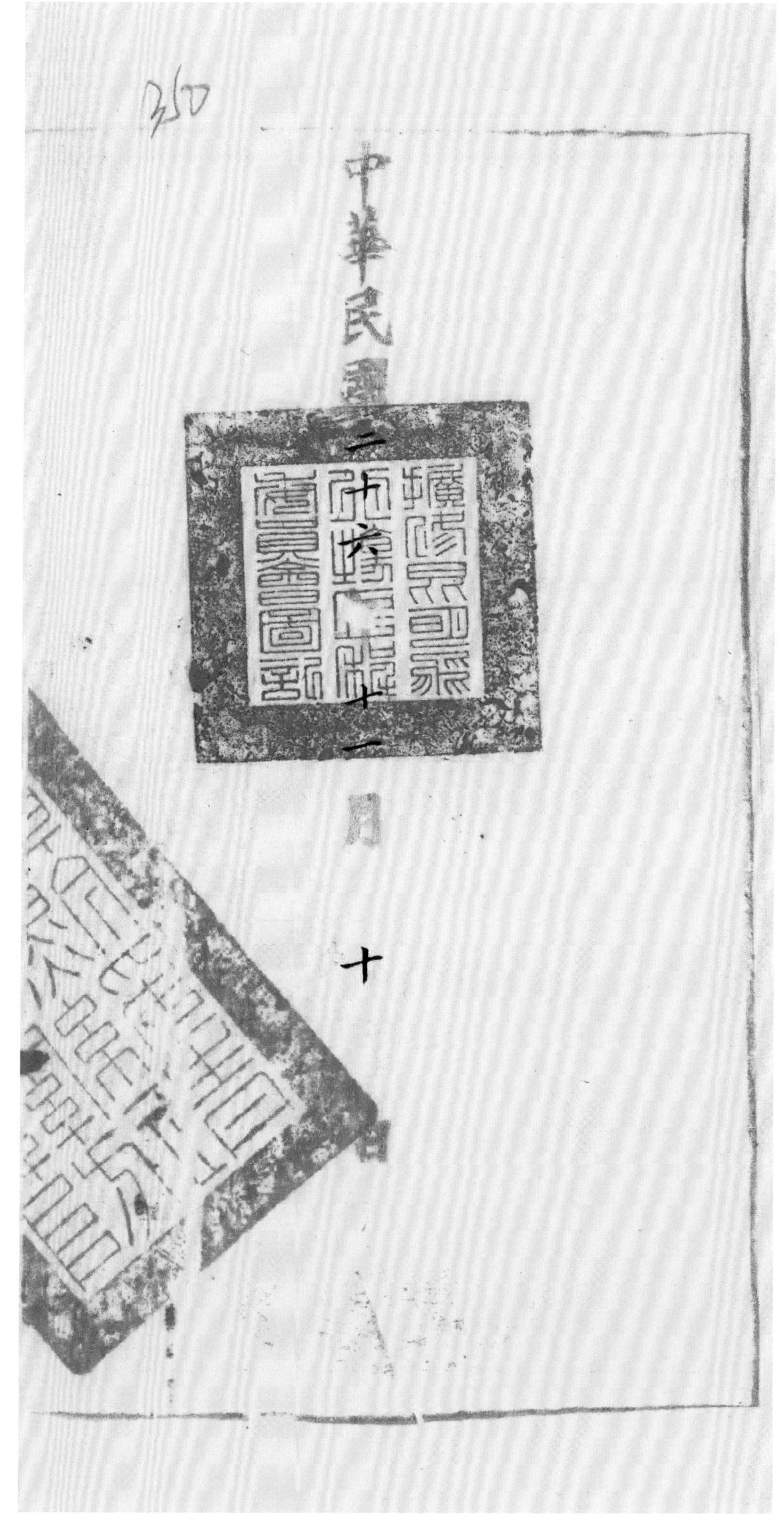

中華民國二十六十一月十日

附：云南省扩修昆明军用飞行场工作情形旬报表

雲南省擴修昆明軍用飛行場工作情形旬報表

航空

承辦機關號次

第四旬（自十月二十六日起至十一月五日止） 擴修昆明飛行場工程委員會 三十六年十一月十日

名稱		昆明縣巫家垻飛行場
位置		昆明市東南方距市區約四公里
面積		第一步新闢面積為275820m²，二三兩步工程已併為一步辦理，其面積計742500m²，連同已成之第一步面積共計1018320m²，舊機場面積未在內
修築期限		第二三兩步合併工程之限期預定以 個月完成并定十一月八日開始增工積極工作
承辦機關或人員		仍照前組織辦理，惟至十一月一日起開始督察監工事務係由航校陳校長分派學員生負責辦理，各股亦因工人驟增，事務較繁，酌添辦事人員數員
工作概況	天氣	（晴）
	人數	二十六日43人 二十七日51人 二十八日55人 二十九日36人 三十日84人 三十一日142人 十一月一日548人 二日960人 三日1235人 四日1288人 五日1336人 共計5778人
	已成	第一步工程大体完成，嗣經航校陳校長查勘結果，以土質太鬆，低凹太多，乃逐段增添多數工人積極碾壓修填工作，限十一月十日以前完成
	未成	第一步修填碾壓工程不日即可完畢，至二三兩步合併工程准于十一月八日開工，以後當自將已成未成者分別填報
經濟狀況	收入	國幣貳千壹百貳拾元零柒角肆仙壹厘貳
	支出	國幣貳千壹百貳拾元零柒角肆仙壹厘貳
備考		本旬收支款項係用舊滇票，每玖拾陸元折合國幣拾元，上列收支數目即係以舊滇票玖拾陸元折合之數，合併申明

附記

一、第一步擴修工程，經航校陳校長查勘結果，以土尚輕鬆，高低不平之處亦多，遂於十月三十一日起，逐漸增添多數工人挖補碾壓，務使平整緊密。

二、二、三兩步之合併工程，已經栽樁測量完畢，并先行發給附近房價村民遷移費，限期迅予移居，以便八日開始加緊工作。

三、自十一月一日起，所有督察、点工、監工等，均由航校分派學員生負責辦理。

第 頁

滇黔绥靖公署给扩修昆明飞行场工程委员会的指令（一九三七年十一月二十日）

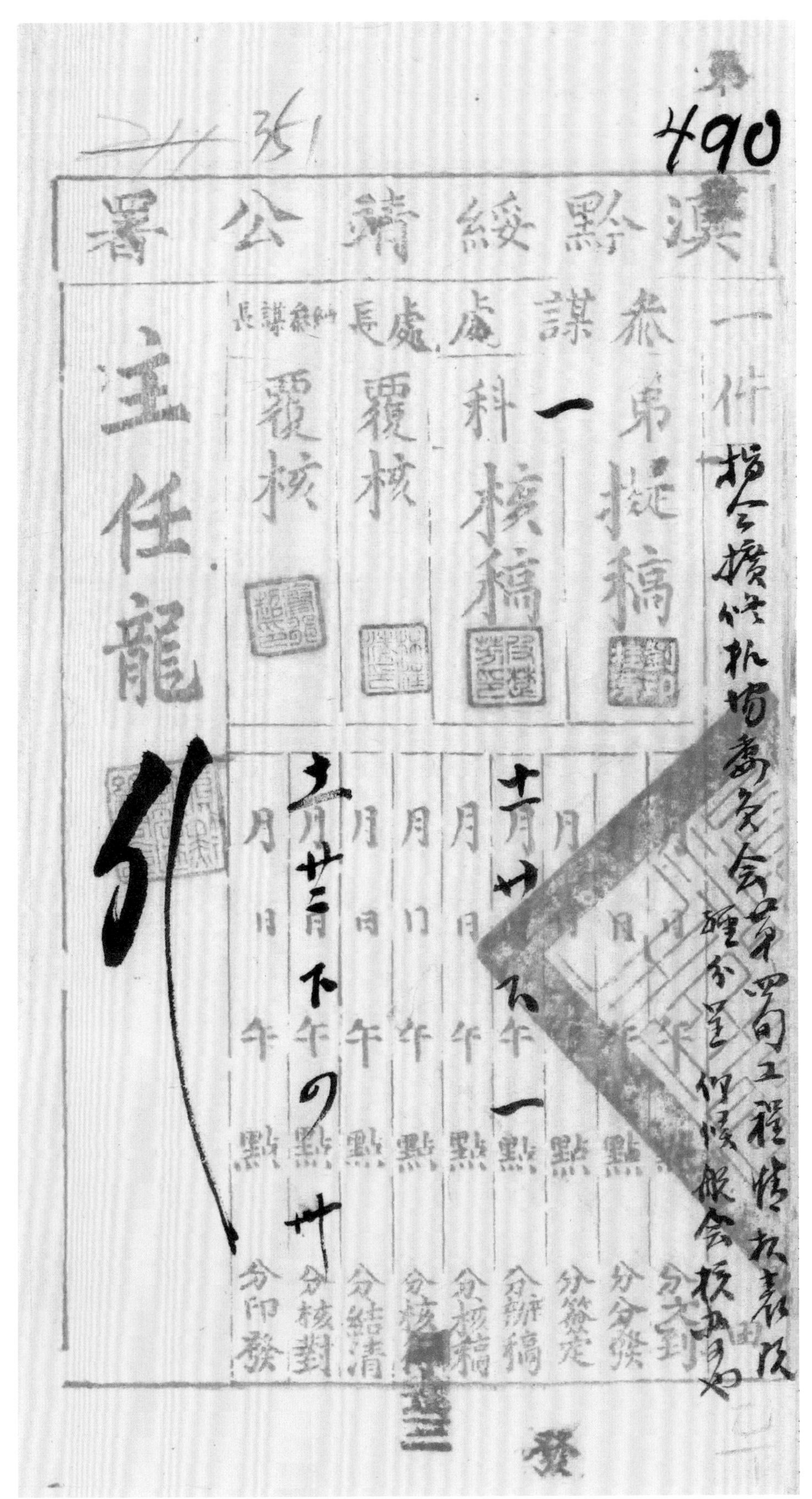

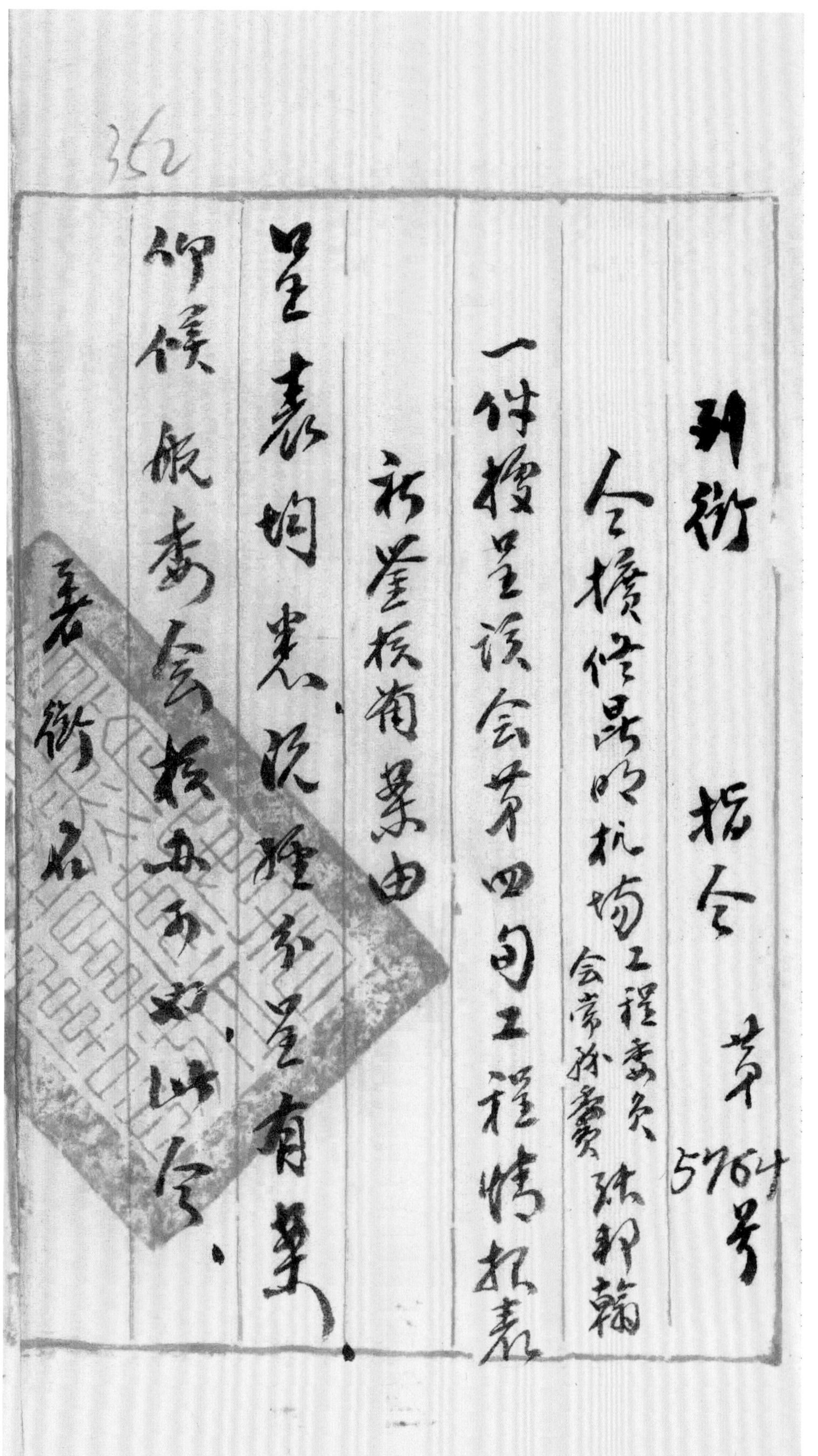

列衔　指令　第5764号

令扩修昆明机场工程处处长　会常务委员　张邦翰

一件据呈该会第四旬工程情形报表

祈鉴核备案由

呈表均悉。况经分呈有案，

仰候航委会核办可也。此令。

委衔名

中華民國

滇黔绥靖公署关于扩修昆明机场事务统归航校接办给云南省建设厅的指令（一九三七年十一月十日）

1438号

民國廿六年十一月十一日收到

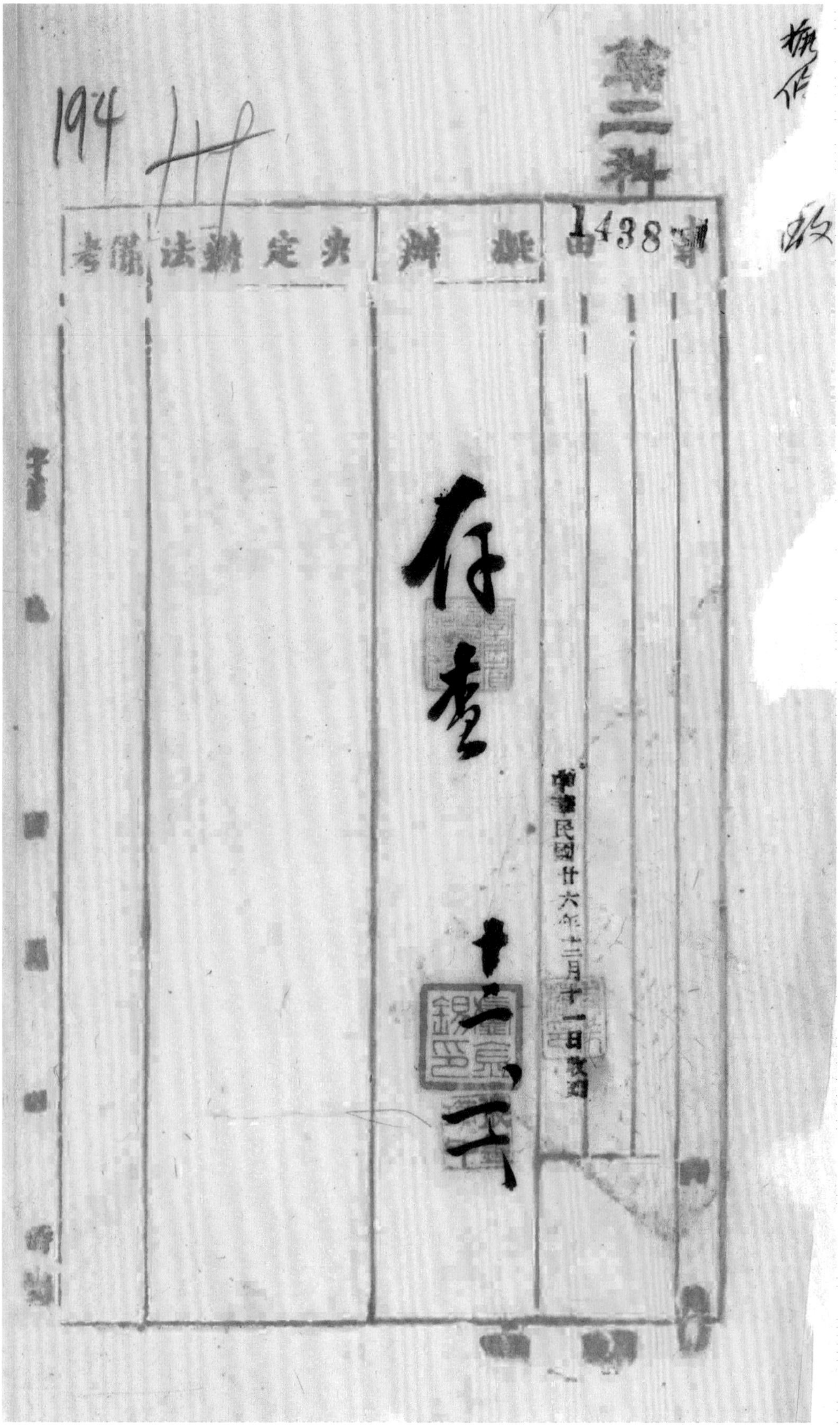

195

滇黔綏靖公署指令

經字第891號

令建設廳長張邦翰

一件呈报擴修昆明飛機塲事務已统歸航校接办祈備案示遵由。

據呈准予備案。仰即遵照！

此令。

主任　龍雲

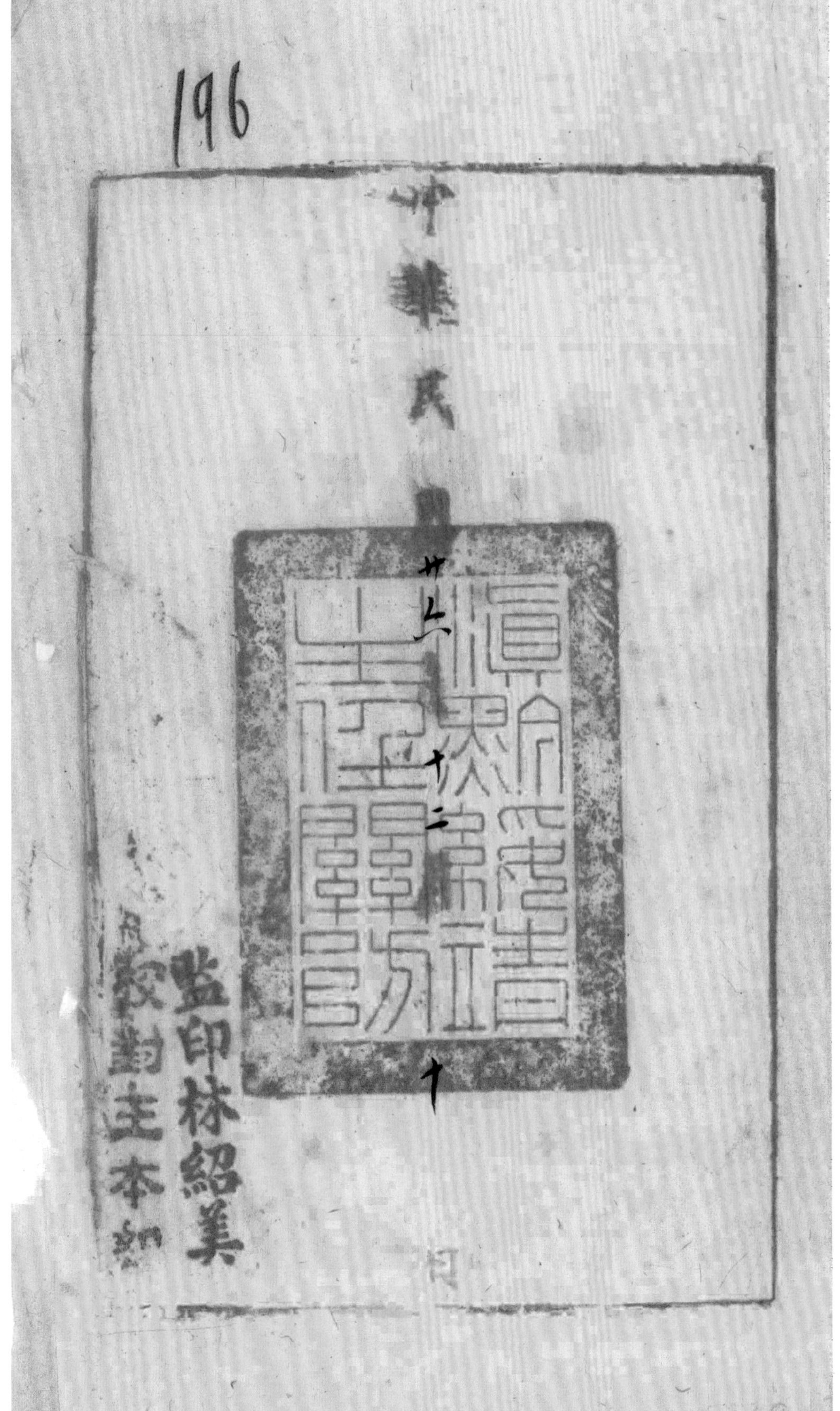
中華民國
監印林紹美

航空委员会昆明飞行场为请转饬省公路局及昆明县府派员协助扩修机场事致滇黔绥靖公署的呈（一九三八年一月十二日）

航空委員會昆明飛行場呈

362

事由	為奉電懇祈轉飭公路總局及昆明縣府派員會同估計協助辦理俾便請款興工請鑒核飭遵由	附件
擬辦		
批示		
備考	分到者廿七年一月十三日一五〇	

第　字第　號　收文

年　月　日　時到

案奉

航空委員會東營電開：

「該場現為空軍　機茲將關於工程計畫核示如下（一）機場場面除前已電令擴充外並應隨時注意修整（二）該場應有一大隊營房可會同縣府在機場附近盡量租用民房如確無民房可租應按村居民房式從簡招佔趕築（三）應按一大隊兩星期用油彈量遷蔭蔽便利警衛地點照鄉村民房式分散建築庫房或開挖山洞（四）機場附近如無良好水源可供飲料準備防等用應即招商鑿井但須備具普通衛生條件（五）該站應有營房庫房與機場附近公路或火車站暢通之交通道路如未完善應即會同縣府趕修如有橋梁並須加

363

築補助道路（六）應預先充分準備器材備場面被炸後隨時填補之用（七）應按駐場一大隊用飛機架數在機場四周選擇距離一千公尺以外隱蔽停機基地並築接通機場道路以便由場移動飛機至該隱蔽處停放（八）機場應設置假機六架隨時移動增減使敵機迷惑另案寄發招工仿做（九）需款若干電呈即滙以上各項仰分別漏夜趕辦為要」

等因，奉此，查所指示辦理各項，事屬重要，且工程繁大，需款頗鉅。除呈請中央、航校派員協助辦理外，為估計精確起見，懇祈鈞署轉飭公路總局指派工程人員會同估計，并飭昆明縣政府，派員協助，切實估計地價，俾便請款興工。理合具文呈請

鑒核飭遵！謹呈

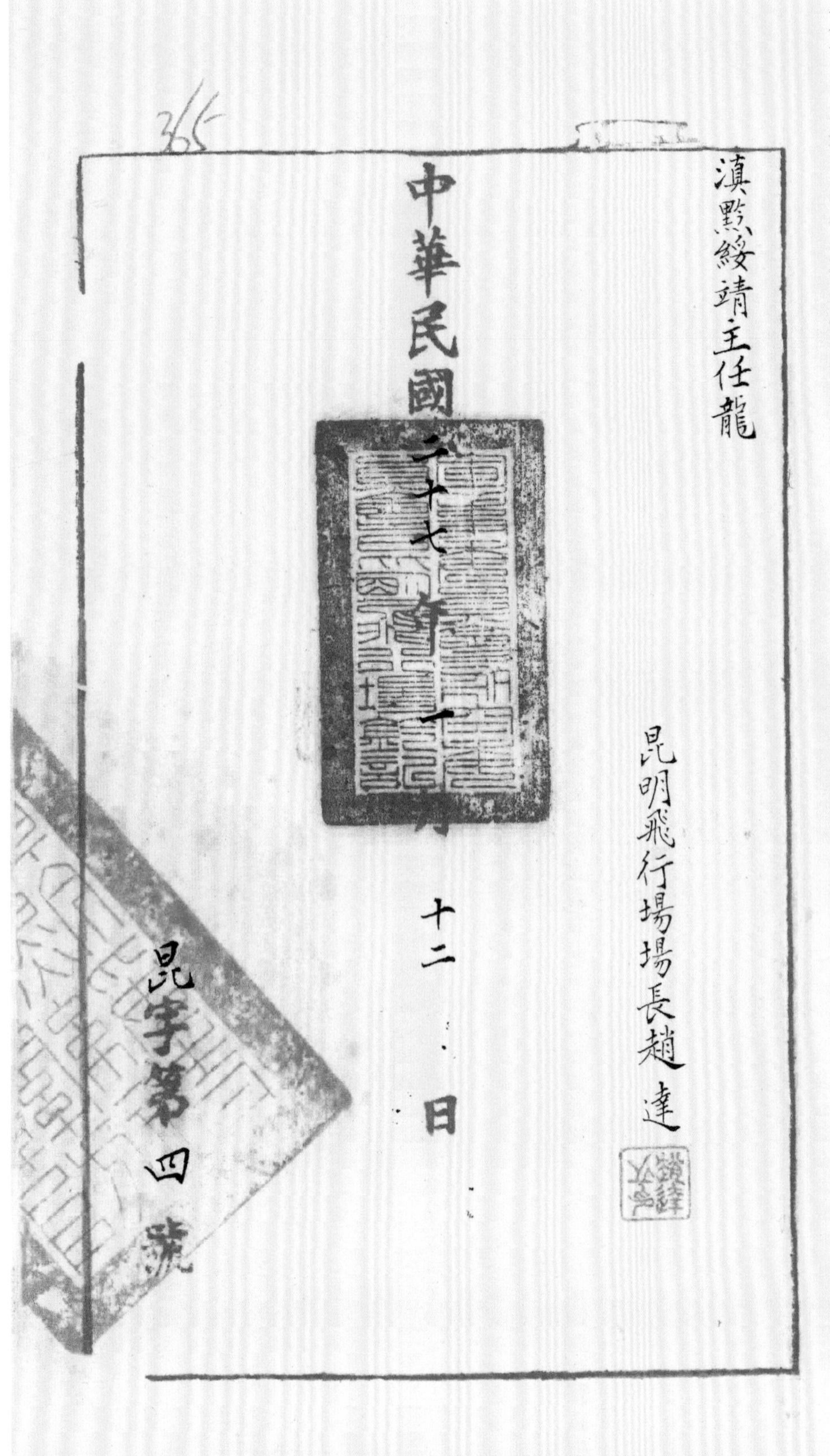

滇黔綏靖主任龍

昆明飛行場場長趙達

中華民國二十七年一月十二日

昆字第四號

航空委员会昆明空军第四总站关于请求协助组织机场填补工程队给滇黔绥靖公署的报告（一九三八年八月十六日）

航空委員會昆明空軍總站報告 發於昆明

106

總中字第0918號 年 月 日 時到

事由	擬辦	批示	備考
為備空襲後協助填補機場請飭縣府於本總站附近各村飭於平時即組織填補工程隊，以備臨時徵用可否祈核示由			
附件			

歸檔

編卷 字第 號 年 月 日

收文 字第 號

廿七年八月十八日 時
分到參謀處第三九〇〇號

107

查邇來寇勢日迫，本總站對於防空工事，自應積極籌備，將來如被敵襲，對於填補機場工作，尤屬重要，蓋場面被襲，若不隨時填補平整，則我機不能起落應戰，敵若再襲，勢將束手待炸，其關係實重大萬分，惟以本總站經常場伕甚少，臨時不敷分配，擬請鈞府署准予令飭昆明縣政府於本總站附近各村，平時積極每村整備，填補工程隊若干人，以備臨時徵用，工資俟航會核定後即當報聞，并公佈，是否可行，理合報請鑒核示遵

右報告

主任席　龍

航空委員會空軍第四總站長張汝漢

字第　　　號

批稿

稿文　簽判

中華民國二十七年八月　　日

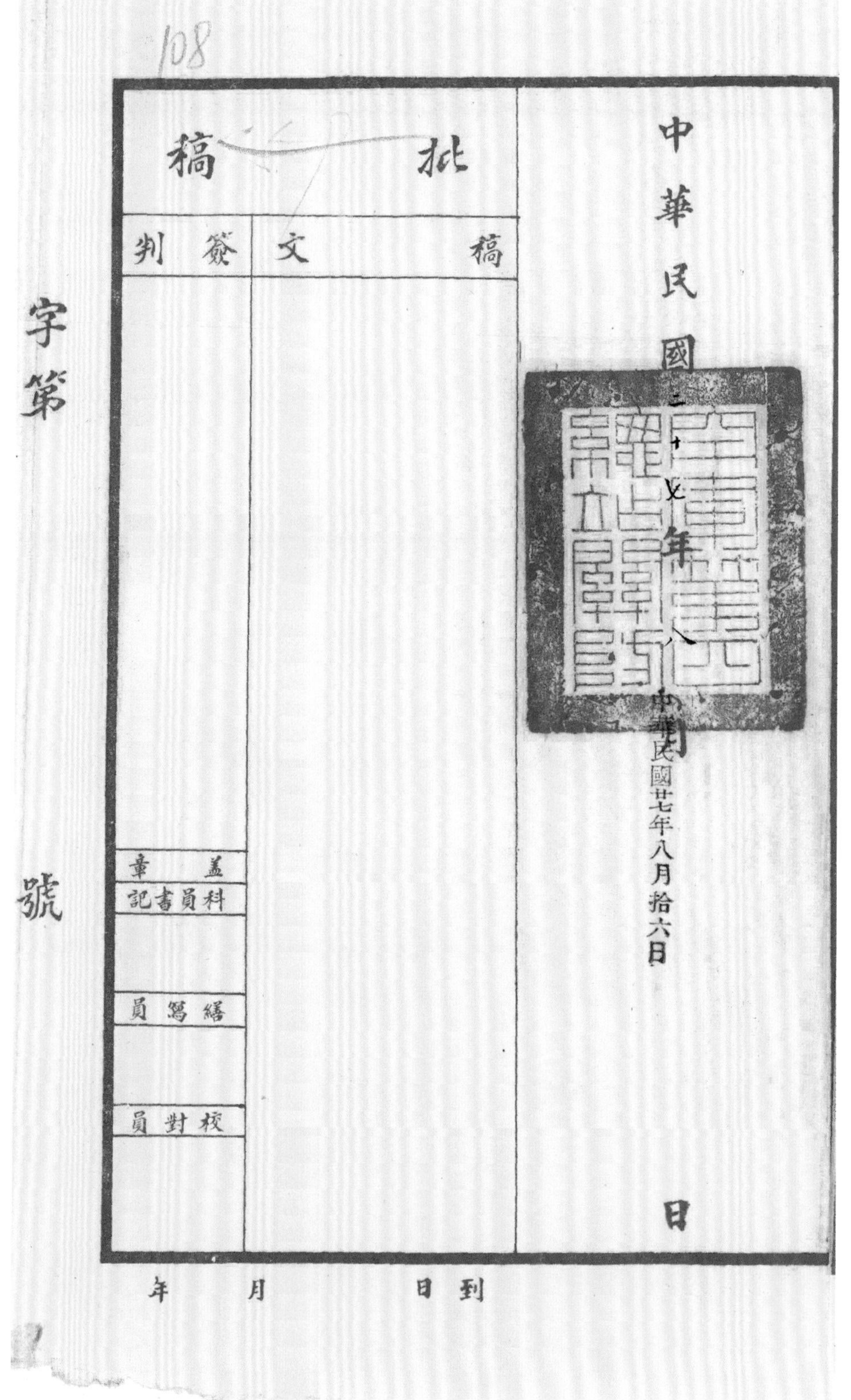

中華民國廿七年八月拾六日

蓋章　科員書記

繕寫員

校對員

年　月　日到

滇黔绥靖公署关于协助组织机场填补工程队致昆明县的训令（一九三八年八月二十三日）

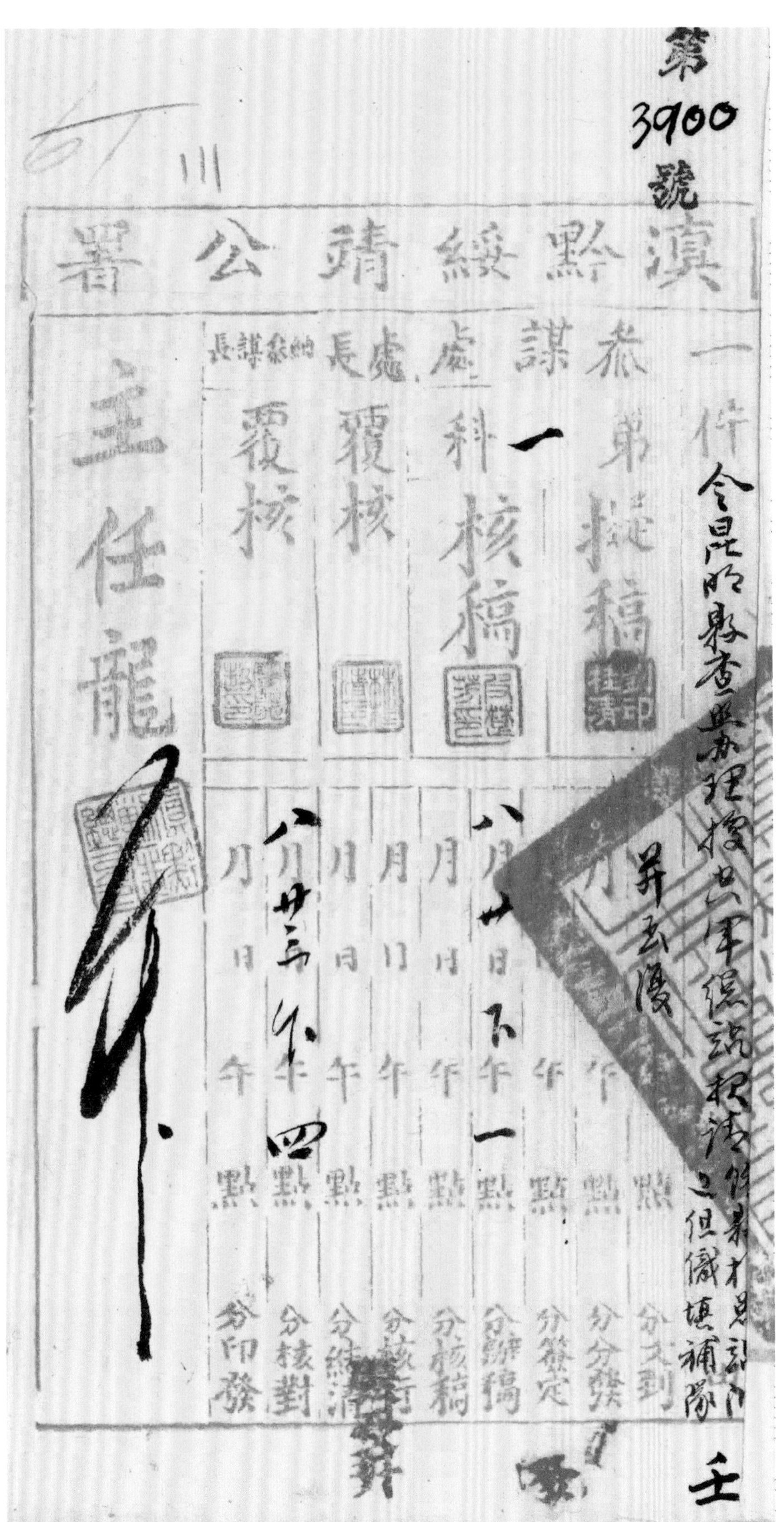

列銜　訓令　諜一字第1316号

令昆明縣縣長董廣布

案據昆明巴黑總站站長張鴻

漢據告稱查近來寇勢日迫本總

站對於防空工乃認〇云〇（照錄原文）理合據

請鑒核示遵等情據此查所呈各情尚屬可行

應予照辦除函復外合亟令仰

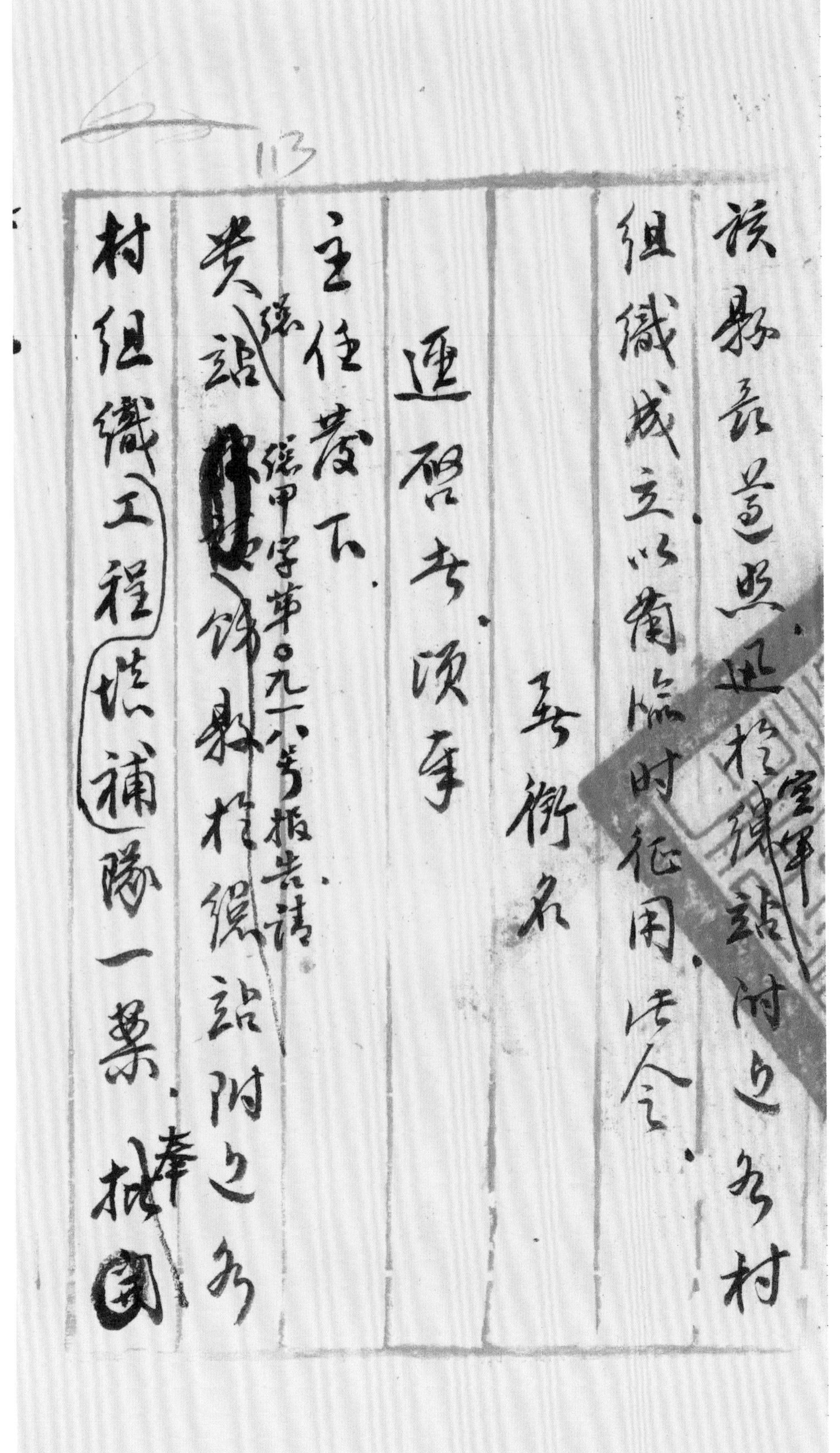
該縣長遵照趕於空軍站附近各村
組織成立，以備臨時征用，仰遵令。
委銜名
逕啓者，頃奉
主任蔭下，綏甲字第〇九一八號報告請
貴站轉飭縣於綏站附近各
村組織工程搶補隊一案，奉　批　閱

空军军官学校、云南省建设厅关于请派员协助巫家坝机场第四步扩建土地勘测的往复文件

空军军官学校致云南省建设厅的公函（一九三八年八月二十九日）

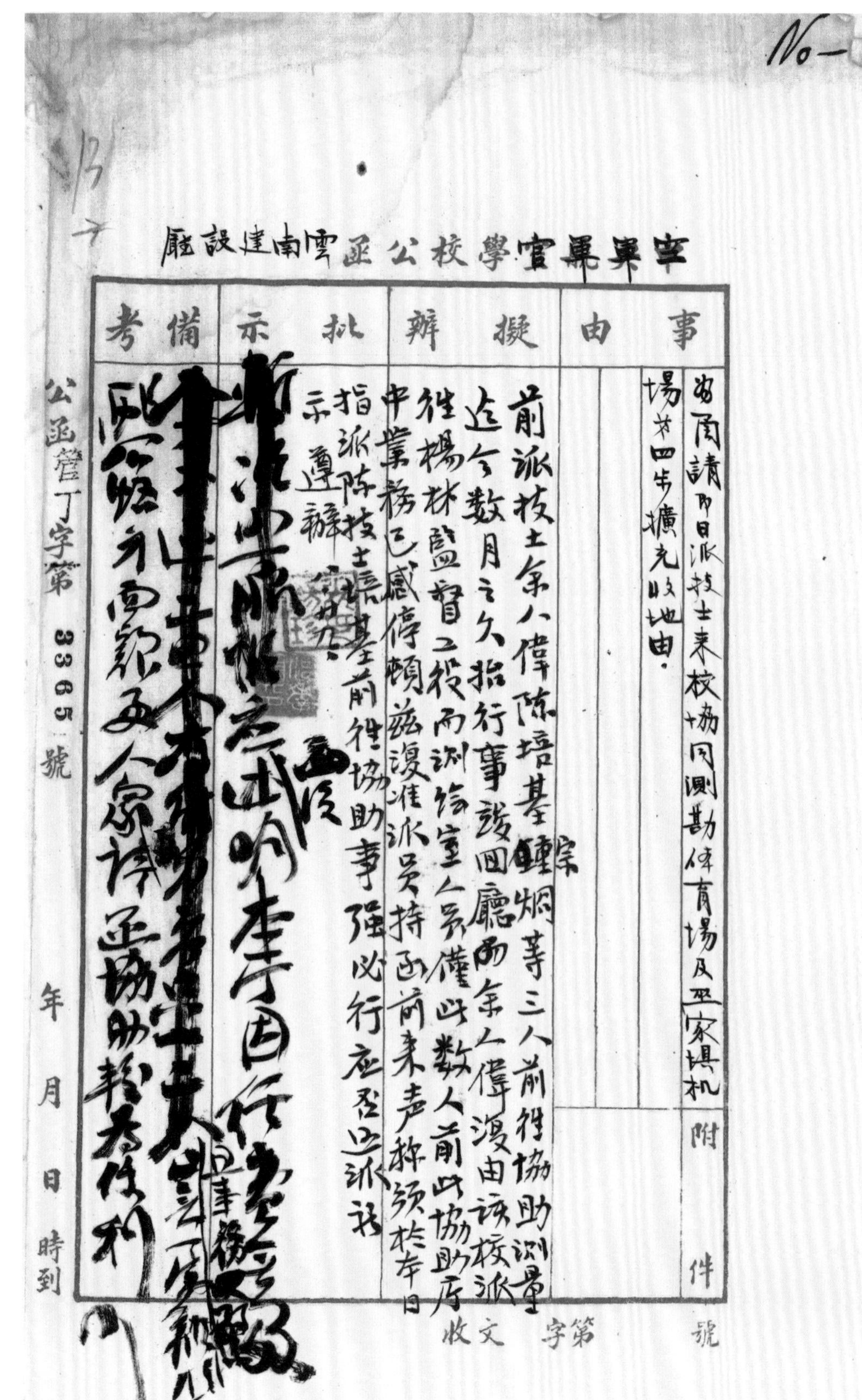

空軍軍官學校公函　致雲南建設廳

事由：為函請即日派技士來校協同測勘體育場及巫家壩機場第四步擴充收地由。

附件

擬辦：前派技士余八偉、陳培基、鍾炯等三人前往協助測量，迄今數月之久，指行事竣回廳，而余八偉復由該校派往楊林監督工程，而測繪室人員僅此數人，前此協助廳中業務已感停頓，茲復准派員持函前來，声称須於本日指派陳技士培基前往協助，事殊必行，應否照派，示遵。

公函管丁字第3365號　年　月　日　時到

收文　字第　號

空軍軍官學校公函

筐丁字第 33651 號

查本校巫家壩机場第四步擴充及校內建築体育場工程，須征收民地，業經函准雲南省政府秘二航字第四六號公函准予飭派員會同測勘在案，茲因急待興工，為特函請貴廳即日指派技士來校協同測勘，以利進行，為荷。此致

雲南建設廳

校長 蔣中正

14

教育長周至柔

已制卡備办

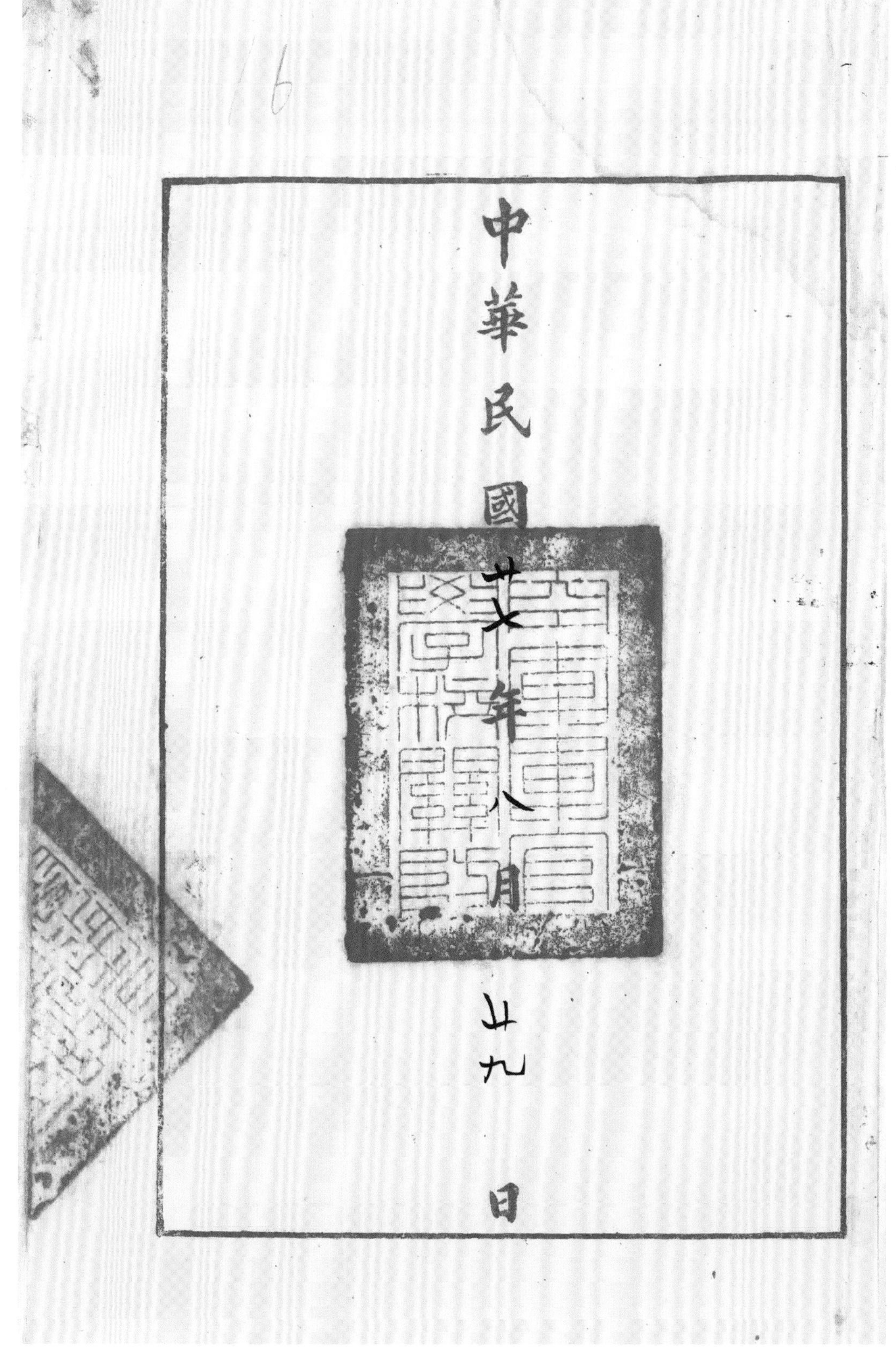

中華民國廿七年八月廿九日

云南省建设厅致空军军官学校的公函（一九三八年八月三十日）

18

公函第　准　號

案准

貴校八月廿九日發丁字第三三六五號公函開

囑派技士協助擴修巫家堪機場等由。准此

本應照辦。惟查本廳因經費無多，所

設技術人員，無力多設，現僅設有三四人

其中有能力者，不過一二人，廳中測繪事

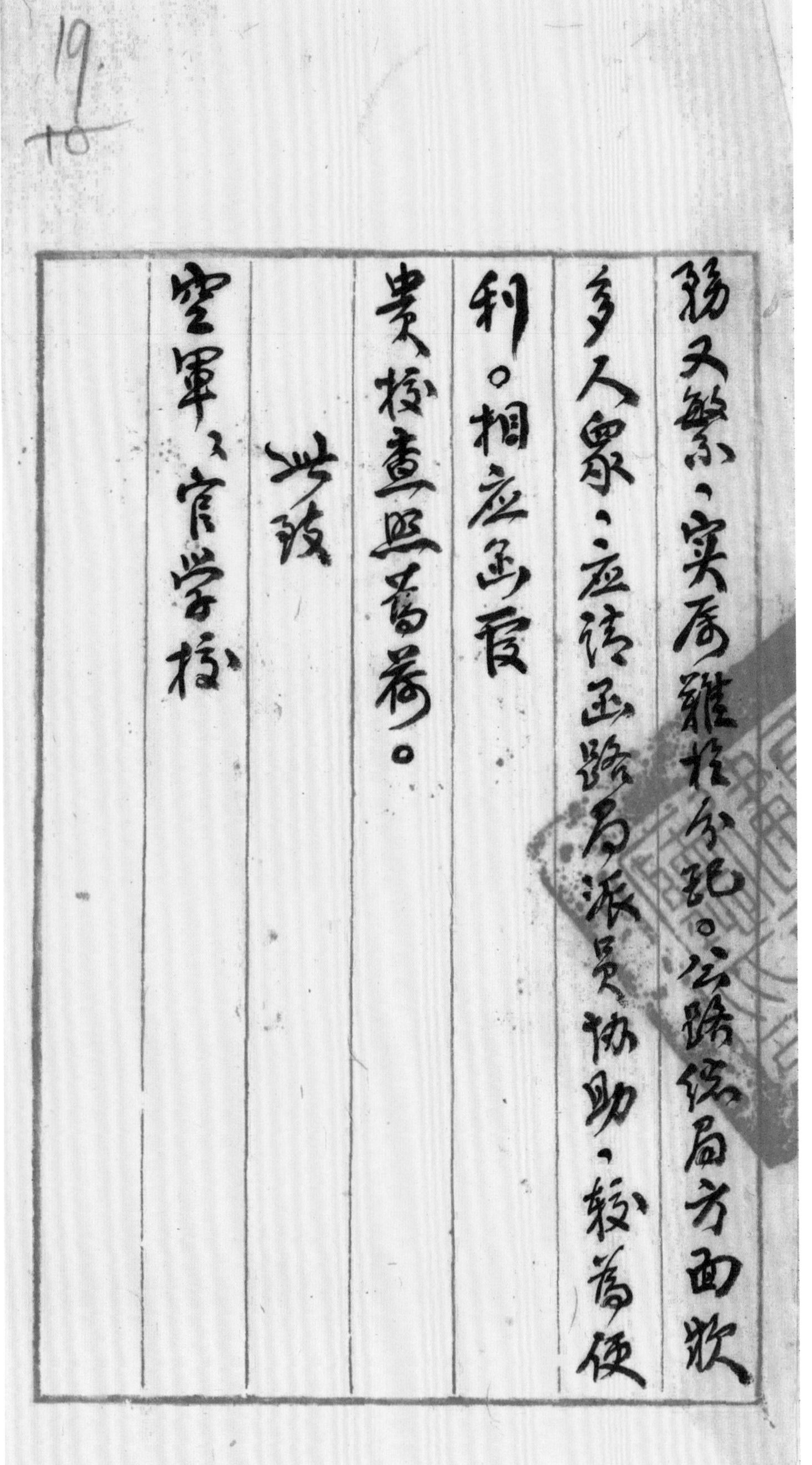

务又繁冗，实属难于兼顾。公路总局方面狀

多人众，应请函该局派员协助，较为便

利。相应函复

贵校查照为荷。

此致

空军军官学校

中華民國廿七年八月　日

承繕錄事　馮

分繕日期　八　卅

本件字數

畢日期　月　日

20

昆明实验县政府关于组织机场填补工程队事宜致滇黔绥靖公署的呈（一九三八年九月二日）

116

昆明實驗縣政府呈滇黔綏靖公署

事由

一件呈奉令空軍總站附近各村趕備填補工程隊若干人除函工資如何規定并令第二區着手組織外

呈請

鑒核

備考

附件

收文　字第　號　年　月　日　時到

廿七　九　六

三九六一

呈為呈報事：案奉

鈞署謀字第一三一六號訓令開：

案據昆明空軍總站長張汝灃報告稱：查邇來寇勢日迫，本總站對於防空工事，自應積極籌備，將來如被敵襲，對於補填機場工作尤屬重要——————畧——————合行令仰該縣長遵照，迅於空軍總站附近各村組織成立，以備臨時徵用。此令。

等因奉此，自應遵辦，除函商總站工資如何規定，并令第二區區長高家駒，着手組織外，奉令前因，理合將遵辦情形具文呈請

鈞署鑒察

謹呈。

滇黔绥靖公署主任龍

昆明贵驿县政府县长董广布

118

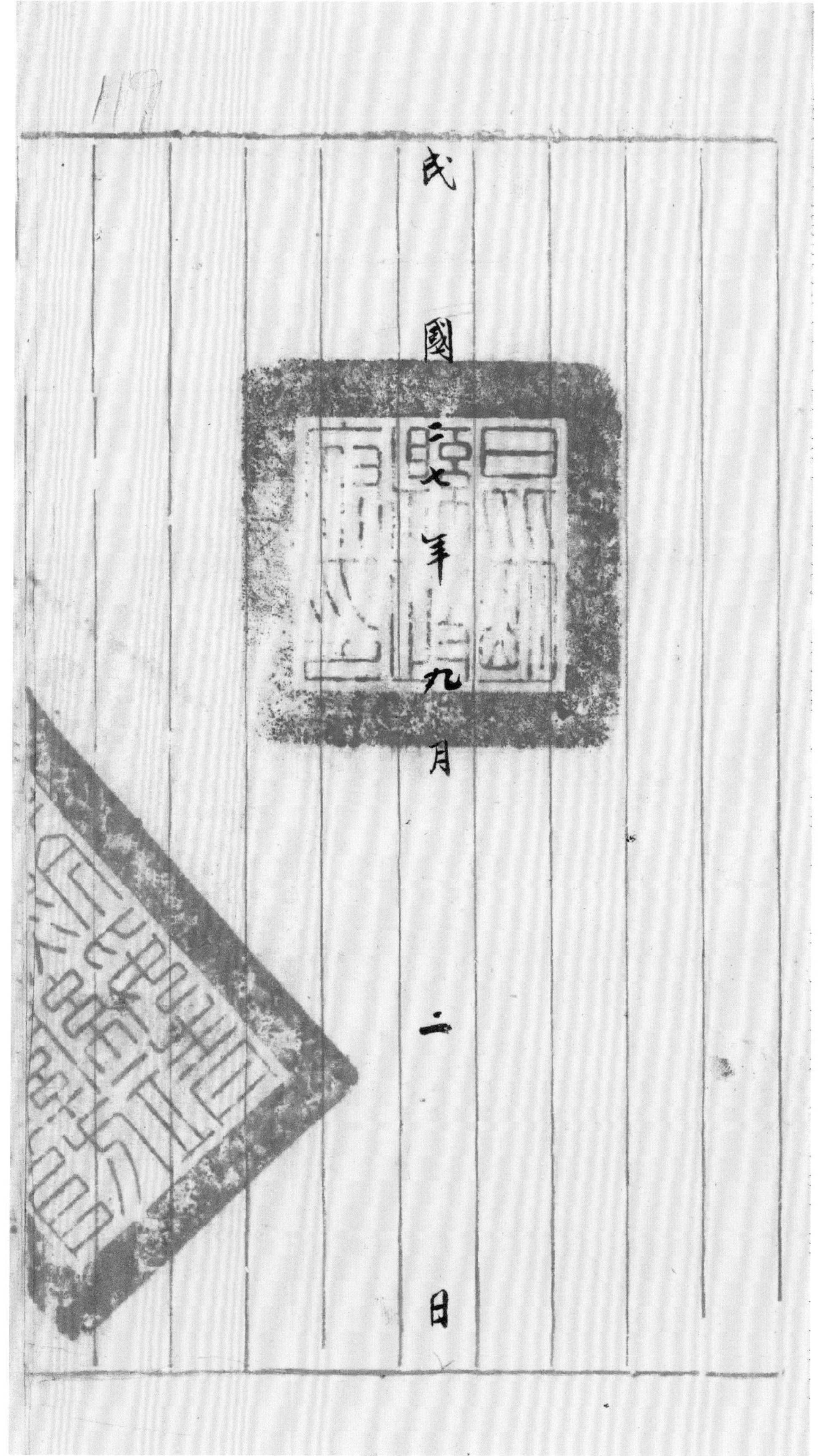

民國二七年九月二日

昆明县建设局、水利局关于为扩建机场勘察白沙河致昆明县政府的签呈（一九三八年十一月三日）

100 ~~68~~

奉

派會同查勘擴充飛機場改白沙河一案，十月二十二日遵往會同到土橋沿白沙河詳細視查，并於廿一日用電話通知空軍軍官學校請於廿二日派員會同查勘，以期確實，屆時空軍學校竟無一人到場，當由在場各方人員尋覓擴修機場之樁線周圍視查，見樁線自土橋村西端起至百德邑村東止，南面樁線則達小東村北塘田，在樁線範圍内，白沙河自東流向西，若果將樁線内區域闢為飛機場，則白沙河適跨越其間，且河身較兩傍土地為高，兩岸築有堤埂，對於飛機行動自屬不便，所擬改造河道，尚屬必須。惟查該處地形，白沙河之北面已為飛行場，且地勢低下，前因土橋村之水溝為機場所佔以致阻斷，於是土橋村一帶之水，遂無由排洩，農田即遭

淹沒、已釀成不易解決之問題、局中對此、曾經勘查明白、

簽奉

廳長批示應函商航校辦理、迄未准航校会商解決、現又

將白沙河正河改造、則有下列水利問題發生：

一河身居於應擴機場區域之中部、河之北已為機場且地勢低

河之南地勢較高、又應擴機場之區域并不狹小、究竟該段

被佔之河道應如何改造、方能讓出机場、并利排洩、應請

飭派測量人員先事測量以利改造。

一河流改造後其上端土橋村一帶之水量排洩、能否流入新改河道

抑或引入其他低凹河中、亦可根據測量而定、務使水患有

所排洩。

一河流改造後其下游古德邑苜蓿廠等處之農田用水，不無相當顧慮，因該段河身改造後，河水由何處仍引入原河方能灌溉該村等之田畝，應先事明白决定，以免日後發生困難。

總查該白沙河對於擴充飛機場，勢有改造之必要，而改造該河関係水利水害至為重大，兼之天然地形及人事設施之限制復多，究應如何辦理方臻妥善之處，應請將查勘有関各節会商空軍學校精確測量併同擴修機場工程，妥為統籌設計辦理，以期兩全。當否？理合繪具畧圖簽請

鈞核辦理。謹簽呈

縣長董

局長莊

附畧圖

昆明縣建設局長趙 炯

水利局課 員李仲良

會簽

廿七年十一月三日

昆明县政府、云南省水利局关于改造白沙河扩修机场应详细勘察设计给空军军官学校的公函（一九三八年十一月八日）

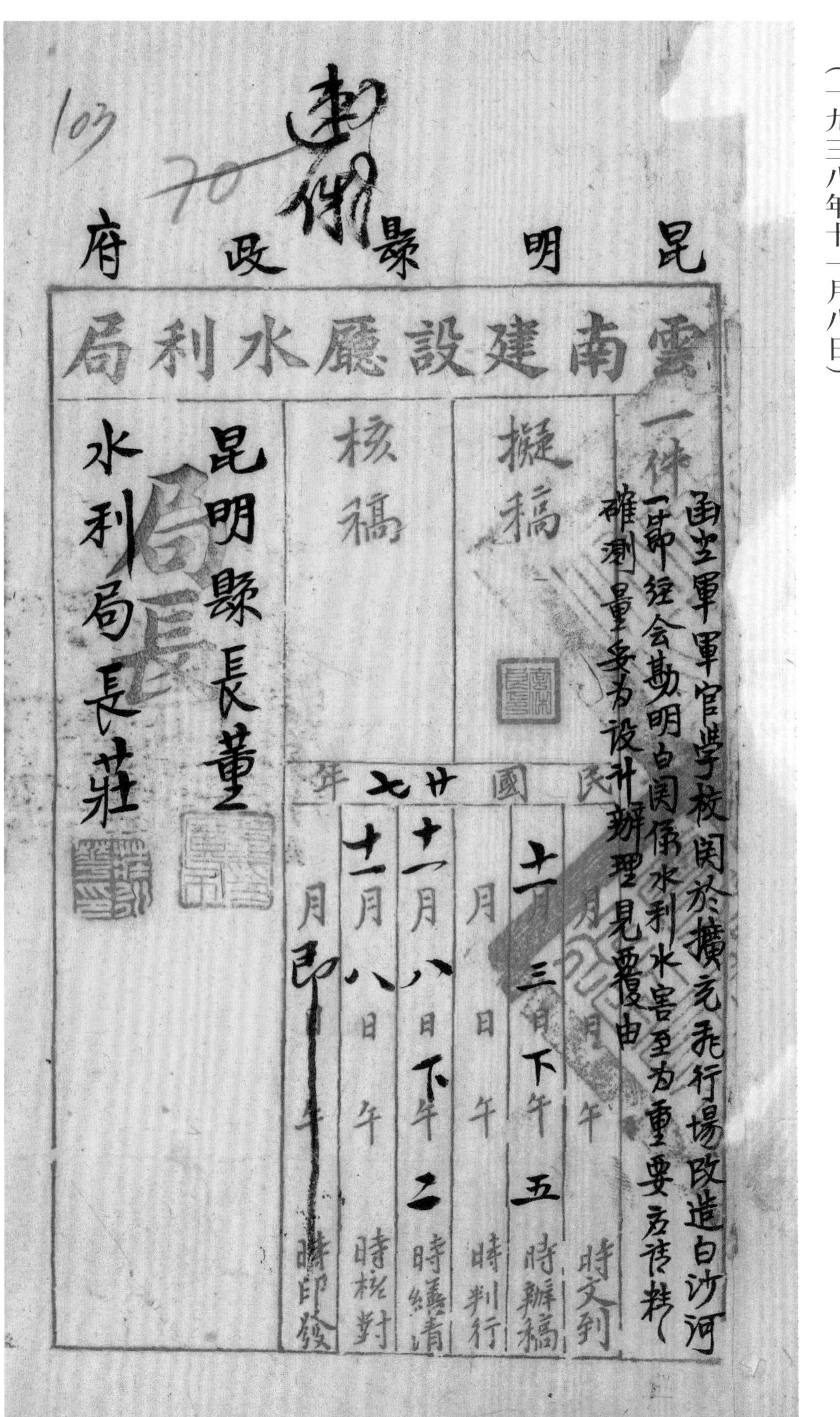
速件

昆明縣政府

雲南建設廳水利局

一件 函空軍軍官學校関於擴充飛行場改造白沙河一節經会勘明白関係水利水害至為重要應請確測量妥為設計辦理見覆由

擬稿

核稿

昆明縣長董

水利局長莊

民國廿七年

月 日 午 時文到

十一月三日下午五時辦稿

月 日 午 時判行

十一月八日下午二時繕清

十一月八日 午 時校對

月 日 午 時印發

104

昆明縣政府公函 水字第 158 號

雲南省会水利局

案奉

雲南省建設廳令飭会勘

貴校第四步擴修飛行場改造白沙河等因

一案，遵經由本县局派員前往会勘去後，旋

據覆稱：

「奉派会同查勘擴充飛機場改

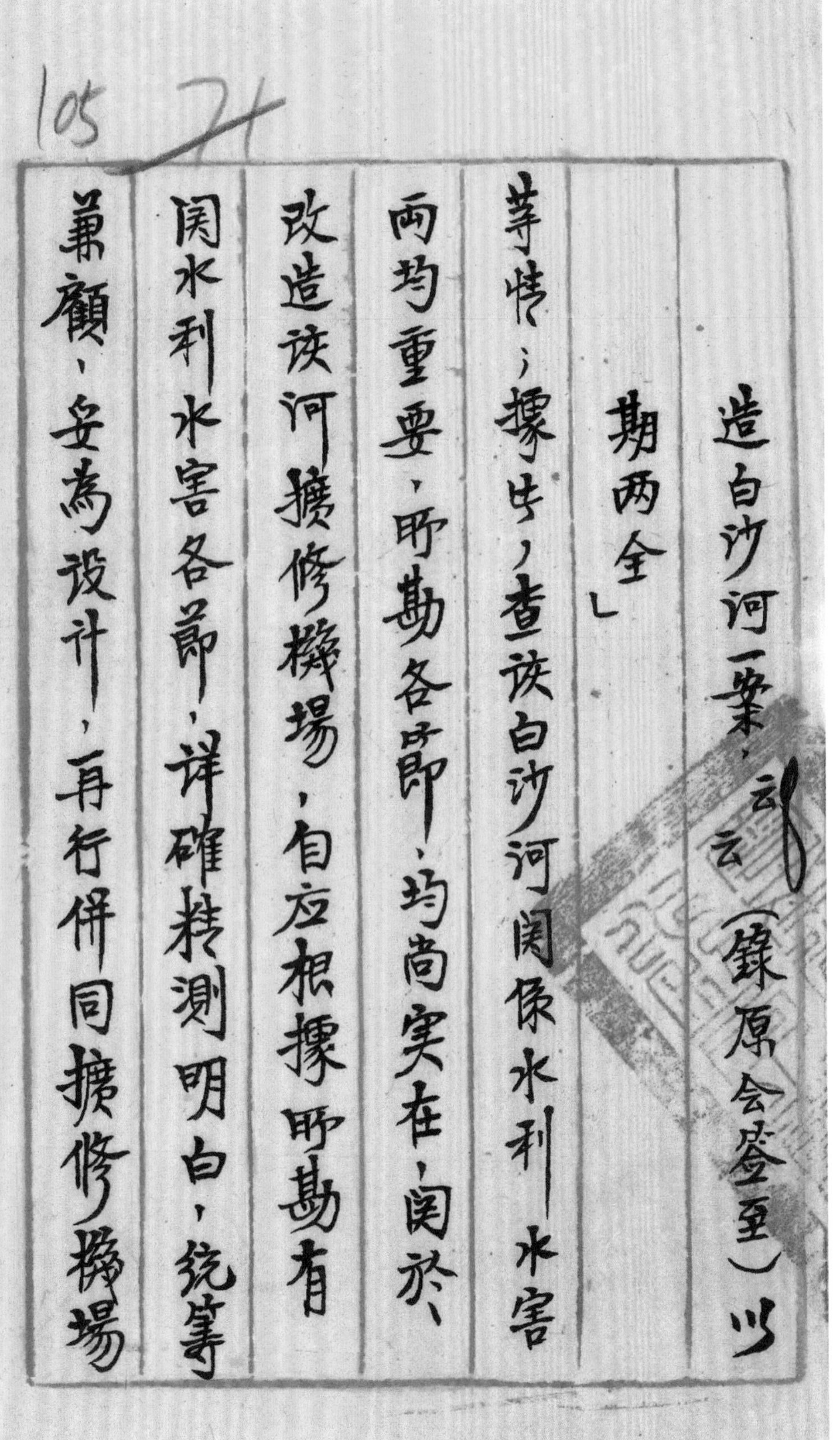
造白沙河一案，云云（録原会签至）以
期两全」
等情，据此，查该白沙河关系水利水害
两均重要，所勘各节，均尚实在，关於、
改造该河抢修机场，自应根据所勘有
关水利水害各节，详确精测明白，统筹
兼顾，妥为设计，再行併同抢修机场

106

工程，实施辦理，以期两全，而免遗误

，相应函請

貴校查照辦理，仍冀将辦理情形设

计圖案并项一併詳細見覆，至紉公誼！

此致

空軍軍官學校

107 ~~72~~

民國廿七年十一月八日

昆明实验县关于代征民工扩修巫家坝机场工资事宜致云南省建设厅的呈（一九三九年二月二十七日）

呈為呈覆事：二十八年二月四日，奉

鈞廳第一六六號訓令開：案准

空軍軍官學校管戊字第三八九號公函略開：查本學應訓練及作戰上需要，亟應擴修巫家壩飛行場，開始興築，應請貴廳轉飭昆明縣政府即日徵僱民伕叁千名，以便開工，後開，合行令仰該縣長遵照，迅速徵僱足額，尅日送往工作，勿稍延誤，是為至要，仍將遵辦情形具報查考，切切此令。等因奉此，自應遵辦。惟查徵僱民工工資未經明白規定發給，當經提出九十一次縣政會議議決：此項工資，現因物價高昂，人民多到鐵路工作，不易僱獲，其工資就目前市價計，定為男工一名每日國幣陸毛，女工一名每日國幣四毛，伕額始易代僱。等語紀錄在案。奉令前因，理合將奉文日期及遵辦情形，具文呈請

钧廳鑒察，轉函航校查照見覆，以憑辦理。并祈示遵！

謹呈

雲南建設廳廳長張。

昆明實驗縣縣長董廣布

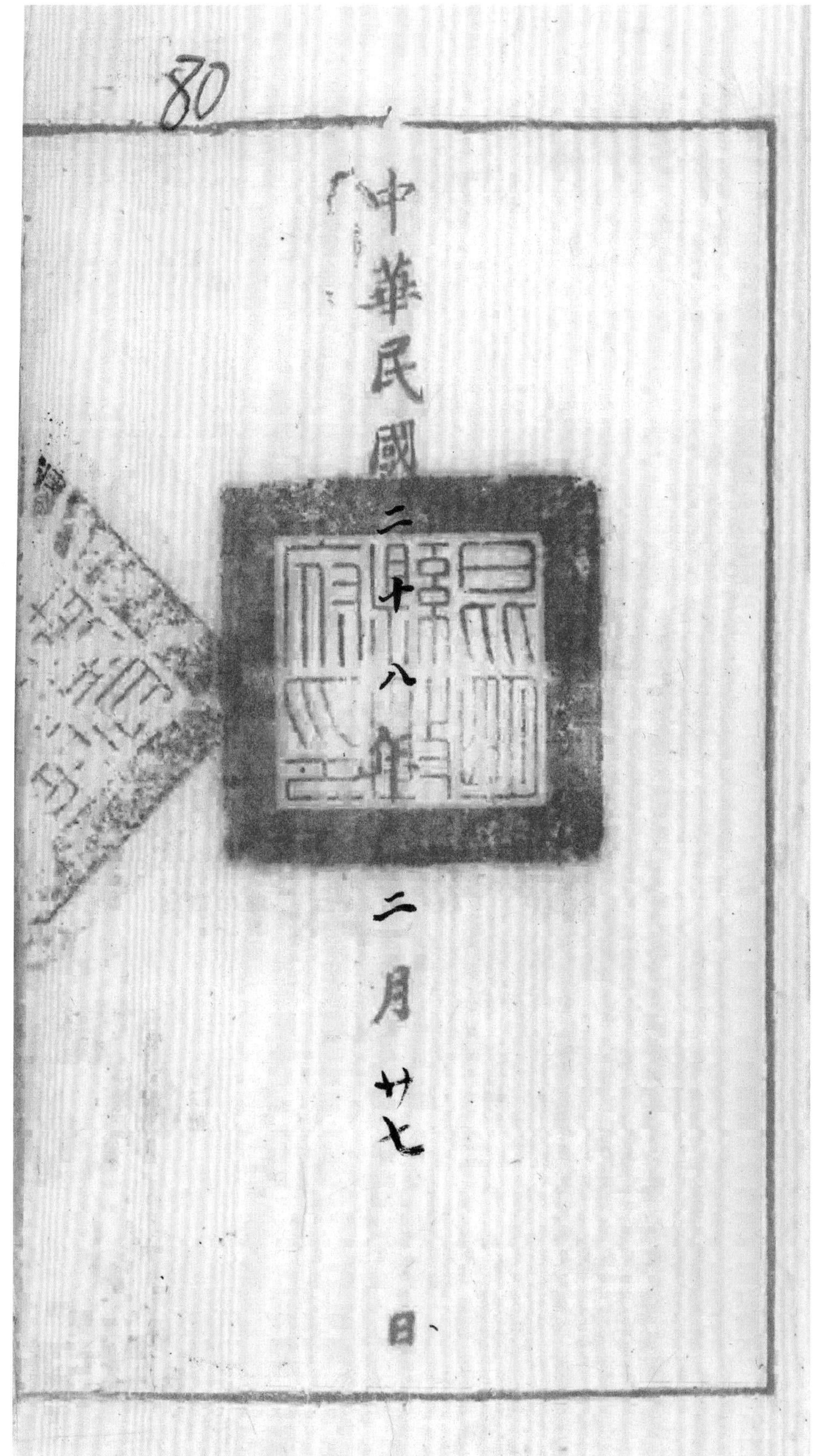
80
中華民國二十八年二月廿七日

云南省建设厅关于昆明县代征民工扩修巫家坝机场案致空军军官学校公函（一九三九年三月六日）

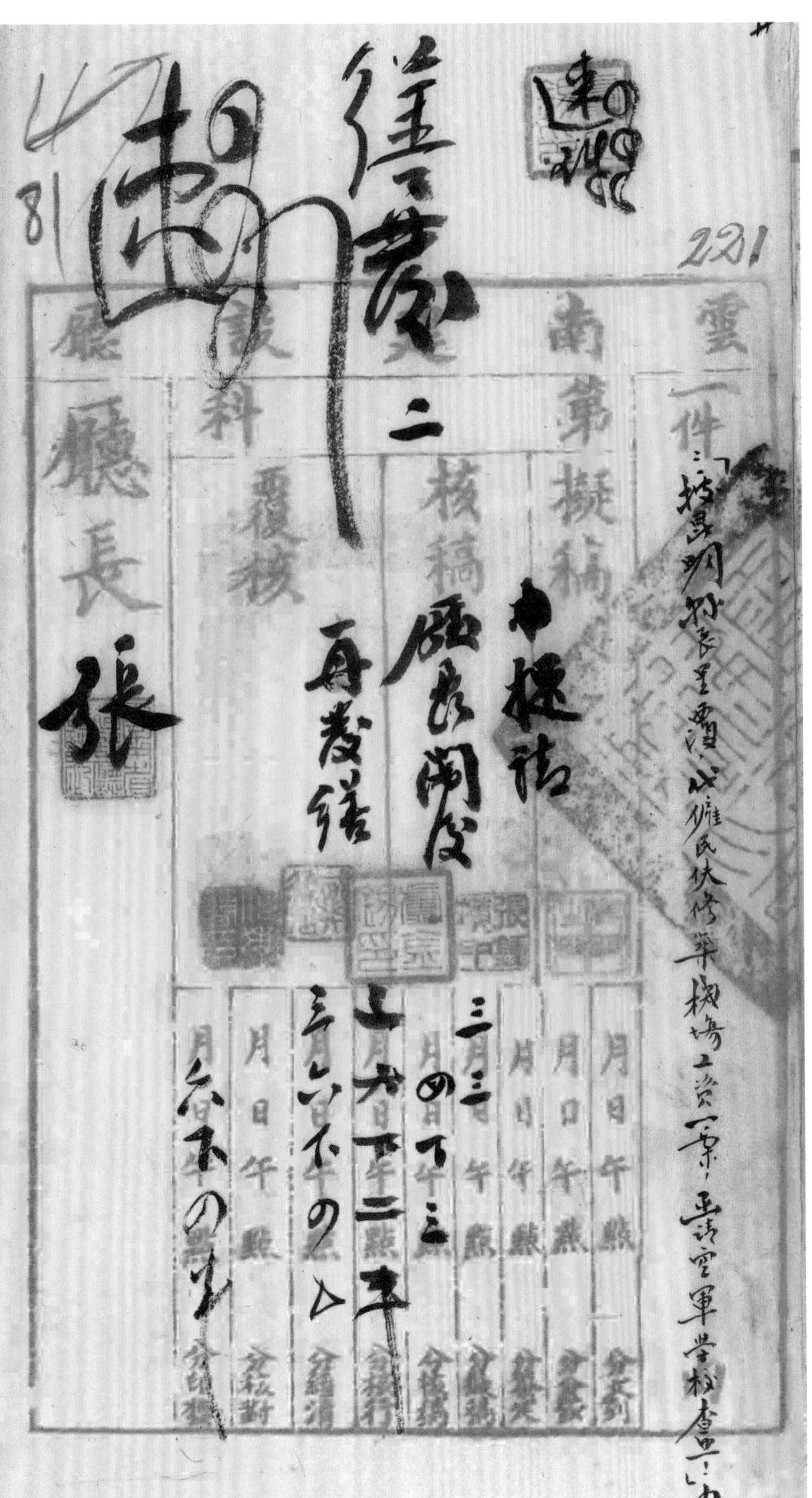

82

列　銜公函第　號

逕啓者：案查前准

貴校管戌字第三八九號公函，

請飭昆明縣府即日征催民伕

三千名，以便開工擴修機場。

等由一案，當即如函令飭昆明

縣長遵照迅速辦並於元月二日以

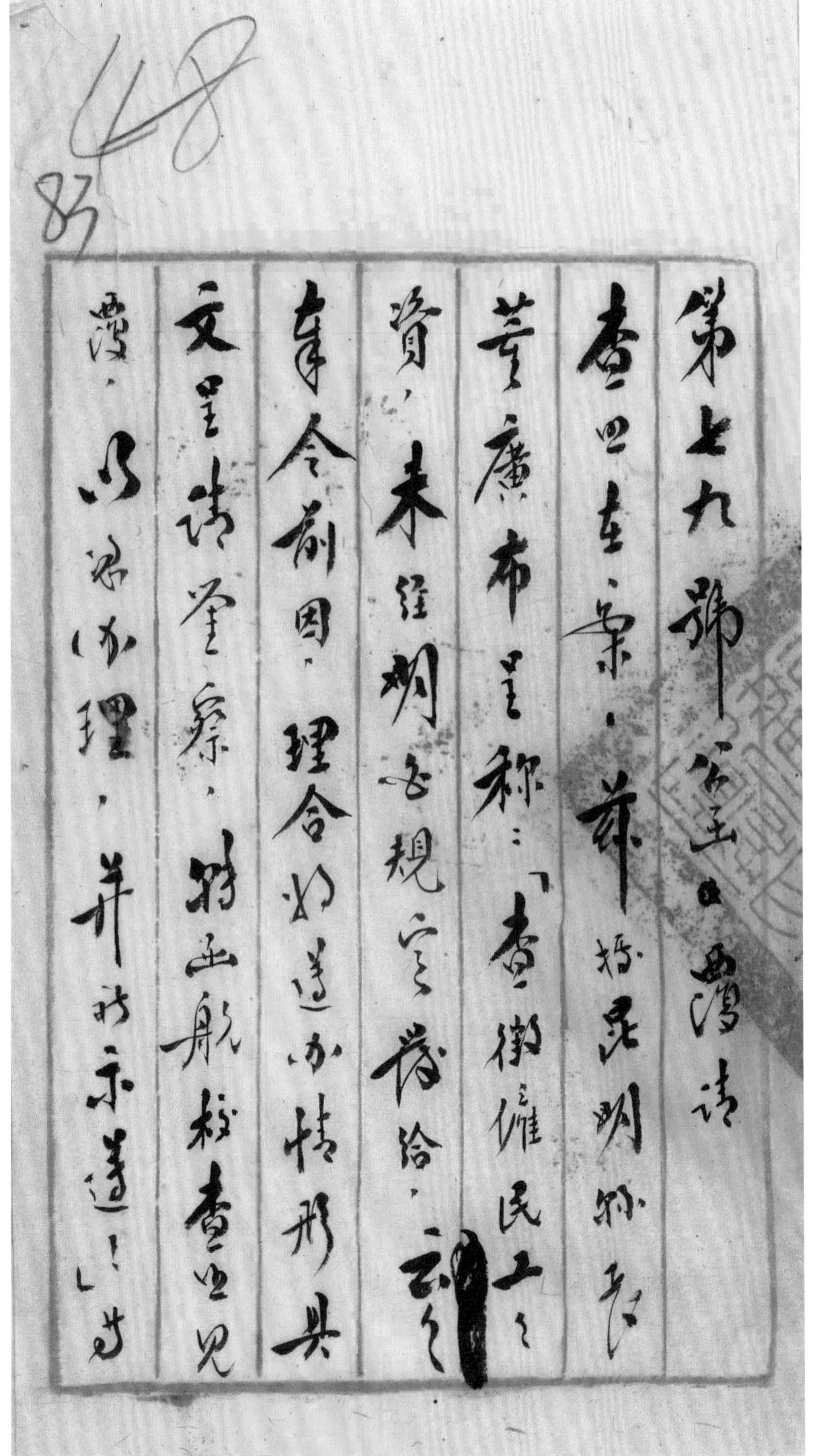

第七九号公函，函请查照案。兹据昆明县长黄广布呈称：「查征雇民工工资，未经明令规定发给，致奉令前因，理合将遵办情形具文呈请鉴察，转函航校查照见覆，以凭办理，并祈示遵」等由。

84

情〻據此、擬於函達
貴校、即煩
查明遲早見覆、俾便轉達。
此致
6
空軍〻官學校

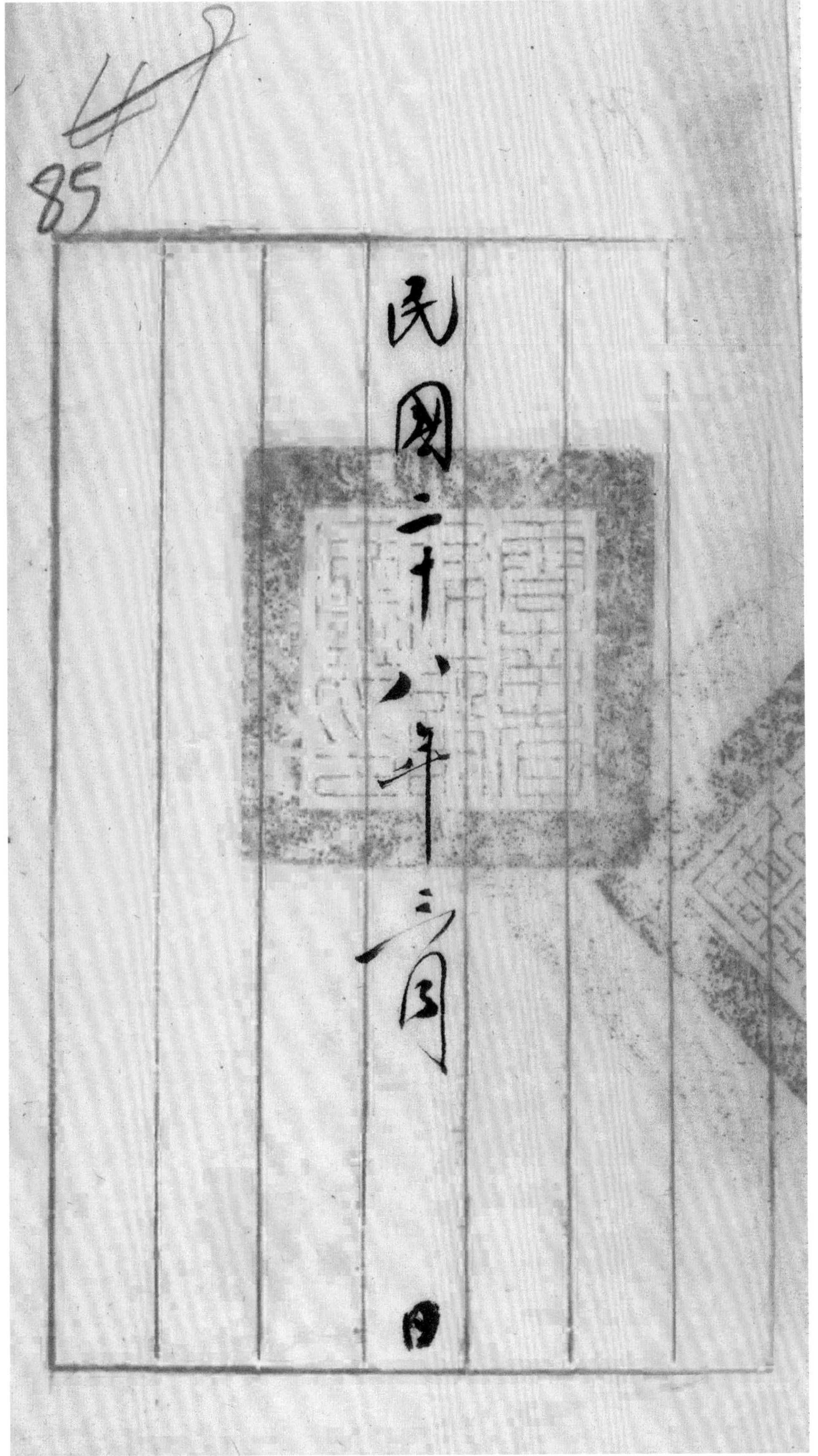

民国二十八年三月　日

滇黔绥靖公署关于速报扩修机场征用民工数致昆明等十二县局的电（一九三九年四月二十二日）

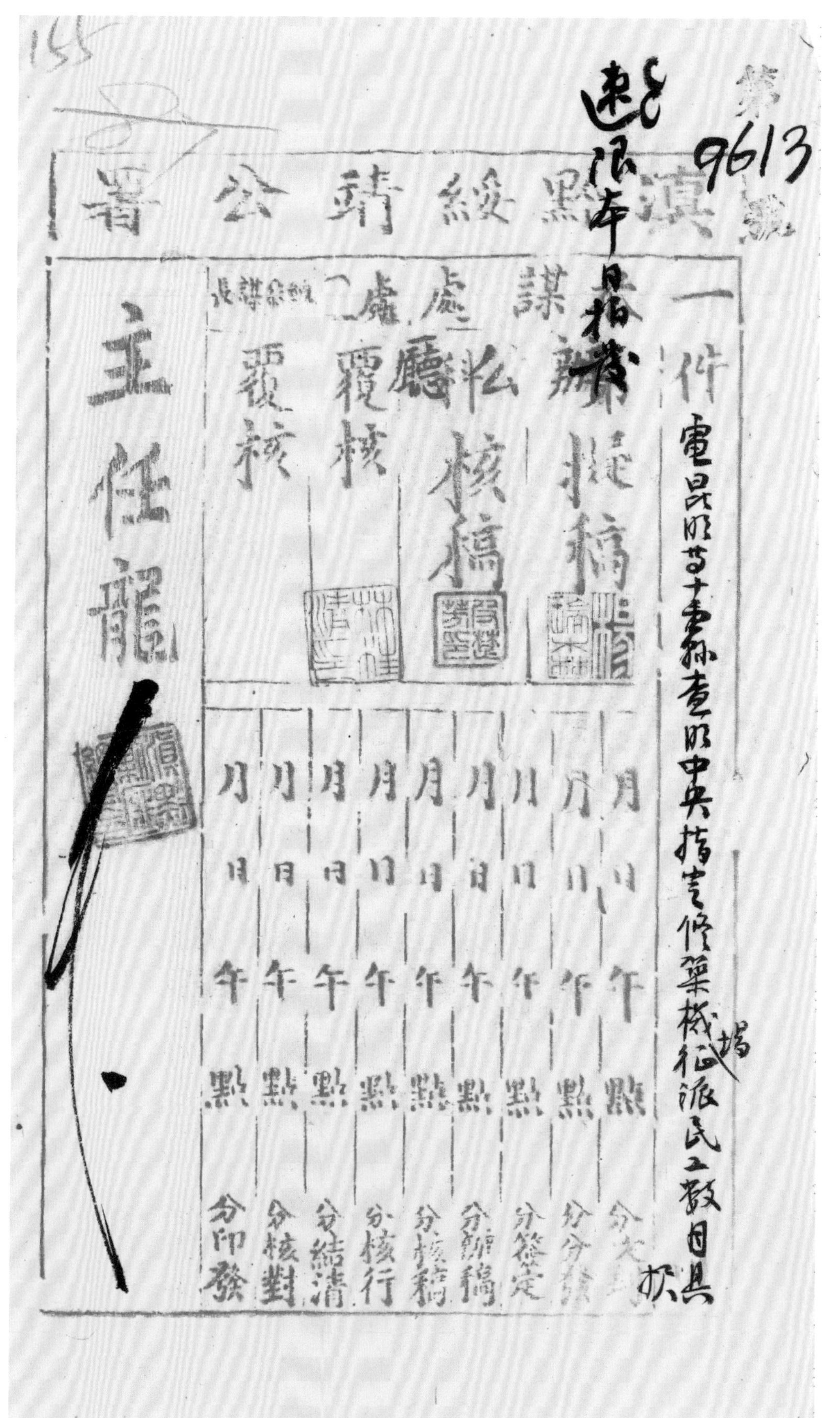
滇黔綏靖公署

主任 龍

一件 電昆明等十二縣查明中央指定修築機場征派民工數目具報

速 限本日繕發

9613

謀處 擬稿
廳松 核稿
覆核
覆核

月 日 午 點 分 交
月 日 午 點 分 分發
月 日 午 點 分 簽定
月 日 午 點 分 繕稿
月 日 午 點 分 核稿
月 日 午 點 分 核行
月 日 午 點 分 結清
月 日 午 點 分 核對
月 日 午 點 分 印發

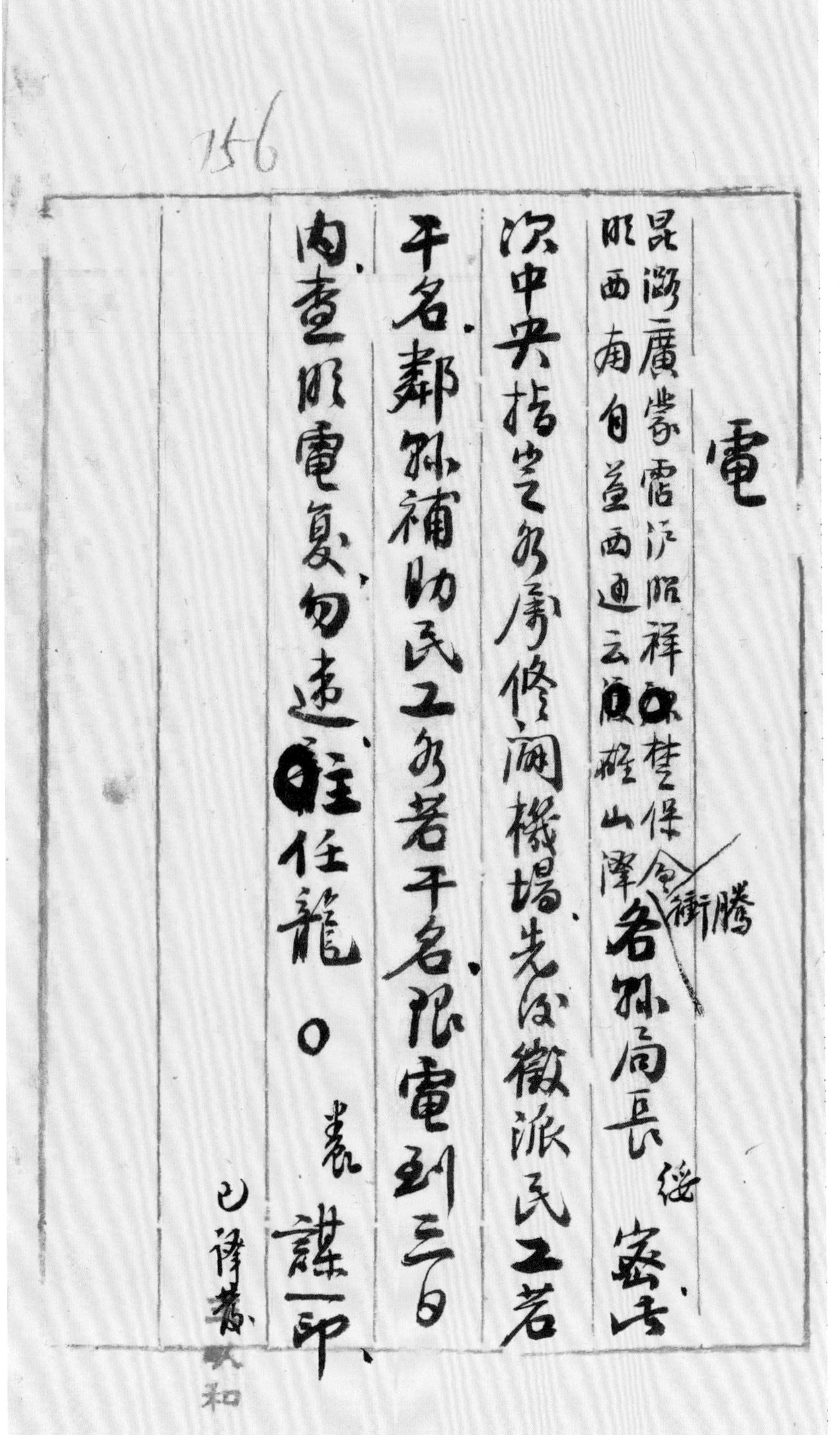
電

昆澂廣嵩霑瀘路祥彌楚保
明西南自益西通云蒙姚山澤
各縣局長從密：

次中央指定趕修兩機場，先後徵派民工若干名，鄰縣補助民工若干名，限電到三日內查明電復，勿延。

注任龍。○

袁

謀一印

已譯 黃

秋和

中華民國廿八年九月廿七日

昆明实验县关于办理修筑机场代征民工情形致滇黔绥靖公署的呈（一九三九年五月三日）

呈 162

事由	擬辦	批示	備考
呈覆奉電飭辦飛行場僱工開闢經過情形呈請鑒核			

附 件

收文 字第 號

廿八年五月五日 時到 參謀處第九六七六

字第 號 年 月 日 時到

呈為呈報事：案奉

鈞署電開：綏密，此次中央指定各屬修闢機場，先後徵派民工若千名，隣縣補助民工各若干名，限電到三日内查明電覆，勿違，養謀一印。等因奉此，縣長竊查本縣修闢巫家壩機場，第一步係由該校出資由鄰近各村代為僱工修築，係照市給與工資，其人數無從統計，第二三步亦係照第一步辦法辦理，第四步工程，曾奉建設廳訓令，並准　航校來函，每日由縣每日代徵工三千名到場工作，曾經職縣聲明生活高漲無法徵調，請直接由校投標招工修闢，以免困難，曾經呈覆並函覆各在案，已蒙採納，係由校招商投標辦理。奉電前因，理合將辦理經過情形，具文呈請

鈞署鑒察。

謹呈

滇黔綏靖公署主任龍。

昆明實驗縣縣長董廣布

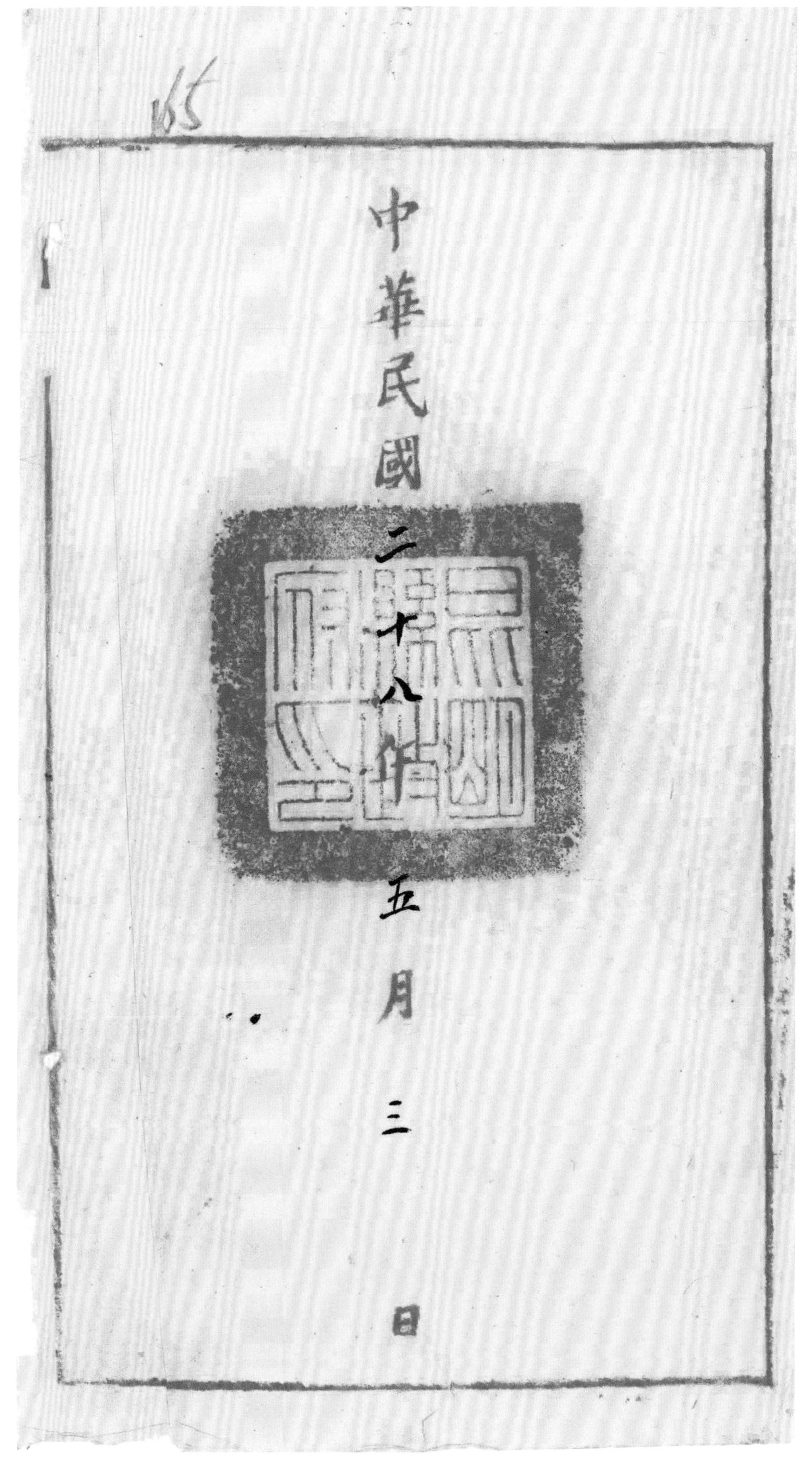

中華民國二十八年五月三日

165

云南省政府关于拟在乾海子修筑跑道等事宜致云南省建设厅的训令（一九三九年七月二十一日）

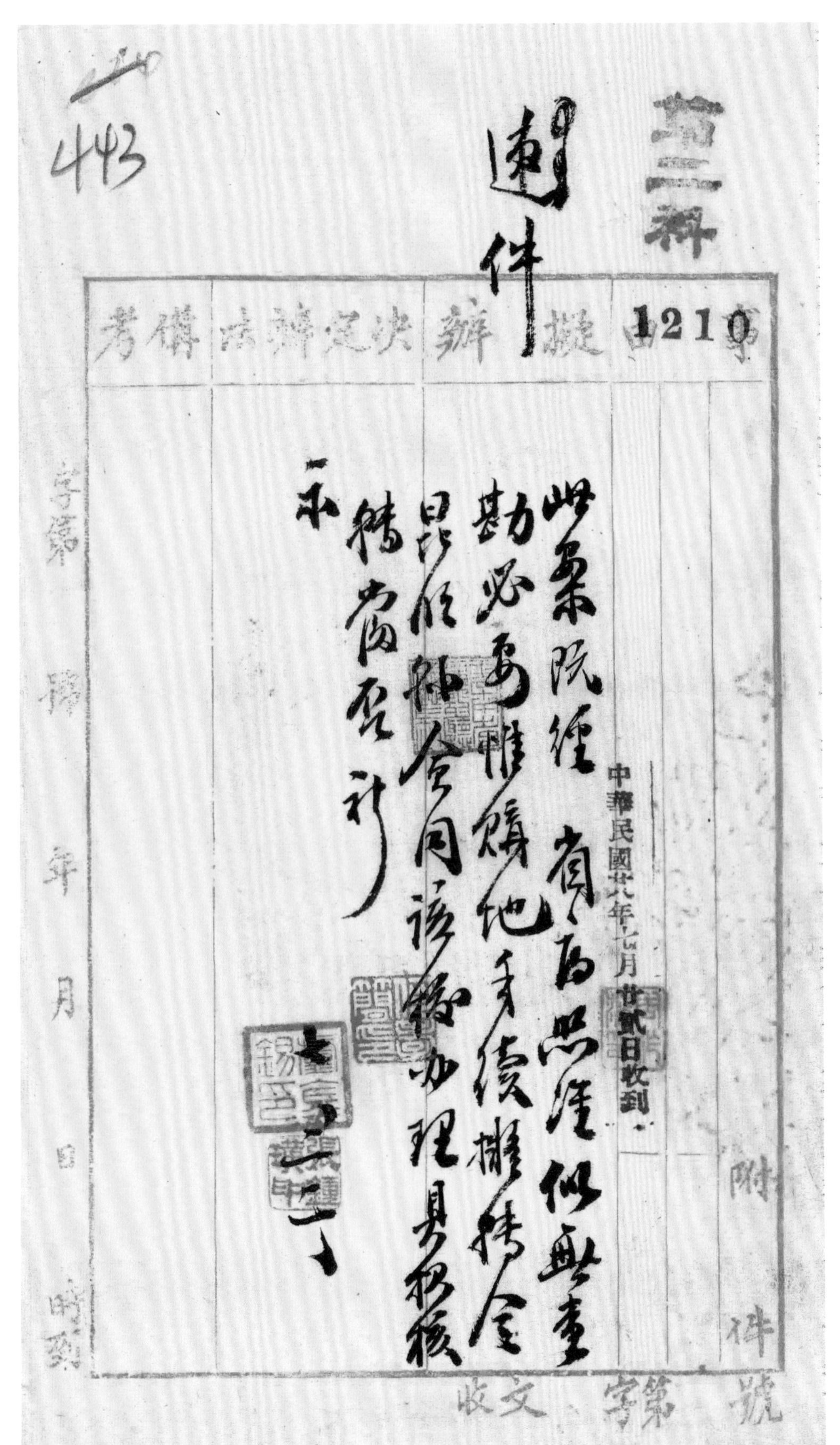

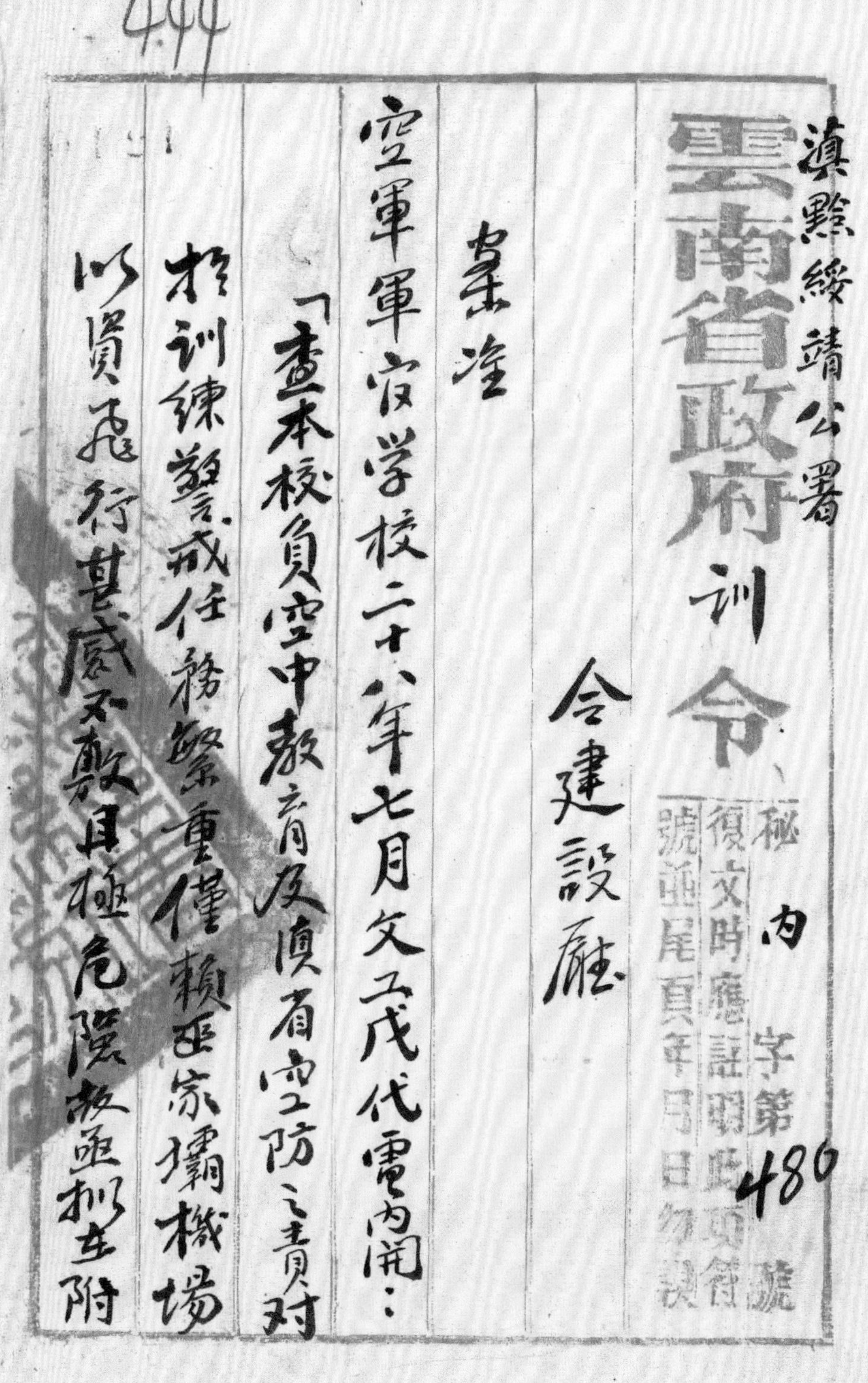

滇黔綏靖公署

雲南省政府訓令 秘 内 字第480號

復文時應註明此項號碼尾頁年月日收發

令建設廳

案准

空軍軍官學校二十八年七月文工戌代電内開：

「查本校負空中教育及滇省空防之責，對於訓練警戒任務繁重，僅賴巫家壩機場以資飛行，甚感不敷，且極危險，故亟擬在附

444

445

近另築輔助機場一所以應需要惟昆明西郊甚
鮮廣大荒地若佔用民田則民勢必大受影
響殊非所宜查乾海子營房前面原有東西
向跑道一條再加延長約二百公尺並將全部加
寬至河边又在營房西首再擬修築南北向
跑道一條寬約二百公尺長約七百公尺既佔民地
無多而本校訓練及空防均有莫大之便利擬
請鈞署准予購用並轉飭所屬協助办理俾

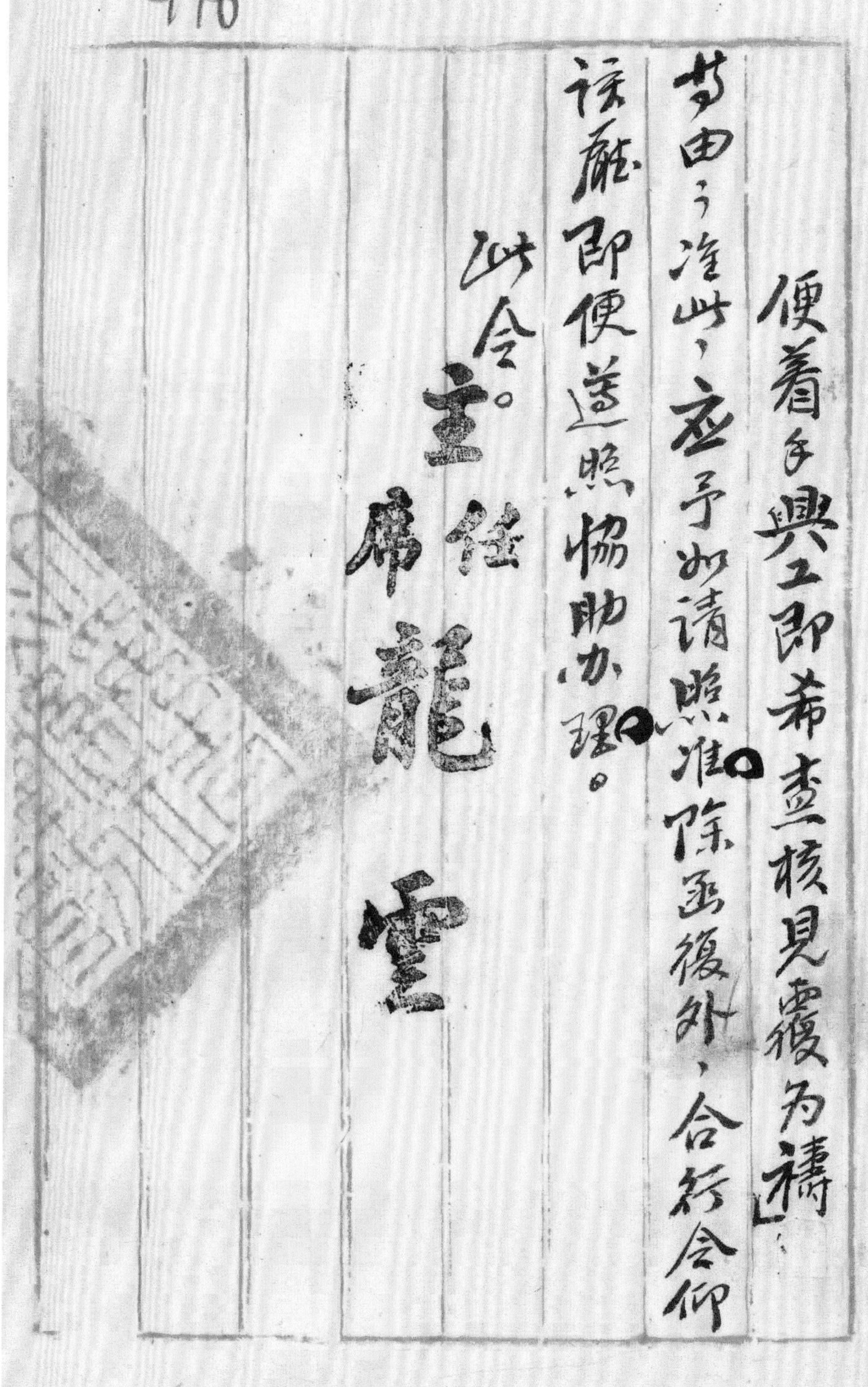

446

便着手興工，即希查核見復為禱」等由。准此，應予照准。除函復外，合行令仰

該廳即便遵照協助辦理。

此令。

主席 龍雲

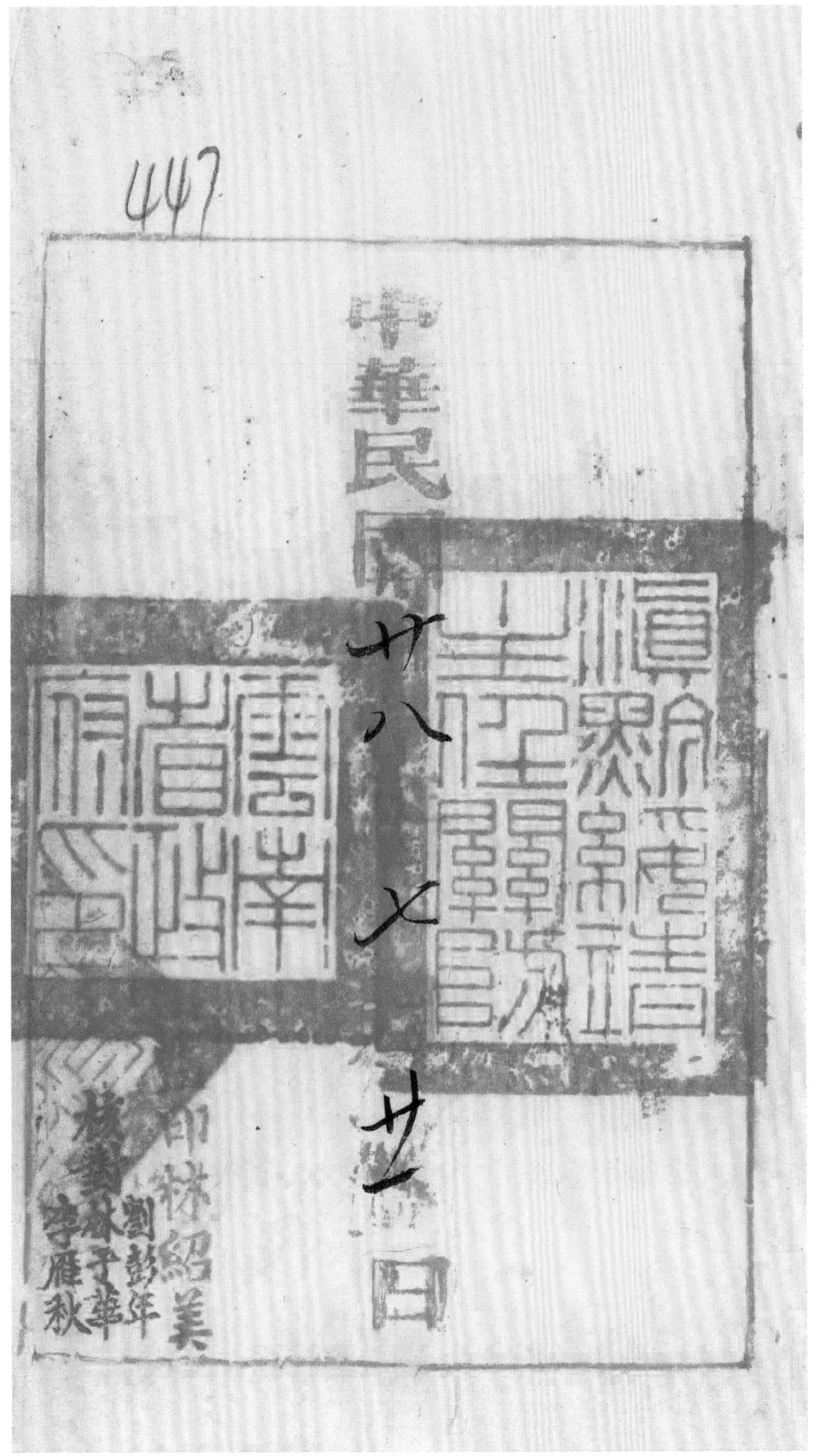
447

中華民國廿八年七月廿二日

校對 劉彭年 林子華 李雁秋
印 林紹美

云南省政府关于饬昆明县协助空军军官学校扩修巫家坝机场致云南省建设厅的训令（一九四〇年十一月十九日）

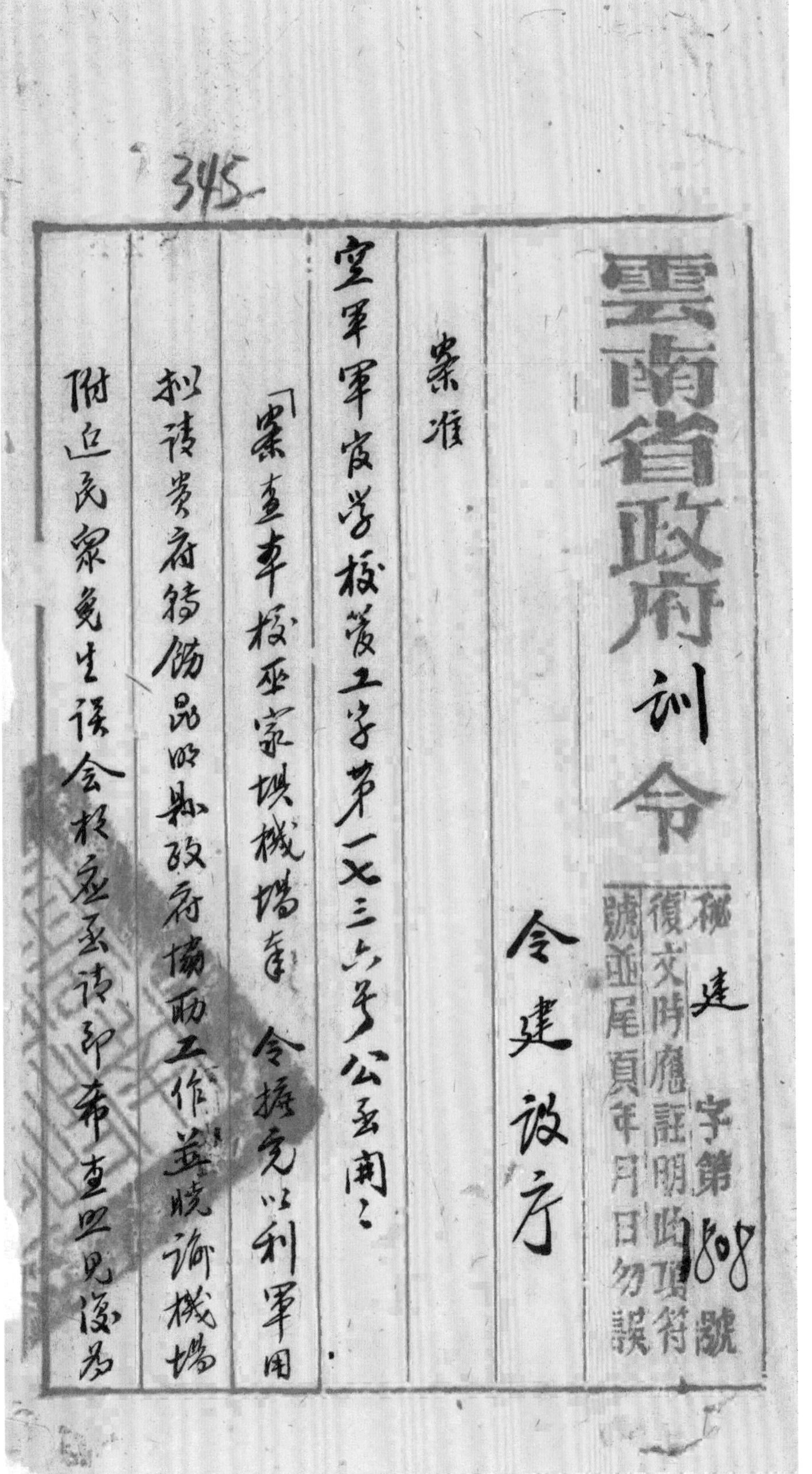
345

雲南省政府訓令 秘建字第1808號

復文時應註明此項符號並尾頁年月日勿誤

令建設厅

案准

空軍軍官学校發工字第一七三六号公函開：

「案查本校亟需填機場事，令據免以利軍用，

拟請貴府轉飭昆明縣政府協助工作，並曉諭機場

附近民衆免生誤会，相應函請即希查照見復為

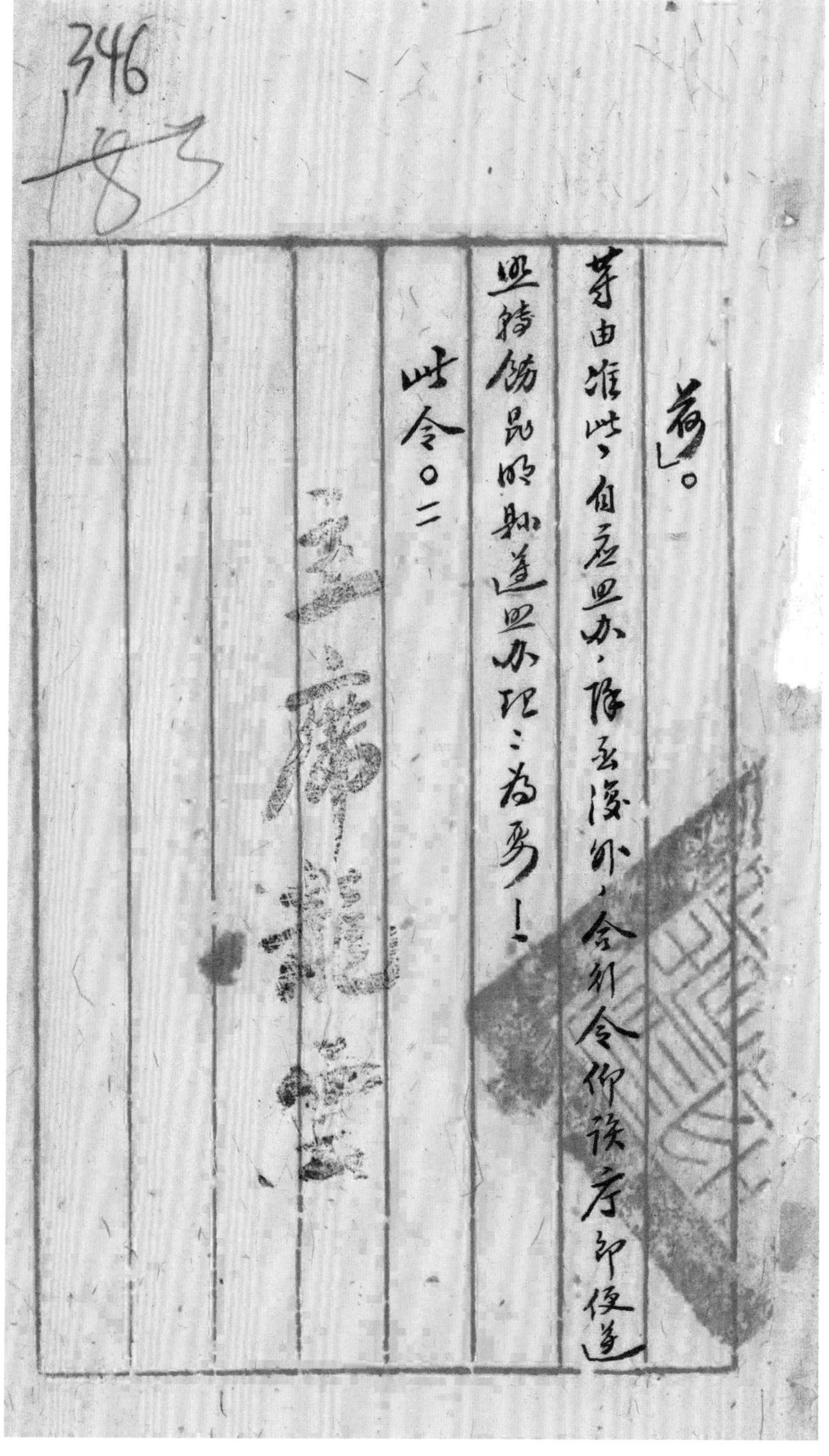

荷。

等由准此，自應照办，除函复外，合行令仰该府即便遵

照轉飭縣府知照遵办，切切為要！

此令。二

主席 龍雲

347
中華民國廿九年十一月九日

云南省建设厅关于在乾海子修筑辅助机场致昆明县政府的训令（一九三九年十二月十一日）

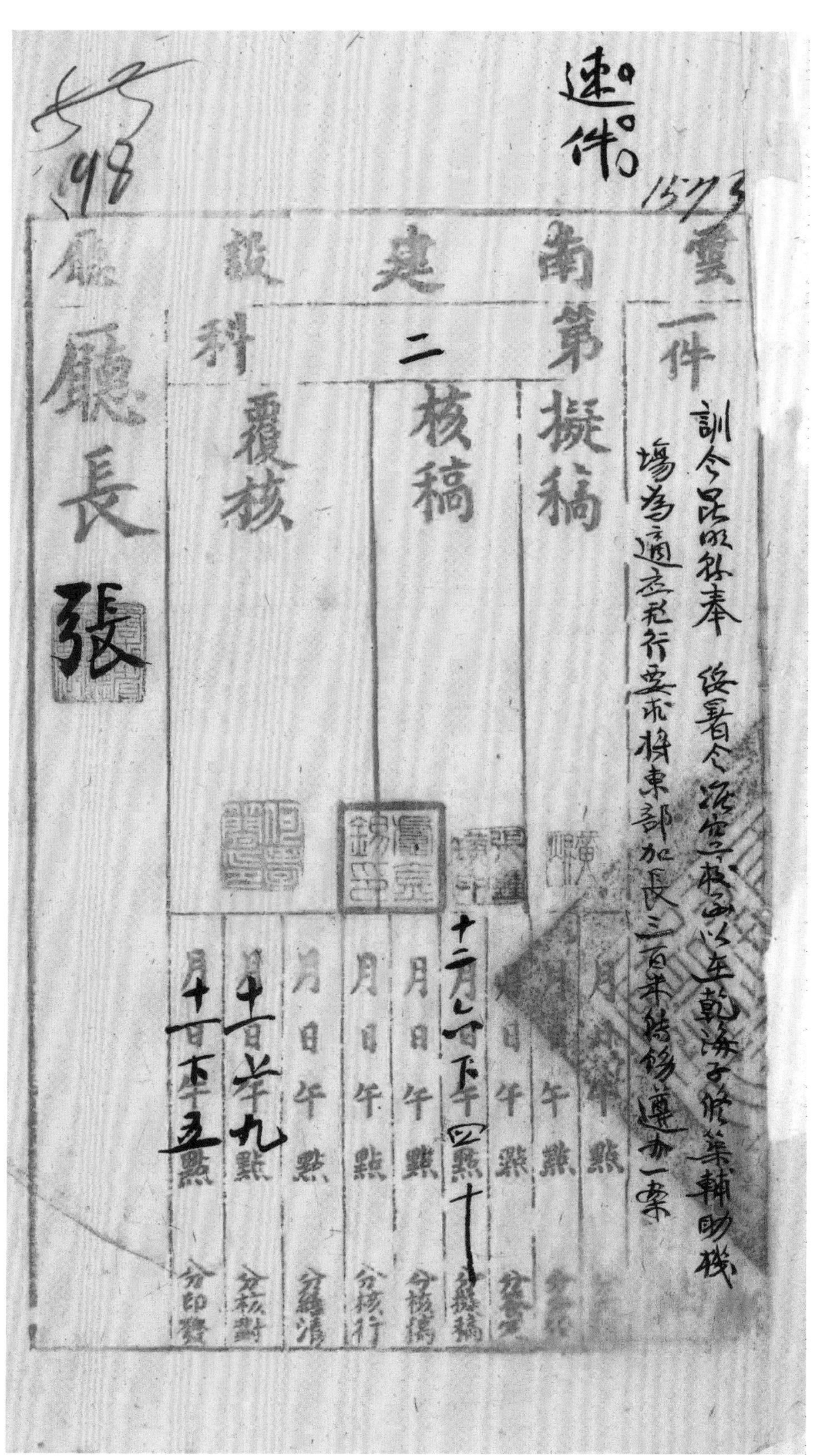

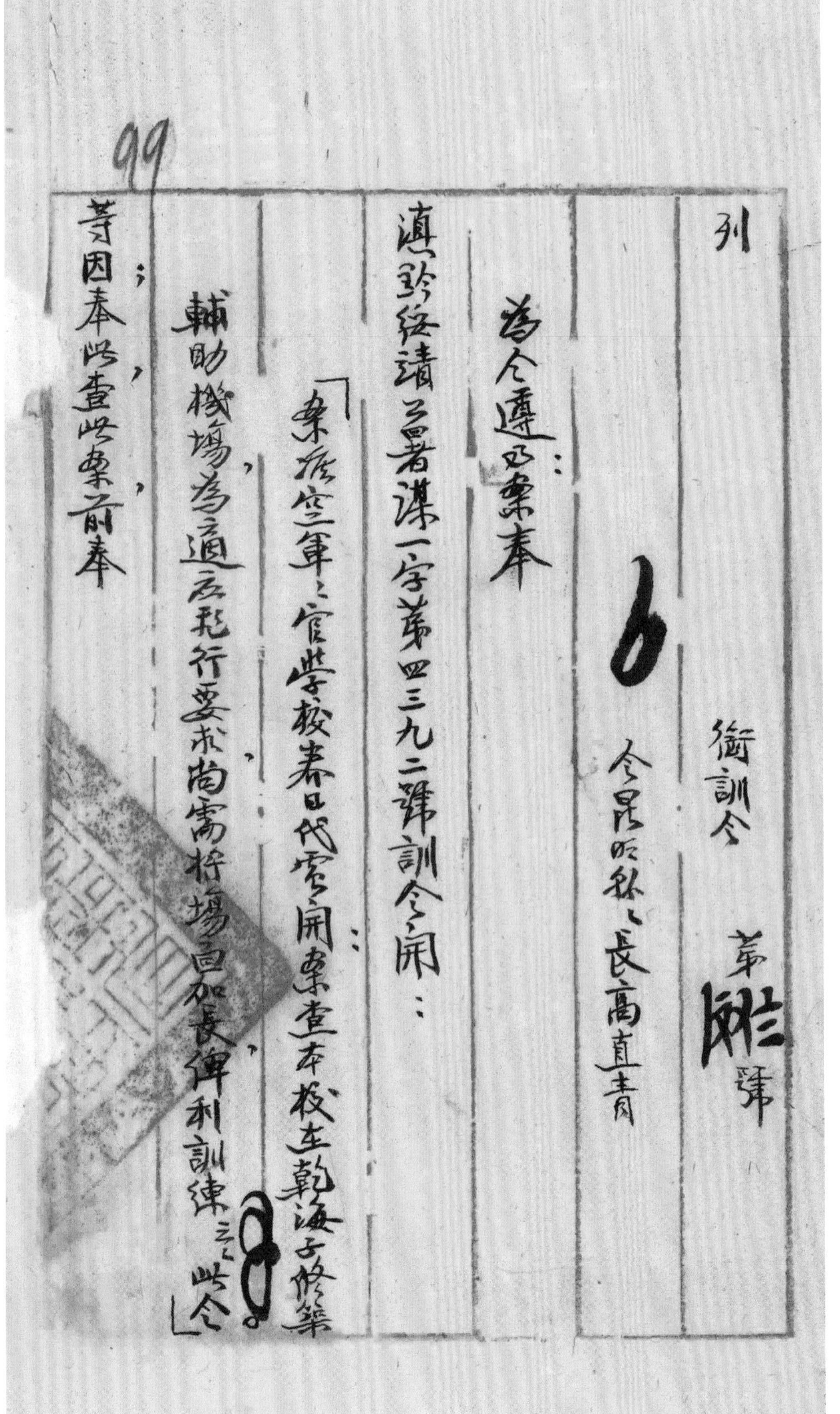
列
衔训令　第6號
令昆明縣縣長高直青
為令遵照案奉
滇黔綏靖公署諜一字第四三九二號訓令開：
「案據空軍軍官學校春日代電開：案查本校在乾海子修築
輔助機場，為適應飛行要求，尚需將場面加長，俾利訓練。」等因，此令
等因奉此，查此案前奉

後署省府訓令，當經飭令該秘府協助辦理在案。茲奉前因，合行令仰該秘長即便遵照，迅予併案辦理，具報核奪，勿得違延，切切！

此令。

署銜名

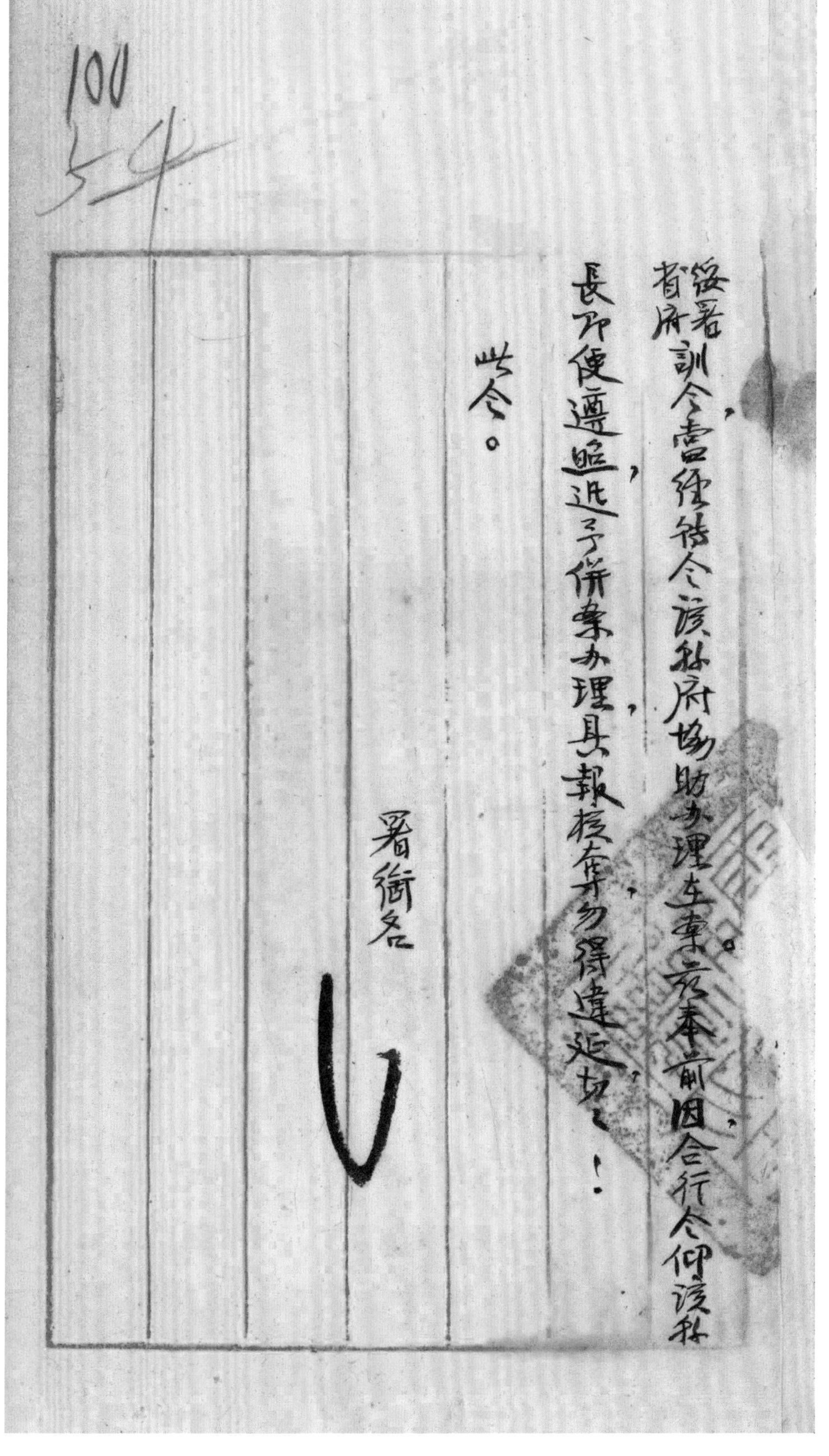

中華民國廿八年十二月　日

新编补充各大队关于派员协助修理乾海子机场跑道致滇黔绥靖公署的呈（一九三九年十二月十四日）

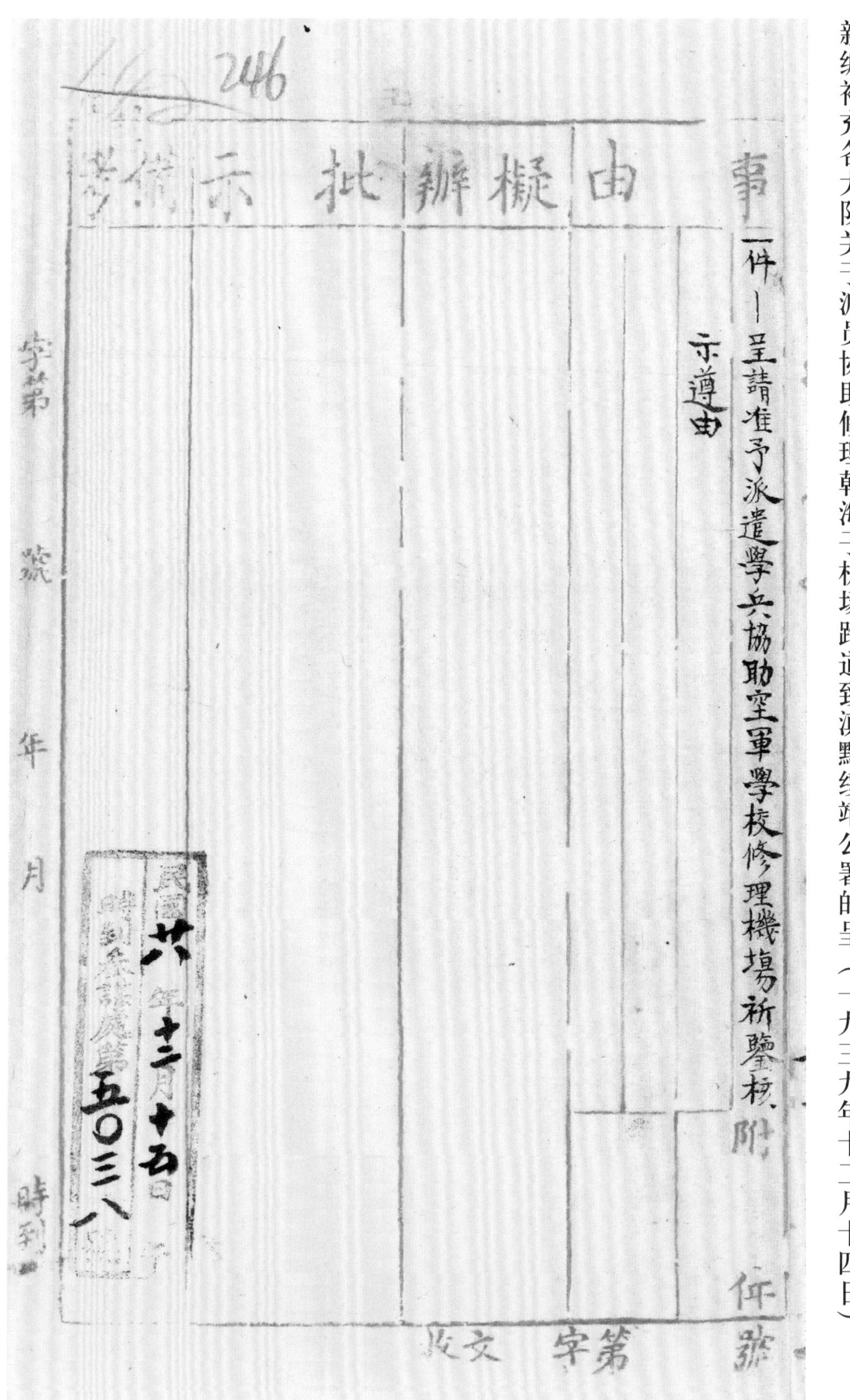
事由　拟办　批示　备考

一件——呈请准予派遣学兵协助空军学校修理机场祈鉴核示遵由　附件

民国廿八年十二月十五日　时到

第　字　号　年　月　时到

文 第 字 号

246

為呈請鑒核示遵事：頃准空軍軍官學校工戌字第八五三六號公函稱：

「逕啓者查本校乾海子機場工程近來時有業户因征用地價尚未發給到場毆打工人以致工人畏懼不前影响工程前途殊堪顧慮茲為謀工程迅速計擬請貴隊派兵協助工人辦理相應函請即希查照為荷此致」

等由；准此。查職隊等征兵在即，除應需加派之軍士傳達外，其餘各學兵，仍按時補習操作，可否於課餘之暇，派遣學兵六一部，於每日上午操課後，即攜帶工作器具前往協助修理機場，藉資鍛練士工能力，增强体魄健康。是否有當？理合備文呈請

鈞署鑒核示遵！
謹呈
滇黔綏靖主任龍
新編補充第五大隊大隊長　萬里浪
六大隊大隊長　楊時芳
七大隊大隊長　蕭希賢
八大隊大隊長　馬　駰
248

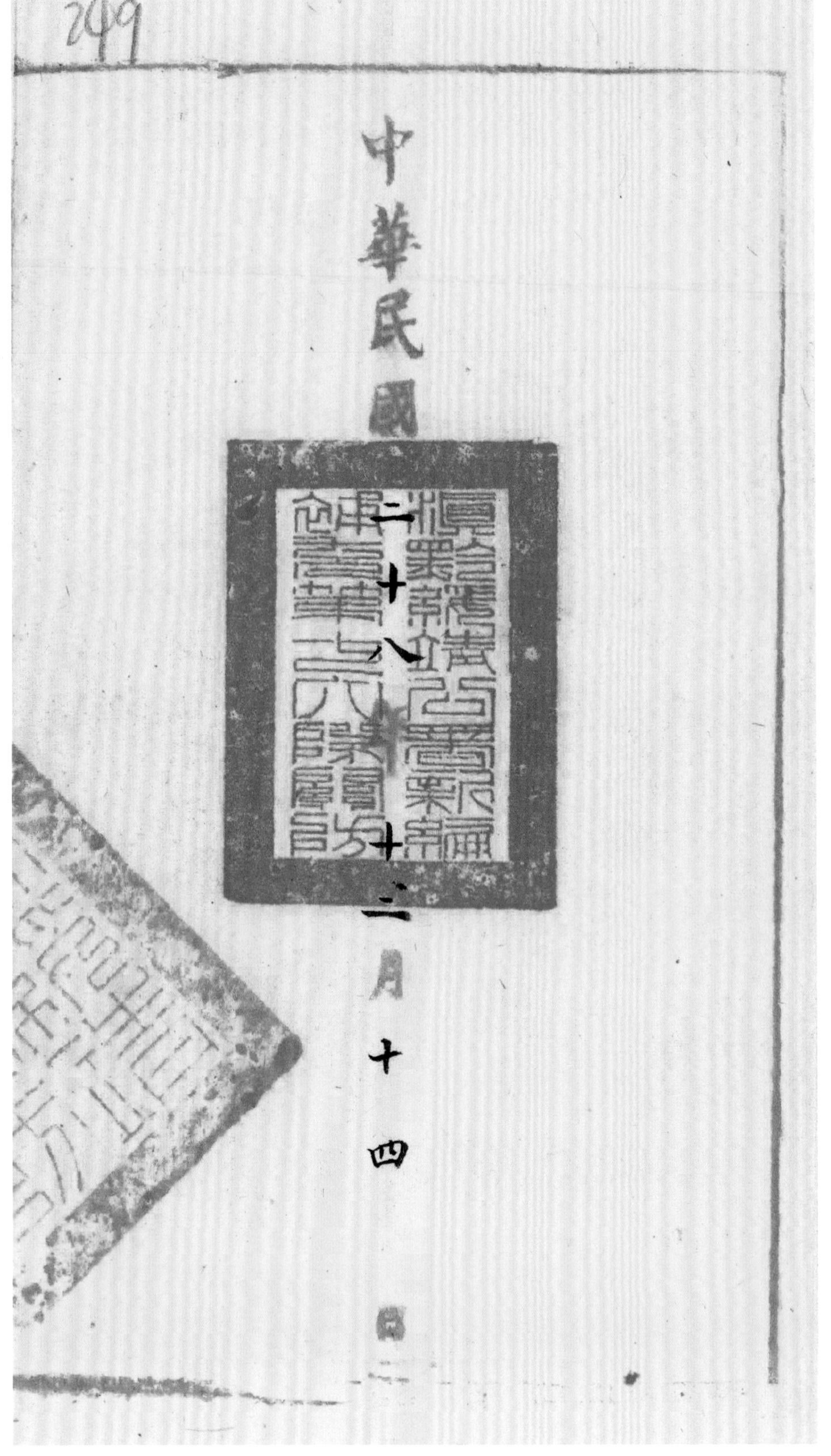

中華民國二十八[年]十二月十四[illegible]

昆明县政府关于将大倒山取出石料全部供给巫家坝机场使用致改铺环城公路柏油路面工程办事处函（一九四一年九月九日）

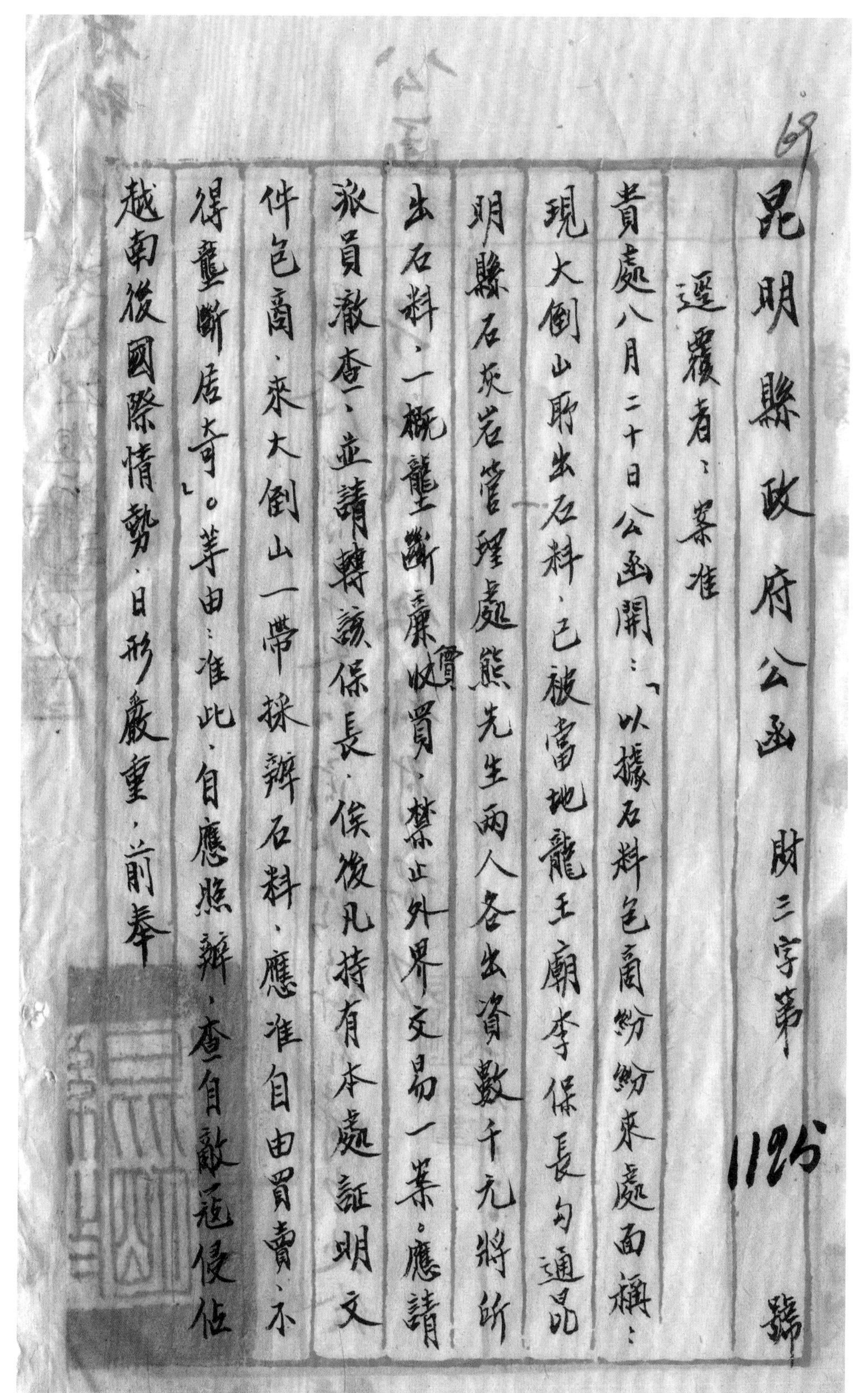

昆明縣政府公函　財三字第1125號

逕覆者：案准

貴處八月二十日公函開：「以據石料包商紛紛來處面稱：現大倒山所出石料，已被當地龍王廟李保長勾通昆明縣石灰岩管理處熊先生兩人各出資數千元，將所出石料，一概壟斷，廉價收買，禁止外界交易一案。應請派員徹查，並請轉該保長，俟後凡持有本處証明文件包商，來大倒山一帶採辦石料，應准自由買賣，不得壟斷居奇」。等由；准此，自應照辦，查自敵寇侵佔越南後，國際情勢，日形嚴重，前奉

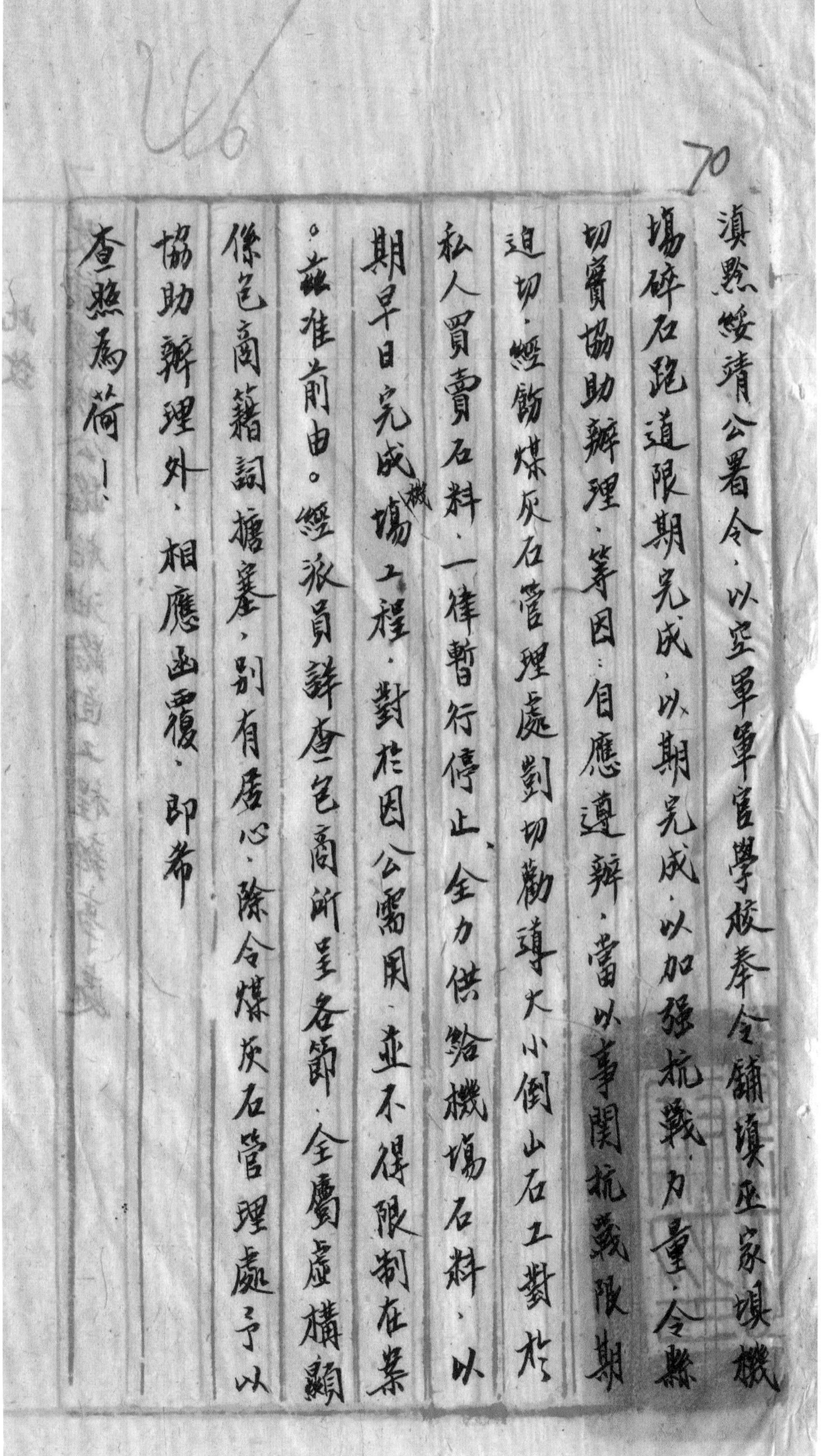

滇黔绥靖公署令，以空军军官学校奉令铺填巫家坝机场碎石跑道限期完成，以期完成，以加强抗战力量，令县切实协助办理，等因。自应遵办。当以事关抗战限期迫切，经饬煤灰石管理处对切劝导大小倒山石工，对于私人买卖石料，一律暂行停止，全力供给机场石料，以期早日完成机场工程。对于因公需用，并不得限制在案。兹准前由。经派员详查包商所呈各节，全属虚构显系包商藉词搪塞，别有居心。除令煤灰石管理处予以协助办理外，相应函覆，即希

查照为荷！

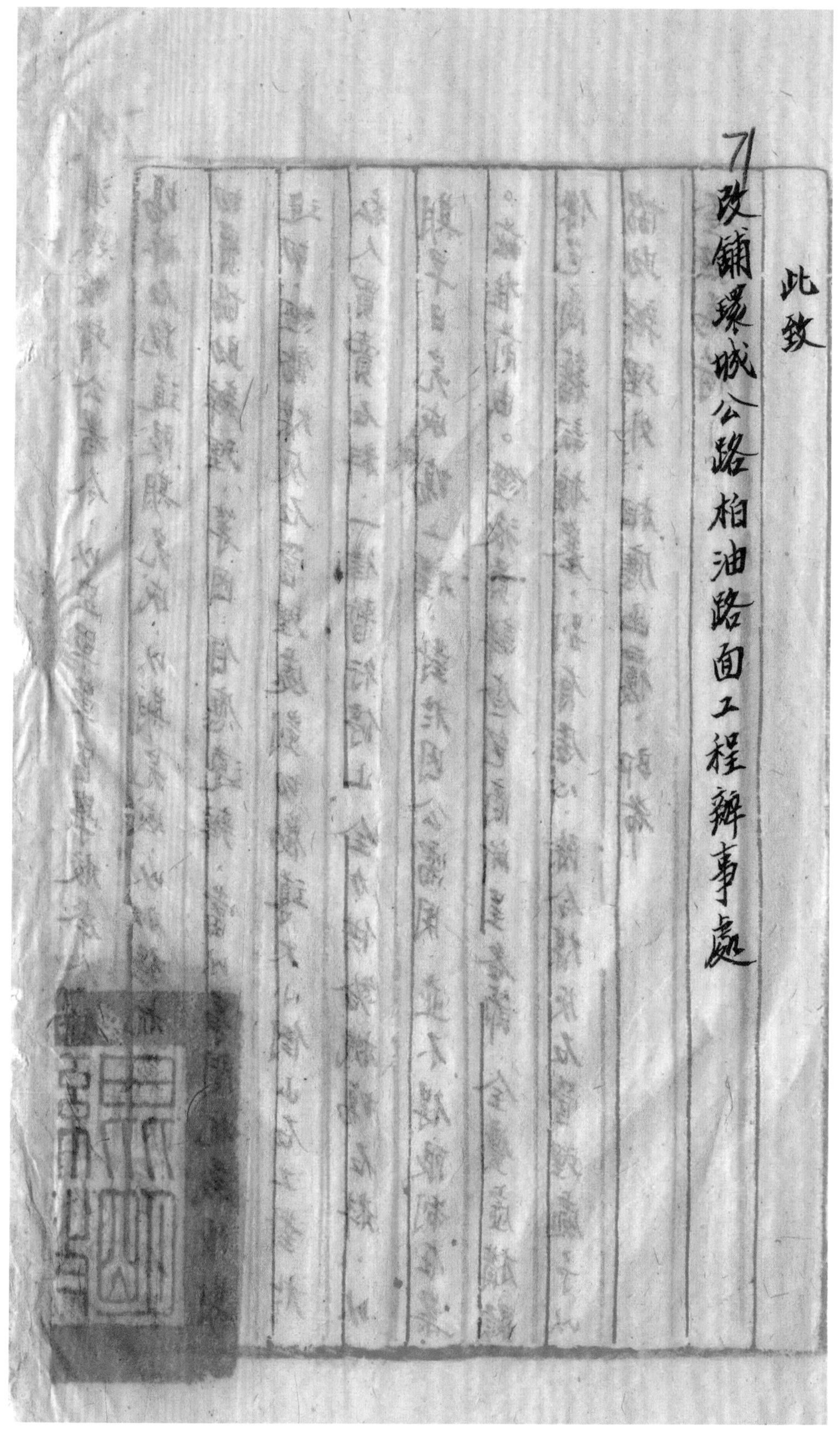

此致

改鋪環城公路柏油路面工程辦事處

中華民國卅九年九月九日

云南省水利局关于扩修巫家坝飞机场石料沿河堆放损坏河堤事宜致云南省建设厅签呈（一九四二年一月二十八日）

签呈 15

查此次近來修理巫家壩飛機場工程由盤龍江及梘槽河放運石料，沿河堆放，致佔阻河流，損壞河堤，并築壩阻水以通船，既妨礙歲修河道，復有關妨洪，迭據地方人民面報到局，當派本局李課長仲良前往查勘，旋據簽復稱：「查得此次巫家壩修理飛機場工程需用之石料，分別由船隻經過盤龍江運至雙龍橋，再由雙龍橋車運至巫家壩，或由梘槽河船運至巫家壩。在盤龍江河尾及雙龍橋地方，以及梘槽河沿河，均堆有石料堆放，石料過多，在岸地堆滿外，復於水邊亦堆積甚多，并滾入河身內。如雙龍橋下，已將河身佔去約三分之二以上，長約一百三四十公尺。此段河道，東岸堆放石料處，因取卸時震動磨損之力不小，已將河岸破壞甚大，西岸土堤，亦因船隻撞動，以及河身佔去，水流衝刷，致垮塌多處，現有長三丈餘之一段，已全部垮倒。其在梘槽河者，沿岸堆放石料，亦傷及堤身。在素珠營附近，因梘槽河成東西向流行，滇越鐵路旁取土坑成南北向，運石者即於梘槽河之蜈蚣閘及鐵路上築壩兩道，使梘槽河水漾高，并將此段河道與鐵路土坑間之堤挖斷，使河道與土坑貫通水流，以便船運。此段河道所築之壩，高五六尺，長一丈五六尺，河水漾阻以後，其在上游之河水即

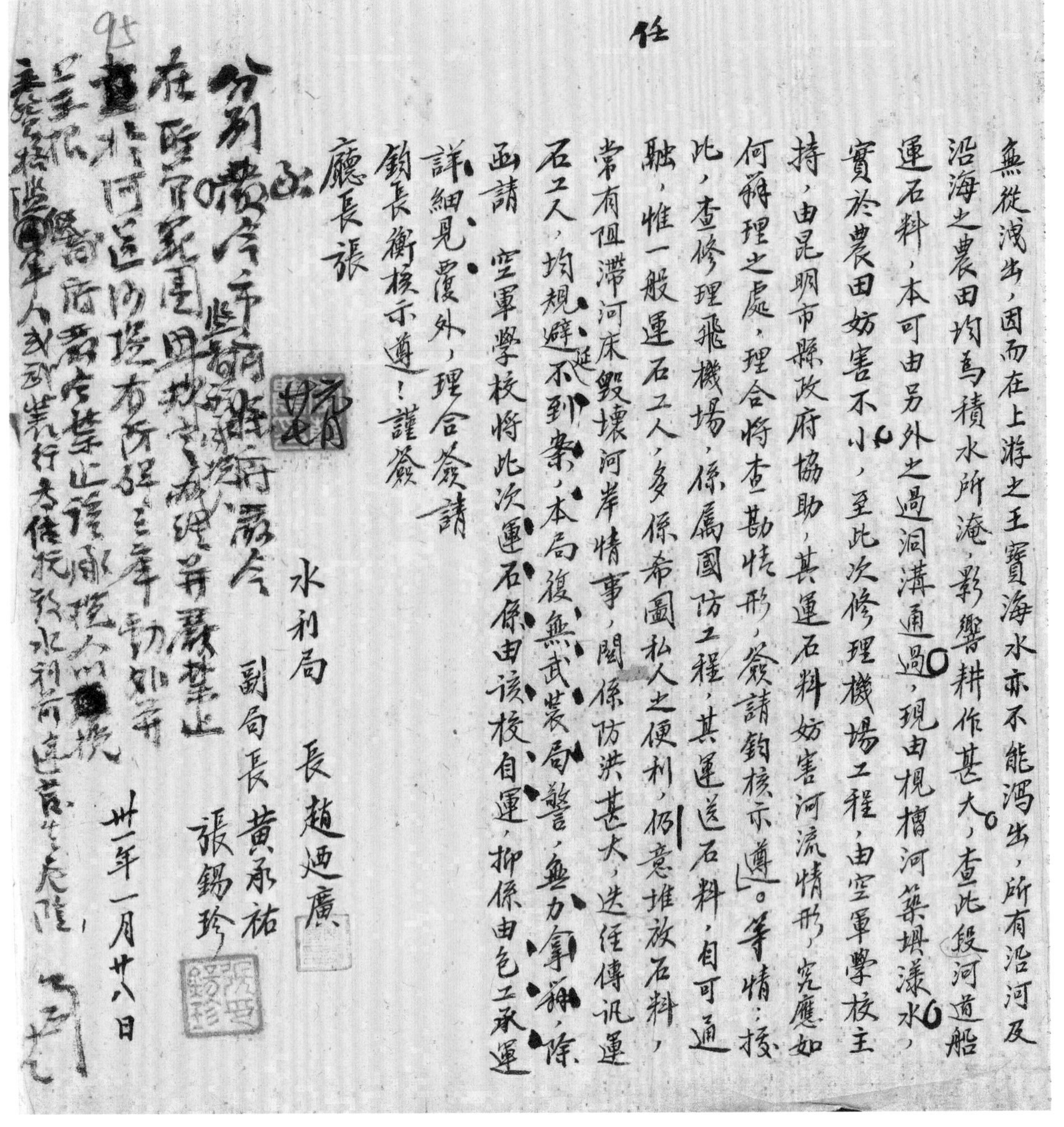

任

無從洩出，因而在上游之王寶海水亦不能洩出，所有沿河及沿海之農田均為積水所淹，影響耕作甚大。查此段河道船運石料，本可由另外之過洞溝通過，現由槻槽河築埂溱水，實於農田妨害不小。至此次修理機場工程，由空軍學校主持，由昆明市縣政府協助，其運石料妨害河流情形，究應如何辦理之處，理合將查勘情形，簽請鈞核示遵。等情。據此，查修理飛機場，係屬國防工程，其運送石料，自可通融，惟一般運石工人，多係希圖私人之便利，仍意堆放石料，常有阻滯河床毀壞河岸情事，關係防洪甚大，迭經傳訊運石工人，均規避不到案，本局復無武裝局警，無力拿辦，除函請空軍學校將此次運石係由該校自運，抑係由包工承運詳細見覆外，理合簽請

鈞長衡核示遵！謹簽

廳長張

水利局　局長趙迺廣

副局長黃承祐

張錫玲

卅一年一月廿八日

昆明飞机场工程处关于改移平除巫家坝机场南端水沟致云南省建设厅公函（一九四三年四月十七日）

2716

軍事委員會工程委員會昆明飛機場工程處

事由：函爲巫家壩機場南端水溝應改移平除請查照由

擬辦：灌溉水溝向係農田水利所賴，原水溝既經填塞，新闢水溝應由該省從早日完成以免發生水患。四、廿

決定辦法：

中華民國卅二年四月拾九日收到

軍事委員會工程委員會昆明飛機場工程處公函　明總字第41號　中華民國卅二年四月十七日

本處奉令擴充巫家壩飛機場工程，測量竣將完竣，土方工程不日施始。茲查機場南端有兩角灌溉水溝一條，應在改移之列，俟機場土方完成後再行另闢新溝以資宣洩，大約在雨季以前不致有

收文　字614號

年　月　日到　附件

誤農事相應函達希即

查照為荷此致

雲南省政府建設廳

處長　陶述曾

22

二、征地与补偿

航空委员会、云南省政府关于扩修昆明机场征地费的往复文件

航空委员会致云南省政府的电（一九三七年十月一日）

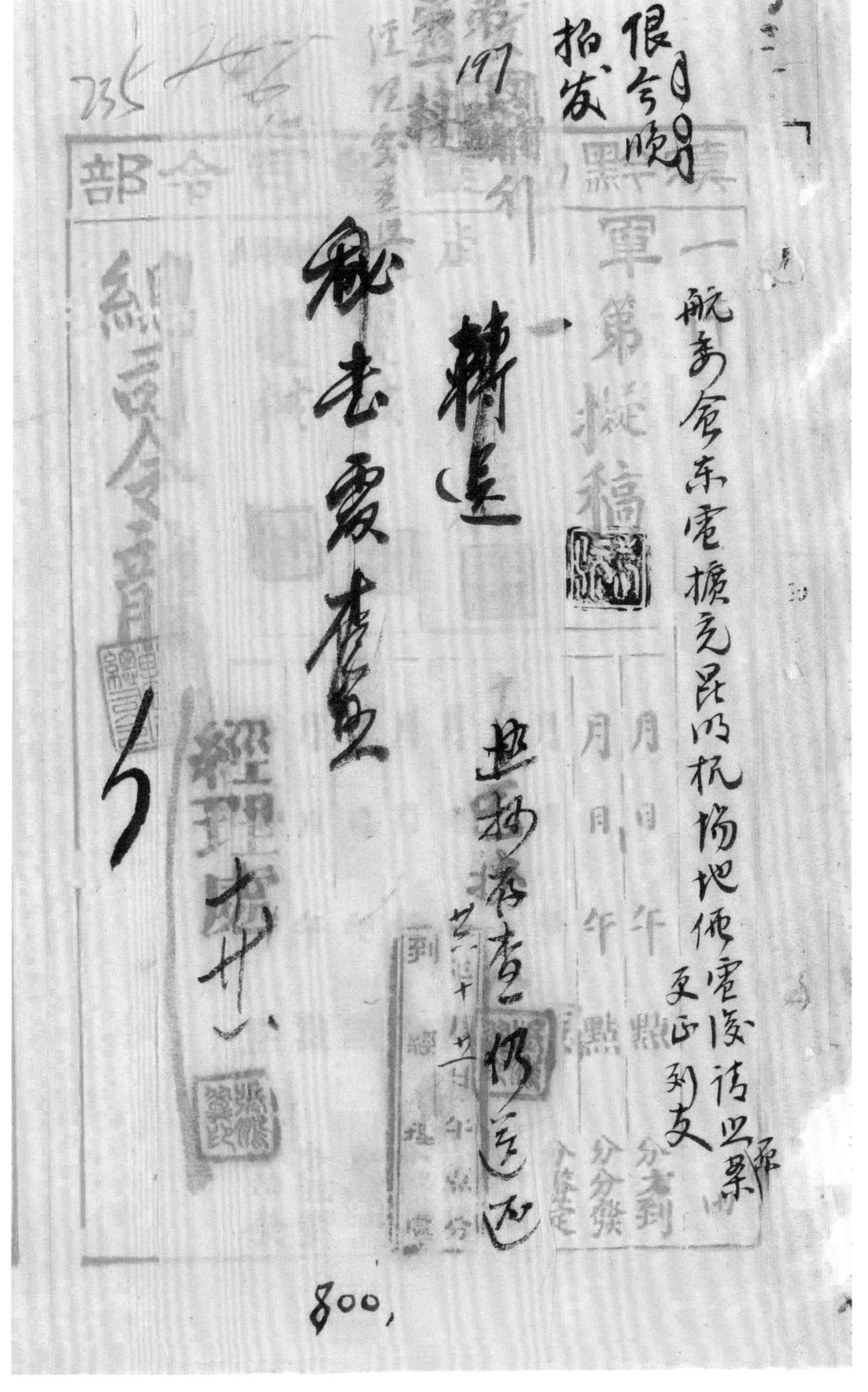

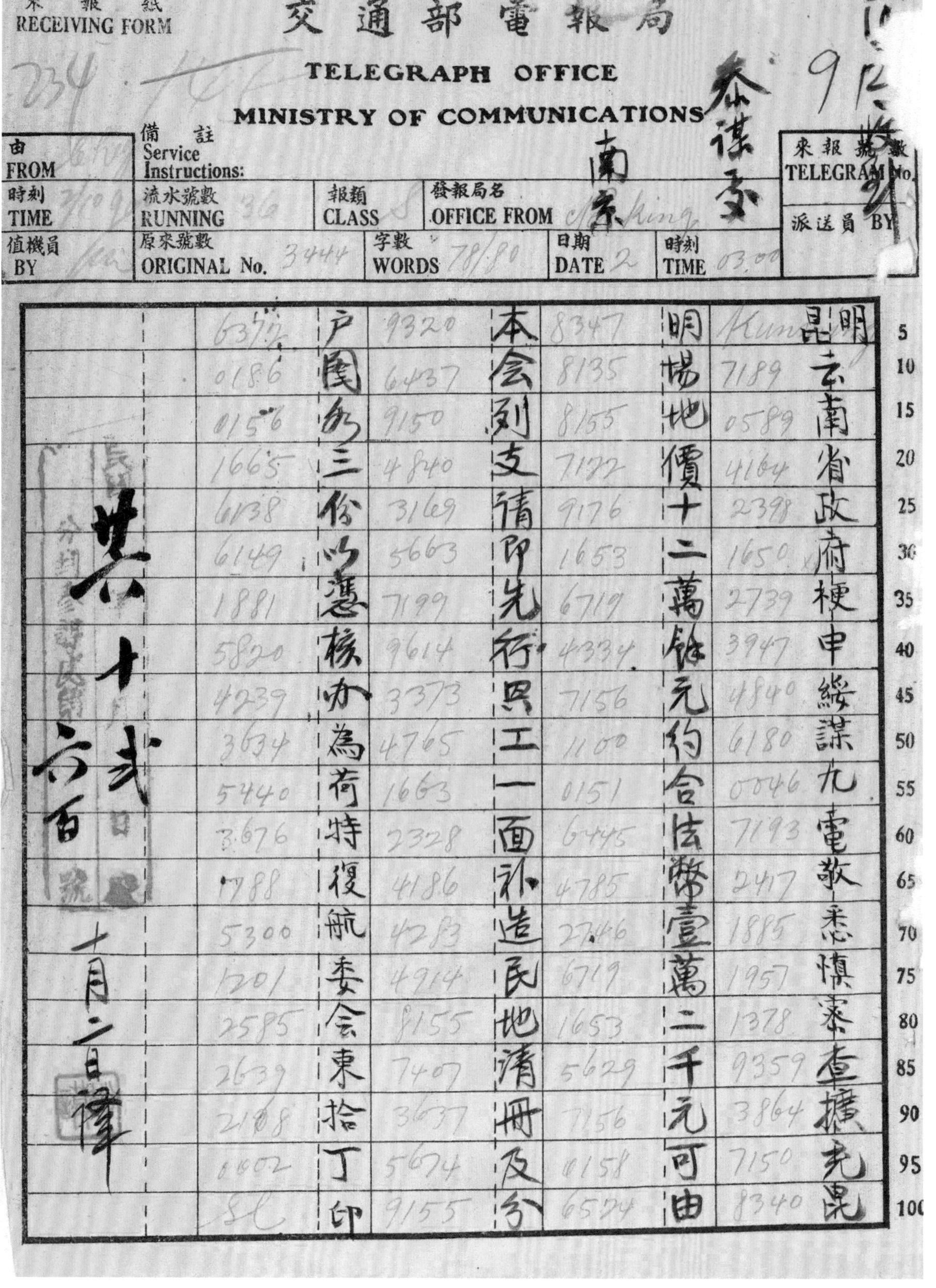

來報紙 RECEIVING FORM

交通部電報局

TELEGRAPH OFFICE

MINISTRY OF COMMUNICATIONS

234 [illegible]

參謀室

9[illegible]

由 FROM

時刻 TIME

值機員 BY

備註 Service Instructions:

流水號數 RUNNING 36

報類 CLASS

發報局名 OFFICE FROM 南京 Nanking

原來號數 ORIGINAL No. 3444

字數 WORDS 78/80

日期 DATE 2

時刻 TIME 03.00

來報號數 TELEGRAM No.

派送員 BY

昆明云南省政府梗申緩謀九電敬悉慎密查擴充昆明場地價十二萬餘元約合法幣壹萬二千元可由本会列支請即先行與工一面补造民地清册及分户图条三份以憑核办為荷特復航委会東拾丁印

廿六年十月二日到

卅六十式

六百

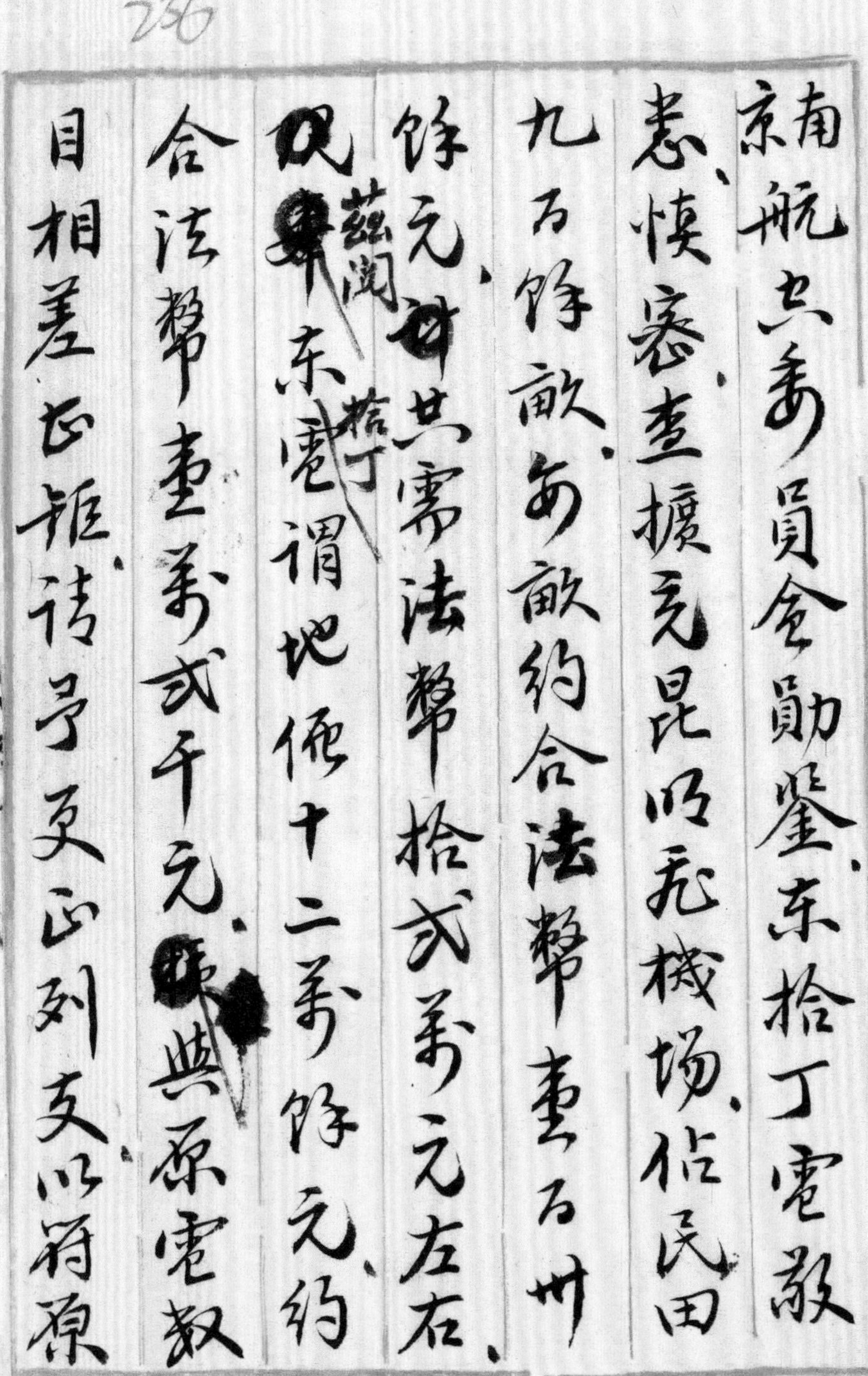

236

南京航空委员会勋鉴：东拾丁电敬悉。慎密查扩充昆明机场，估民田九百余亩，每亩约合法币壹百卅余元，共需法币拾贰万元左右。现东（兹阅东拾丁）电谓地价十二万余元，约合法币壹万贰千元，与原电数目相差甚钜，请予更正，列支以符原

中華民國廿六年十月二日

昆明实验县关于报送扩修机场占用和甸营民地地价统计表致云南省建设厅的呈（一九三七年十月四日）

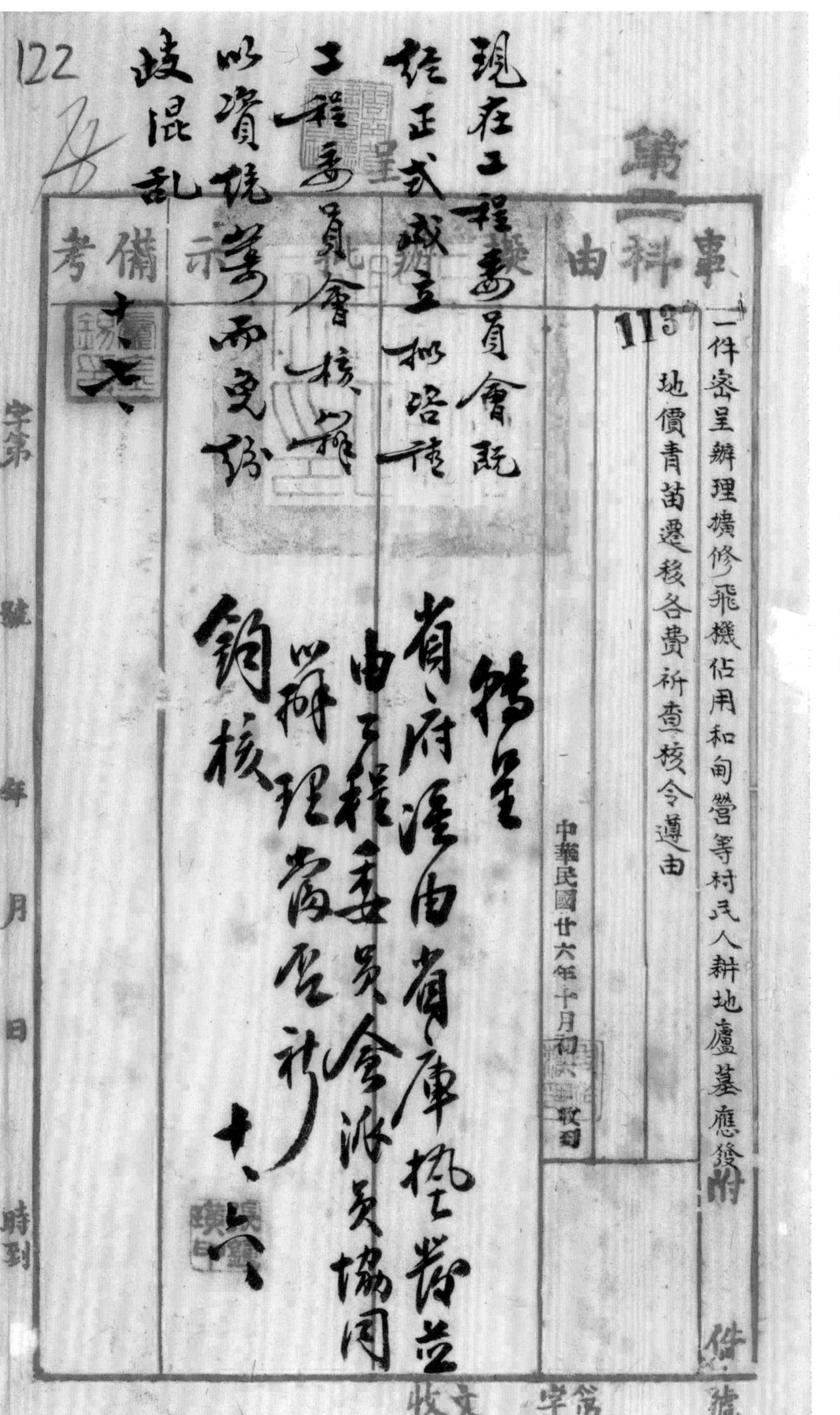

123

為簽呈遵令辦理擴充昆明飛機場收用民人耕地廬墓請發給地價青苗遷移各費並請委員會同轉發，以昭鄭重而恤民艱事：案奉

鈞廳訓令交字第一一三二號開：

「案奉

滇黔剿匪總司令部謀字第五四二九號指令，據本廳呈報工程師夏昌幟等測勘擴修巫家壩飛行場尺度及工程圖案，祈核示一案。令開：呈圖均悉。擴修飛行場，着儘先就第一期工程從速辦理至所佔田地如何收買亦應令昆明縣從速辦具報查考為要！此令。等因奉此，合行令仰該縣長迅速遵辦具報，勿延，切切，此令。」

等因；奉此，查此次擴充昆明飛行場，前奉

鈞民政廳咨令文字第一零八零號飭即赶速辦理造冊具報核辦○等因；當經飭財政局迅即查勘界椿内征用民人耕地廬墓造冊呈核，並咨令第二區代理區長張連桂遵照，迅即咨秘轉飭該處人民會同建設局趙局長每日僱民伕一千名，准於九月二十六日開始動工修築，及逐日派員指導開闢，以免貽誤，惟規定田價及青苗各費，亟應體查情形，分别給價，以恤民艱，查民國二十四年收買飛機塲田地，經職縣會同航公處辦理，會呈擬田價每畝給假新幣肆百伍拾元，呈請核示，繼奉總司令部經字第三五一號指令核定，上則中等每畝給價新幣肆百元，上則下等每畝給價新幣叁百捌拾元，中則上等每畝給價新幣叁百伍拾元，下則每畝給價新幣叁百叁拾元，又經造冊呈請核發，最後奉總司令部指令經字第九百二十一號照前核定價一律八折發給，即上則中等每畝給

125

價新幣叁百貳拾元，上則下等每畝給價新幣叁百零肆元，中則上等每畝給價新幣貳百捌拾元，下則每畝給價新幣貳百陸拾肆元，青苗費每畝給價新幣肆拾元，各等因，均經核算田價青苗費會銜請領轉發報請核銷各在案。覆查此次擴修昆明飛機場，征用田園廬墓較廣，且各該村附近巫家壩營盤，曩時修建營房，佔用田地亦屬不少，現在人多田少，田價高昂，茲又被佔用，全失恒產，幾至無家可歸，身無立錐之地，往往扶老携幼，痛苦流涕，狀至可憐，經 職縣剴切曉以大義，均各聽從開闢遷移，守候命令，惟田價一項，自不能不從優酌給，以示体恤，正議擬間，適奉

雲南擴修飛機場工程委員會開會議决：照

總司令部指令經字第九百二十一號最後核定之價，分別等則給價收用，發

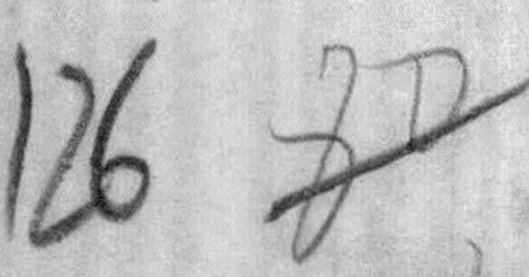

下紀錄案，飭即遵辦，等因；自應照議決案擬具，以免周折。復經飭財政局長魯鋒派員核算，即按照議決案上則中等每畝給價新幣叁百貳拾元，上則下等每畝給價新幣叁百零肆元，中則上等每畝給價新幣貳百捌拾元，下則每畝給價新幣貳百陸拾肆元，田地内所種勿論青苗雜粮蔬菜花木等項，亦照議決案每畝一律發給青苗費新幣肆拾元，被旱未栽田畝不給青苗費，每坟一塚給遷移費新幣陸元，統計此次擴修飛行場收用昆明縣第二區西寧堡，和甸營村，香條前村，祝家營村，阿角堡，甘蓿村，民人耕地及軍需局公田共上上，上中，中上等則耕地肆百零玖畝貳分玖厘捌毫，共合發地價新幣壹拾貳萬伍千零玖拾捌元伍角柒仙陸厘，青苗費新幣壹萬叁千壹百捌拾肆元捌角捌仙，坟肆拾壹塚，合發遷移費新幣貳百肆拾陸元，祝家營村民人巫九昌

碾房一所空地一块，擬發給地價遷移損失費新幣肆百元，以上共合發給價新幣壹拾叁萬捌千玖百貳拾玖元肆角伍仙陸厘，機場既已加緊工作，人民待價孔殷，奉令前因，理合分別列表備具正副印領，具文呈請

鈞廳俯賜查核，迅予轉呈

總司令部
省政府 核發給領，並請委員會同辦理。轉發，事竣取具契照保領結報請核銷，俾昭鄭重，仍乞

指令飭遵！再查

航空學校副校長蔣到滇，視察機場面積，指定最近在西邊擴充相當面積俟橋裁定後，再行另案造冊呈領，合併聲明。

謹呈

128 81

雲南省建設廳廳長張

計呈擴修飛機塲收用耕地畝積地價青苗遷移等費統計表一份。正副印領貳張

副印領俟領銀呈投

昆明實驗縣縣長董廣布

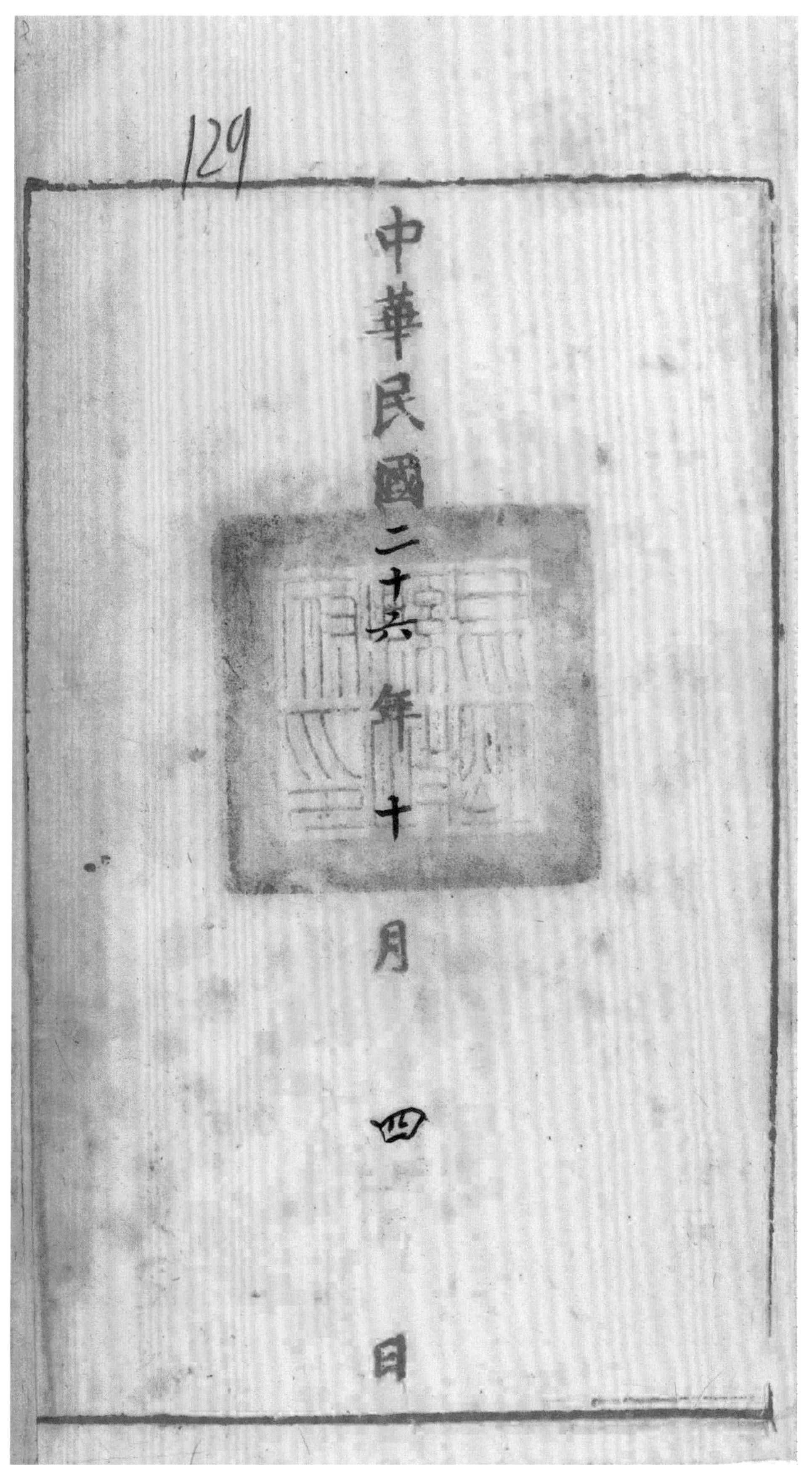

129

中華民國二十六年十月四日

昆明实验县关于请转拨发和甸营征地费事宜致云南省建设厅的呈（一九三七年十月二十五日）

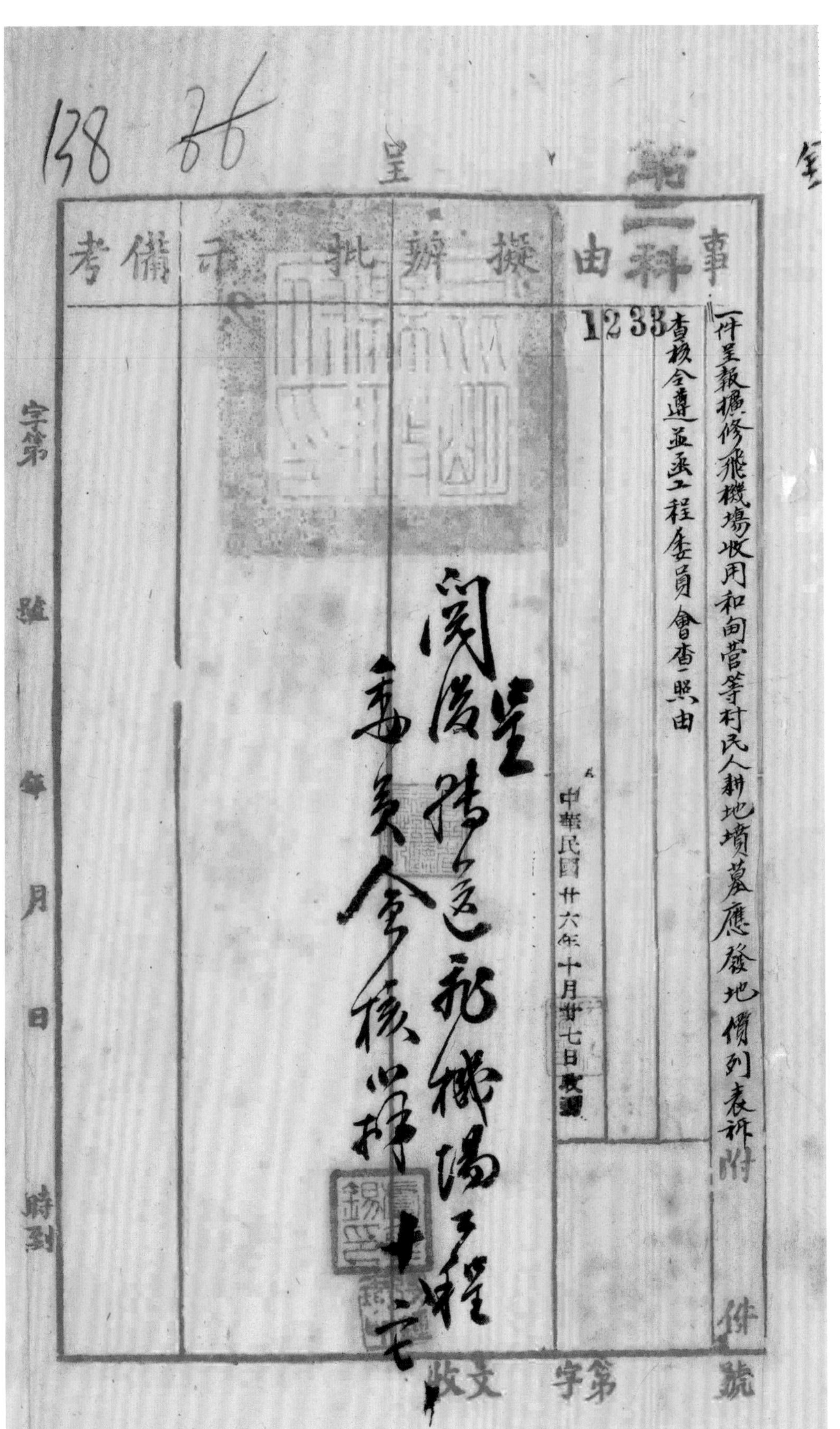
138　36

第三科　呈

事由：一件呈報擴修飛機場收用和甸營等村民人耕地墳墓應發地價列表祈附　件

1233

查核令遵並函工程委員會查照由

中華民國廿六年十月廿七日收

擬辦

批示：閱後轉送飛機場工程委員會核辦　十二七

備考

到時　日　月　年　號　字第

收文　字第　號

139

為呈請核發給領俾便轉發事：案查此次奉令辦理擴修昆明飛機場收用民人耕地廬墓，應發給地價及青苗費遷移各費一案。○當經派財政建設兩局局長魯鋒、趙烱等，趕速查勘明確，業已將收用民人耕地墳墓及巫家村、祝家營村民房地基廠地價值，分別列表，先後呈請查核轉呈發給地價青苗各費給領轉發在案。○查飛機場第一步工程又由東北角河埂以內擴充，佔用西寨堡、和甸營村、香條前村民人耕地計上中、上下、中上、等則畝積玖拾捌畝另肆厘叁毫，共合發給地價新滇幣叁萬玖仟伍百叁拾玖元壹角壹仙弍厘，青苗費新滇幣叁千弍百叁拾伍元另肆仙，又佔用民人周發元等三戶墳墓壹拾壹塚，墳地叁分柒厘，均照議決案規定價，共合發給地價遷移費新幣壹百捌拾肆元肆角，以上共合發給地價青苗遷移各費新滇幣叁萬弍仟玖百伍拾捌元伍角伍仙叁厘。此段佔用耕地墳墓，既已動工開闢成場，所有應發地價青苗各費，應請早日核發領，以恤民艱。

已制卡謄办

已制卡謄办

○除丞請

擴修昆明飛行場工程委員會查照外，理合分別詳細列表，備具正副印領，具文呈請

140　37

鈞廳俯賜查核，迅予轉呈

總司令部

省政府墊發給領，並請派員監視，俾便轉發，仍乞

迅示飭遵！

謹呈

雲南省建設廳廳長張

計呈收用和尚營、香條前村民人耕地墳墓應發地價青苗各費統計表壹份、正副印領弍張（副局條領銀時呈投）

昆明實驗縣縣長董廣布

中華民國二十六年十月二十五日

(4)

滇黔绥靖公署关于补送扩修昆明机场地价清册致云南省建设厅的训令（一九三七年十月二十七日）

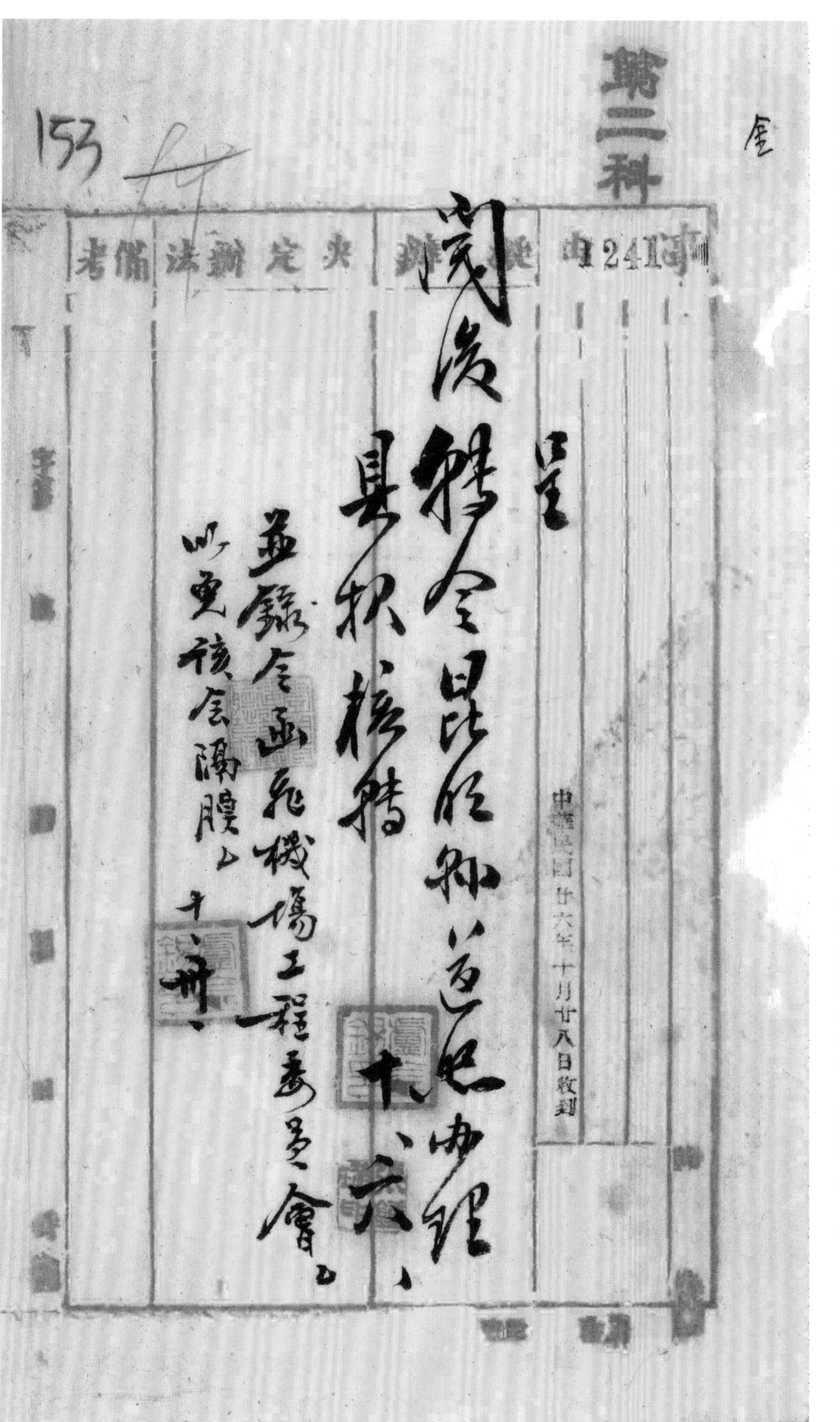

第二科

事由	拟办	决定办法	备考

1241

中华民国廿六年十月廿八日收到

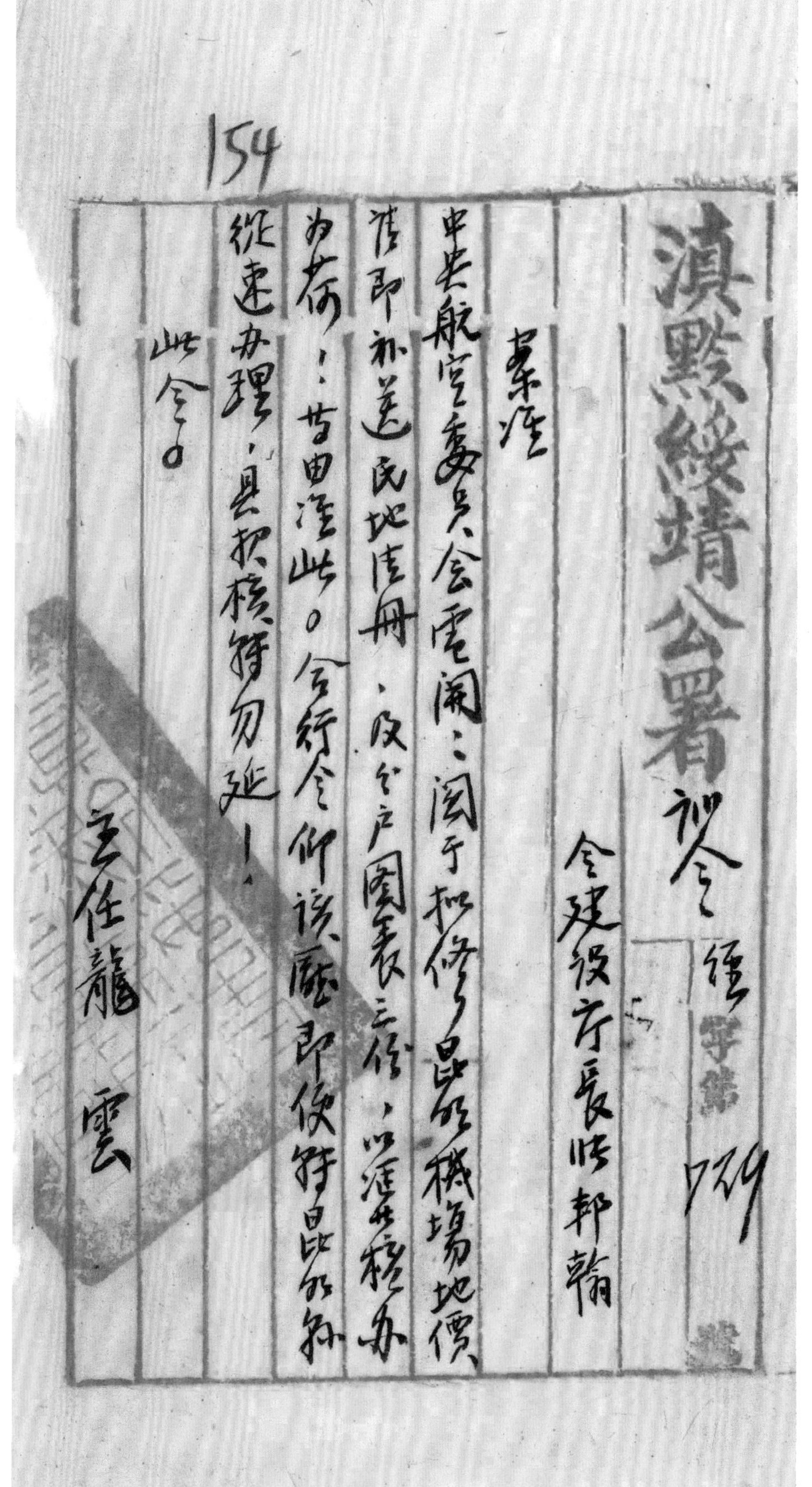

154

滇黔綏靖公署訓令　經字第729號

令建設廳長張邦翰

案准

中央航空委員會電開：「關于擬修昆明機場地價，請即補送民地清冊，及各户圖表二份，以憑核辦為荷」等由，准此。合行令仰該廳即便飭昆明縣從速辦理，具报核轉勿延！

此令。

主任龍雲

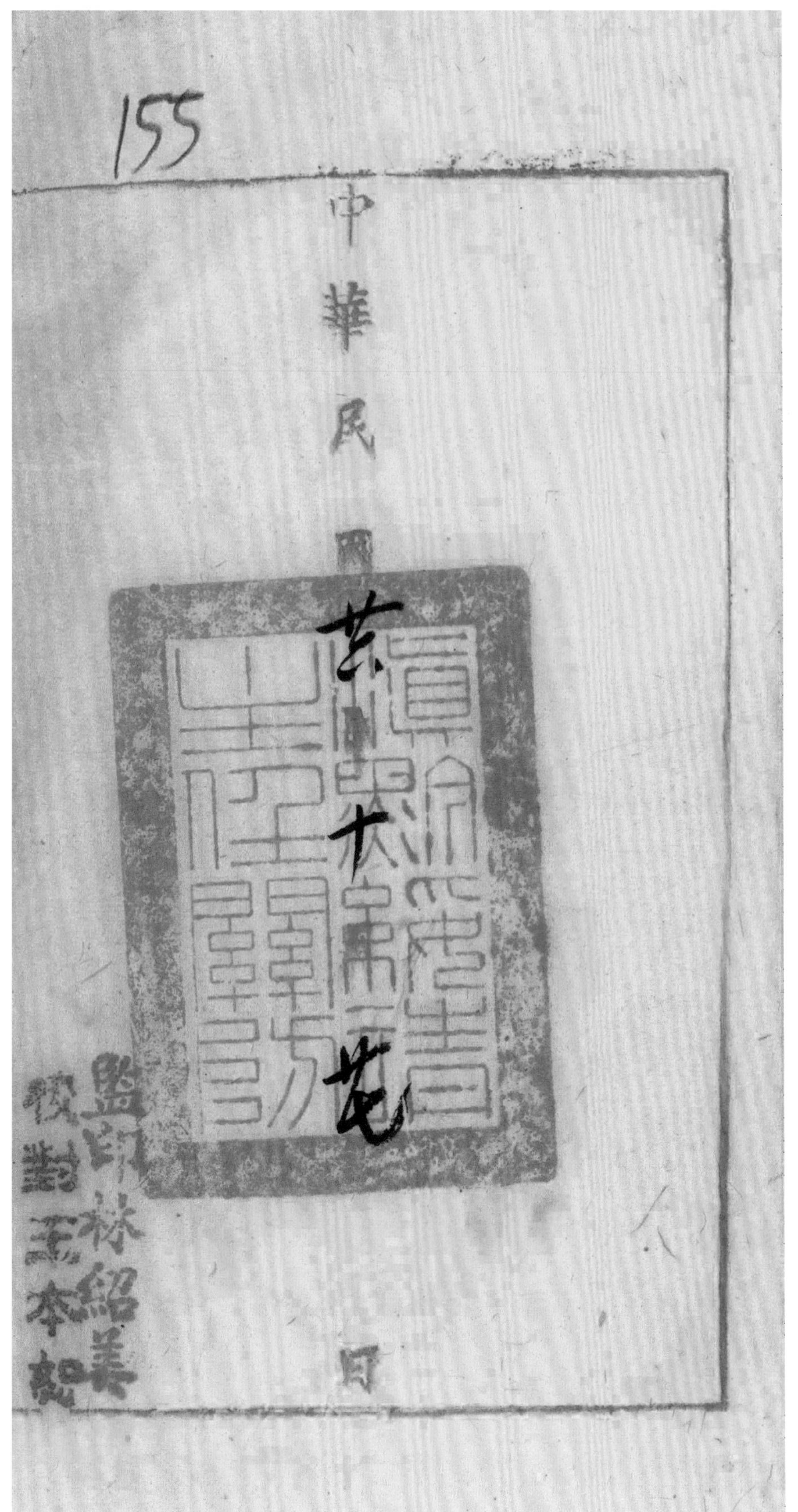

云南省建设厅关于扩修机场征地事宜已由扩修昆明飞行场工程委员会统筹办理给昆明实验县的指令（一九三七年十一月一日）

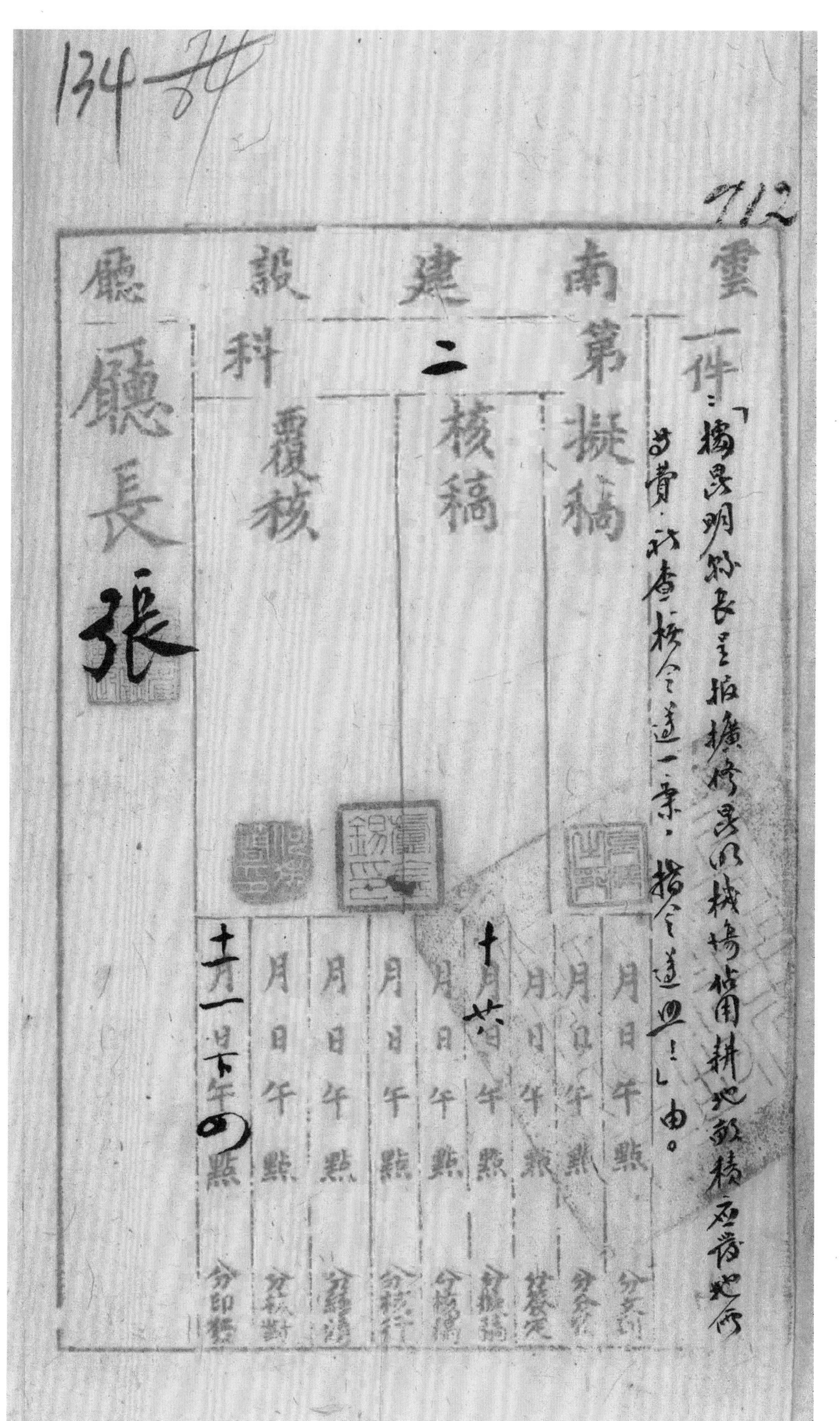

135

列

銜　指令第二〇七八號

令呈貢縣縣長董廣布

民國二十六年十月六日，據該縣長十月四日察呈一件，為「具報擴修飛機場佔用和尚營等村民人耕地畝積，應發地價，具祈查核令遵」由。

呈悉。查擴修呈貢飛機場工程專員會，現已正式成立，關於擴修之一切

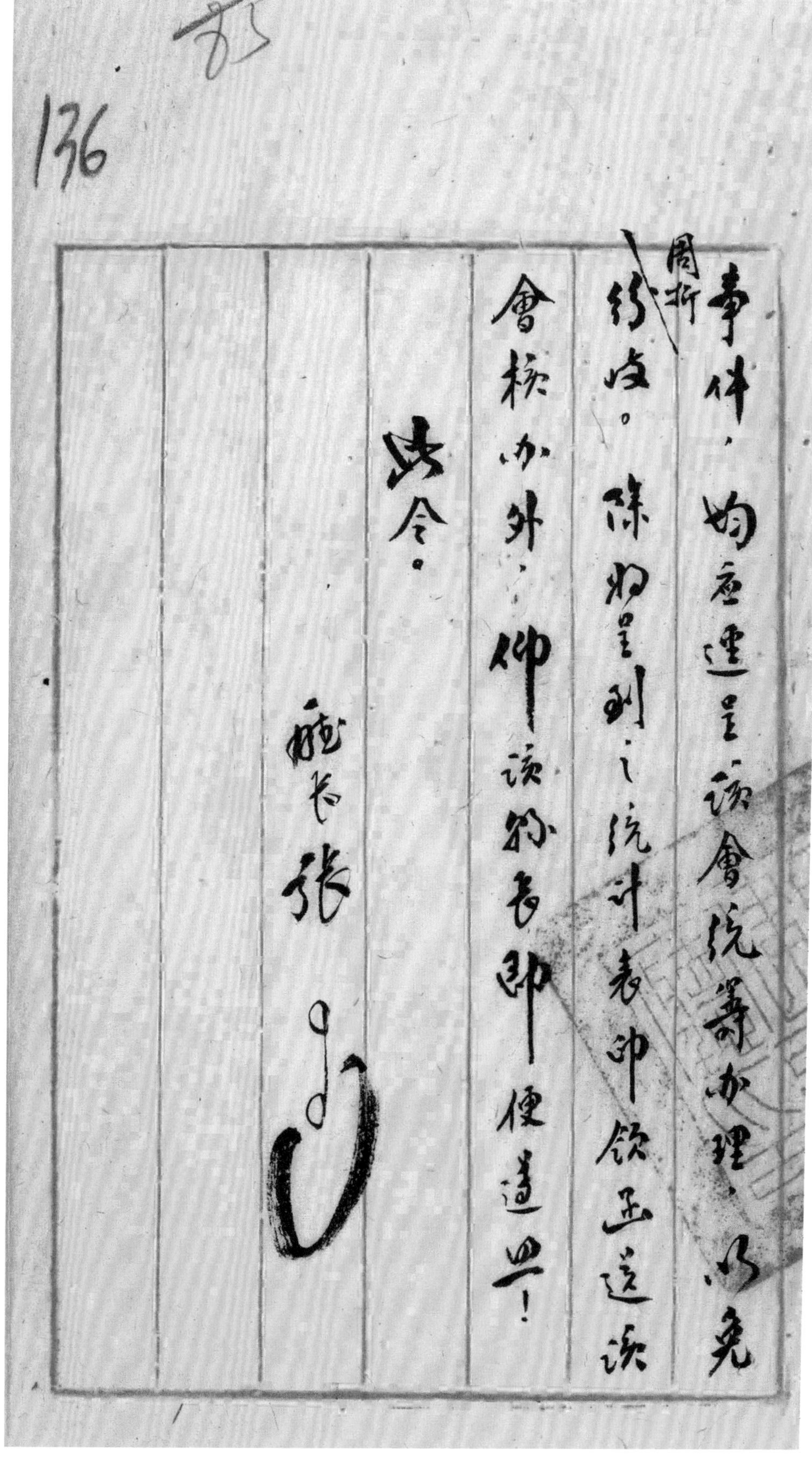

136

事件，均应迳呈该会统筹办理，以免
纷歧。除将呈列之统计表印发，函送该
会核办外，仰该处长即便遵照！

此令。

处长 张

137

民国二十六年十月　日

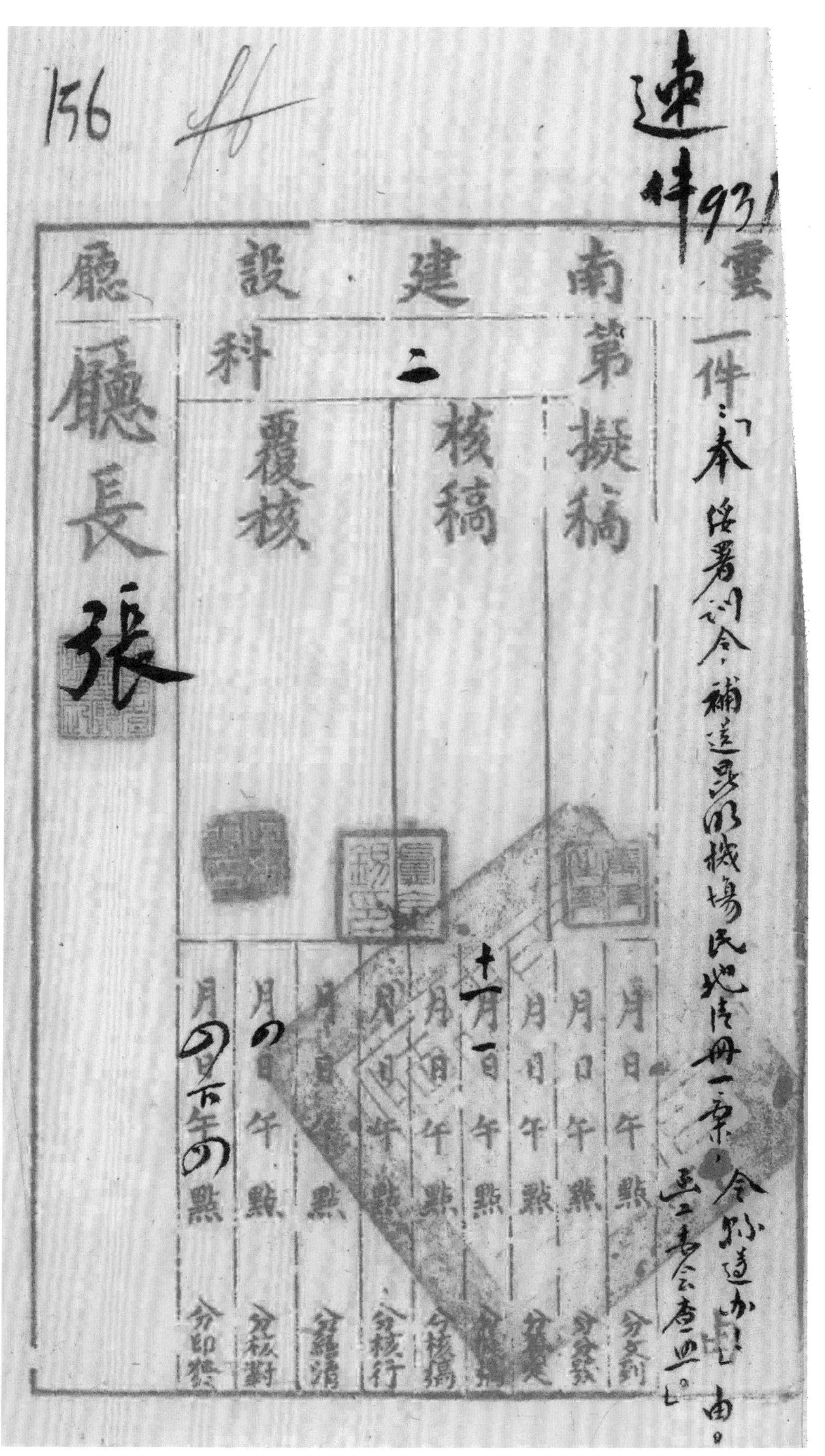

云南省建设厅关于补送扩修昆明机场地价清册致扩修昆明飞行场工程委员会公函暨致昆明县的训令
（一九三七年十一月四日）

151

列衔训令第一三〇四号
令昆明县县长董广布
案奉
滇黔绥靖公署经字第七二九号训令开：
「案准
中央航空委员会电开：云云。」
等因，奉此，合亟令仰该县长迅速遵

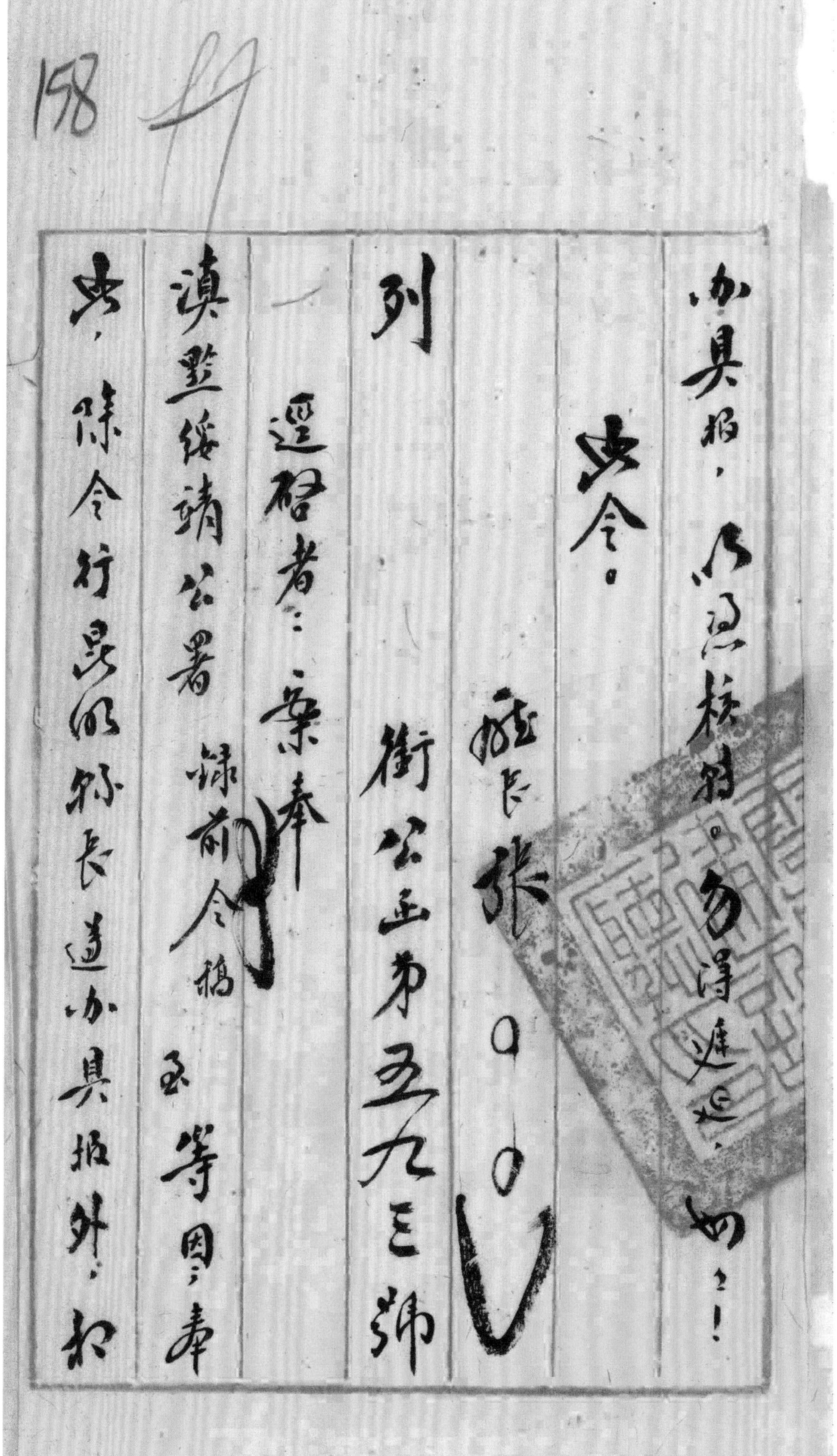

158

办具报，以凭核转，勿得违延，切切！

此令。

队长张〇〇

列衔公函第五九三号

迳启者：案奉

滇黔绥靖公署 录前令稿函等因，奉

此，除令行县政府长遵办具报外，相

159

应录案函达

贵会，希即

查照为荷！

此致

扩修昆明飞行场工程委员会

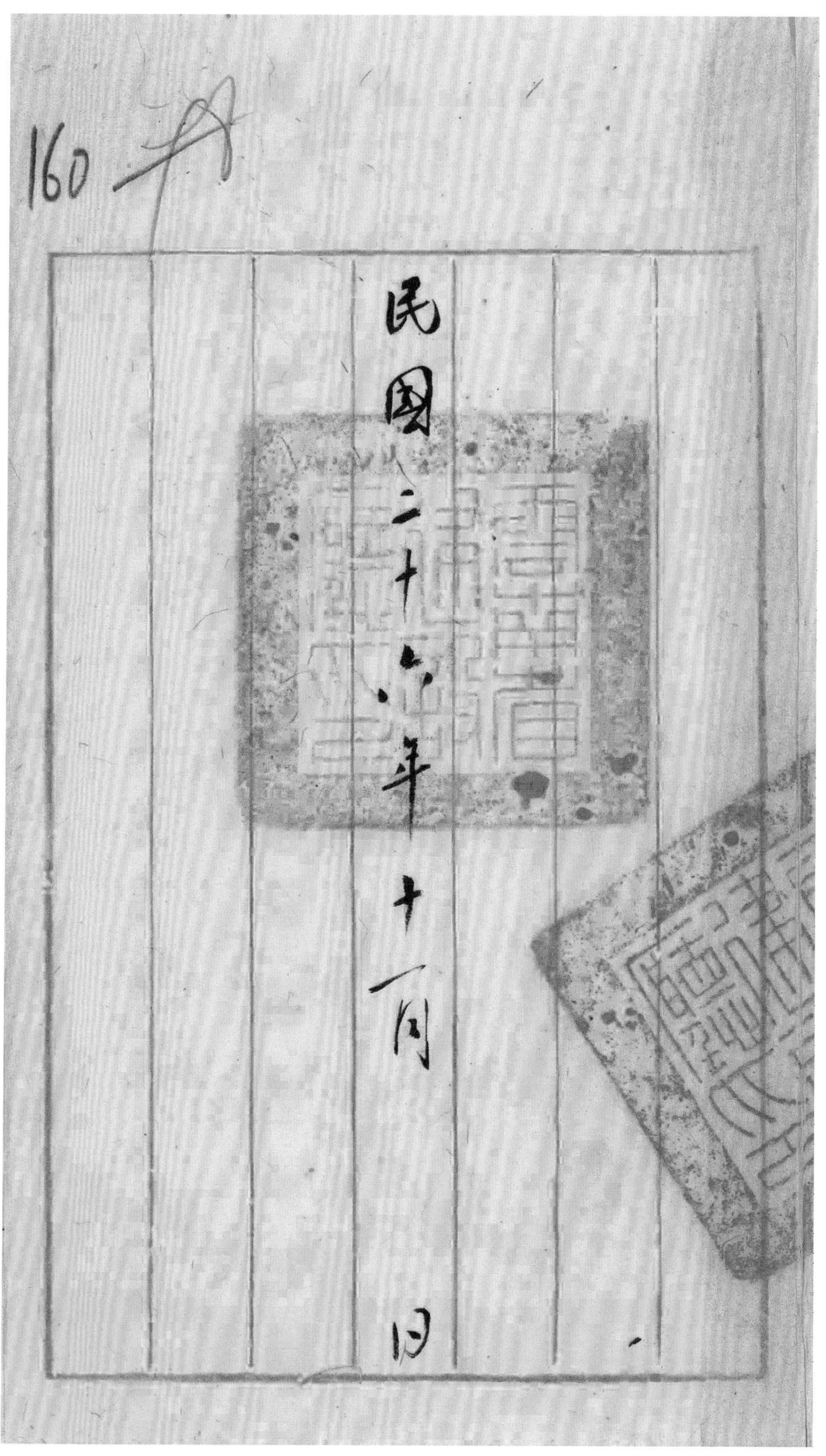
160

民国二十六年十一月　日

昆明实验县关于请速发给征地费以维民生致云南省政府的呈（一九三八年一月七日）

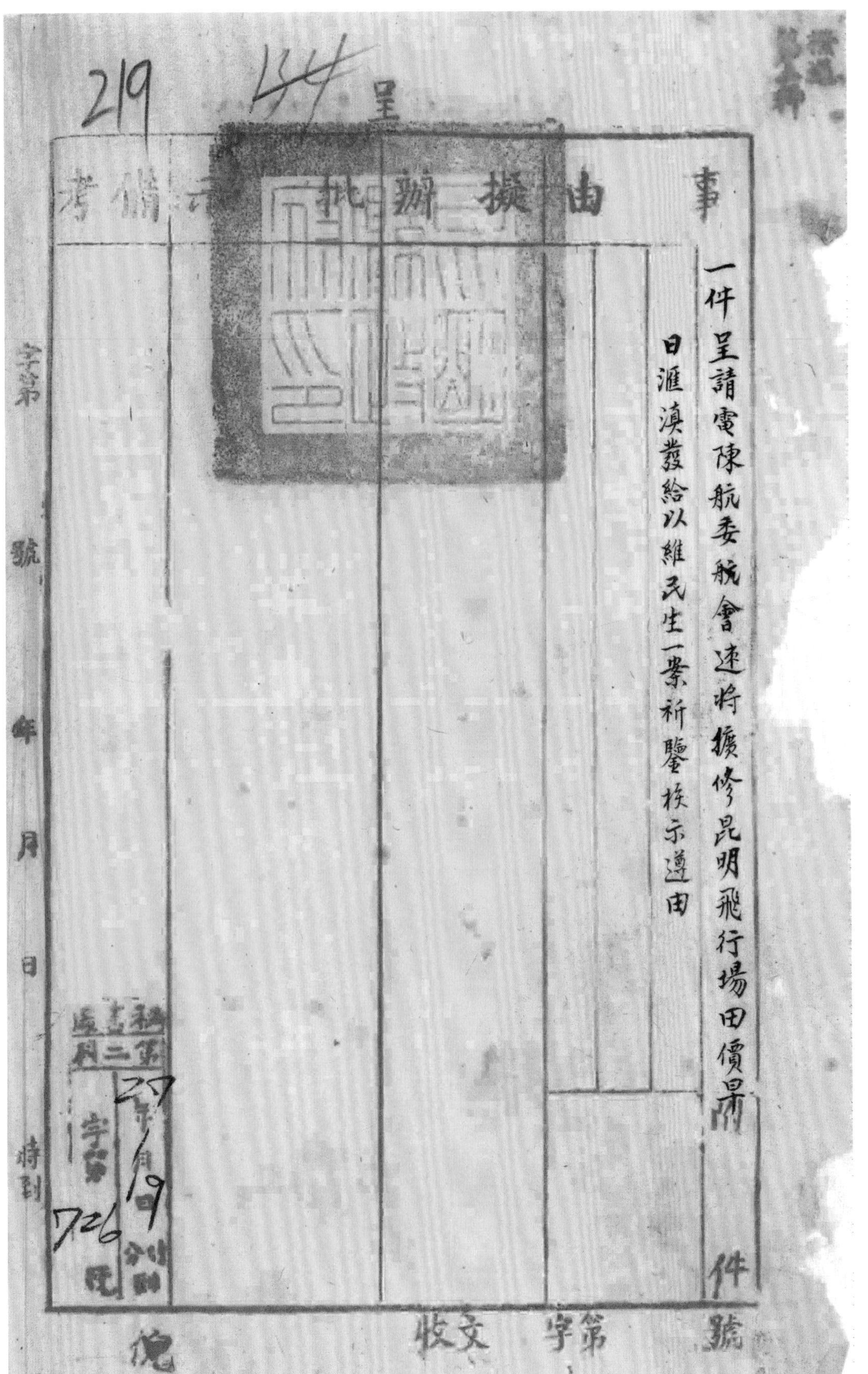

219

呈

事由：一件呈請電陳航委航會速將擴修昆明飛行場田價畀沺日滙滇蔎給以維民生一案祈鑒核示遵由

擬辦

批示

備考

收文　字第　號

220

為呈請迅予電陳核發機場征用民田田價青苗各費以救民生事：案查此次奉令辦理擴修昆明飛行場征用民人田地廬墓一案，當經遵令辦理，即派財政建設局局長魯鋒趙烱率同各股員切實堪查明確，將擴修機場第一二步工程，征用縣屬西寗堡和甸營等村，民人田地房屋坟墓，應發田房地價青苗各費共合新滇幣肆拾陸萬伍千餘百元，業已先後造具統計表呈報並函請中央航空學校查核轉報將款滙滇發給承領在案。惟查田價一項，係遵照雲南擴修飛行場委員會開會議決照中央勦匪軍第二路總司令部指令經字第九百二十一號最後核定收買飛行場田價（本省實發之數）分別等則造報，並未增

221

加分厘，嗣准

中央航空學校公函開：查擴充昆明飛行場收買民地一案，經呈

航空委員會核示茲奉元拾丁電 地價過鉅應認真核減仰即

與地方政府熟商為要 等因；奉此，查該項地價，原經貴府核

定，如何減讓之處，仍希核議見復，以便呈報，等由；過縣，

職縣覆查該各村附近巫家壩營盤，曩時修建營房，佔用田地

亦屬不少，現在人多田少，田價高昂，茲又被佔用，已失恒產，幾

至無家可歸，身無立錐之地，往往扶老携幼，狀至可憐，經職

縣剴切曉以大義，始各聽從開闢遷移，守候給價。茲准來函核減

地價一節，復經召集該村首人到府，剴切諭導，據稱：前此本

222

省總司令部收買此項田地時，業經三次核減，始照最後核定之
價發給，民等因鑒於本省財政困難，又經縣長勗以大義，始勉強
遵行，今若照本省最後核定所發之價，再行核減，則於民等生
活必致感受極度困難，務懇轉請照本省昕發之價發給，以維生
活。等語；據此，職縣覆查屬寔，業經函請航校據情轉報，俯念
民生痛苦，准予仍照定案價額發給，俾便執行，而利工作各在
案。昨奉
鈞府訓令秘二航空字第一二八七號內開：查此項收買係以作軍
用非生產事業可比原定之價，固係滇省向來價格，惟念擴展機
場情形特殊，准酌減二成分令遵照。等因；又經傳諭該各村

223 136

紳首到府，當庭宣示奉令核减田價二成，無如各業户聽聞之下，驚恐萬狀，紛紛具呈，絡繹不絶，要求轉呈維持定案，仍請照本省最後核减收買之價發給，則困苦稍抒，但事屬全國所用，自不能偏枯，使民等有一線之生機。各等語；職縣查該民等陳述困苦，固屬寔情，爰此次擴修昆明飛行場第一步工程動工，青苗被鬬，收成全無，田地佔用伍百餘畝，第二步工程，勒令遷移房屋墳墓，佔用田地至捌百數拾畝之多，現在機場瞬將完全告竣，應發田價青苗各費，迄今數月，均未發給，民生痛苦，實屬不堪，合無仰懇

鈞座俯念開闢機場重要，民生凋敝，即照

224

鈞府核定之案照本省二十四年寔發數，按八折發給，迅予電陳
中央航空委員會速將前項應發田價，早日滙滇，轉發具領，以
維民生。所有奉令辦理擴修昆明飛行場收用民人田地廬墓及
請發田價經過困難情形及不能再減請轉電航空委員會催
促各緣由，理合具文呈請
鈞座俯賜鑒核，迅示祗遵！
謹呈
雲南省政府主席龍
昆明寔驗縣縣長董廣布

225

中華民國二十七年一月十七日

中央航空学校关于尽快筹拨半数扩修昆明机场征地费致滇黔绥靖公署公函（一九三八年二月四日）

中央航空學校公函

事由	為擴充昆明場地價半數擬請迅予籌撥以便早日清發 請煩查照見復由
附件	
擬辦	
批示	
備考	

公函　字第　號　年　月　日　時到

收文　字第　號

36

中央航空學校公函

經丁字第 434 號

查擴修昆明飛機場徵用民地，發給地價青苗遷移等費

一案，前准

貴府秘二航空字第一二八七號公函，應照原定地價，酌減二成，

等由，經呈航空委員會核示，嗣奉巧營丁電開：「查昆場地價

因滇省情形特殊，准由本會補寄半價，計法幣捌萬壹仟壹

佰捌拾柒元叁角另陸厘，着具領，并補造圖照戶口地畝清冊等

件備轉，除電滇省府查照外，仰遵照」等因，查由會補助半數

款項，早奉撥發到校，其由

貴府發給半數，當經派經理科長詹宗根親詣
貴府建設廳接洽，亦荷面允請示辦理，迄為日已久，該擾被征田
地業主，迭呈苦況，懇請發給地價，以維生計，等情，所有商
由
貴府發給前項地價半數，擬請迅予籌撥，以便早日會同昆
明縣政府按冊清發，相應函達，請煩
查照見復，至紉公誼，此致
雲南省政府
校長 陳慶雲

中華民國二十七年二月四日

中央航空学校关于已收到航空委员会拨付扩修昆明机场征地费致滇黔绥靖公署公函（一九三八年二月七日）

39

中央航空學校公函

事由	擬辦	批示	備考
為復撥修昆場航會補助半價已滙到校核數相符請查照由			
附件			

收文　字第　號

公函　字第　號　年　月　日時到

40

中央航空學校公函

經丁字第　　號

案准

貴署二十七年二月五日課字不到號公函，擴修昆明塲經費，航委會電准補助半數，計法幣捌萬壹仟壹百捌拾柒元三角陆厘，貴校曾否接此匯款，數目是否相符，請查復等由，准此，查該款係於上年十二月奉航委會巧丁電撥匯到校，核數相符，相應函復，請煩

查照為荷！此致

滇黔綏靖公署

校長
陳慶

42

中華民國二十七年二月七日

云南省政府关于扩修机场征地费拨发办法致航空委员会的电（一九三八年二月十二日）

去報紙
SENDING FORM

交通部電報局
TELEGRAPH OFFICE
MINISTRY OF COMMUNICATIONS

參謀處辦

報費 CHARGE	備註 Service Instructions: csd 漢口	發往 TO
收據號數 RECEIPT No. 10	流水號數 RUNNING 6 報類 CLASS 發報局名 OFFICE FROM Hankow	時刻 TIME
收報員 BY	去報號數 TELEGRAM No. 52711 字數 WORDS 8982 日期 DATE 12 時刻 TIME 0475	值機員 BY

Please Write Legibly

TO

昆明雲南省政府公鑒：庚謀密。敬悉。務委查本会司機場地價向由各地方政府全數籌撥。誠昆明機場徵用民地地價前因情形特殊，故由本会補助半數，餘款應仍由地方設法籌給。特覆。航空委員会。真酋（十二）。戌印。

分到參謀處第六七の號　廿七年二月十二日

二月十二日　詳

Signature and Address of Sender

云南省政府关于早日拨发扩修昆明机场征地费致云南省建设厅的训令（一九三八年二月十四日）

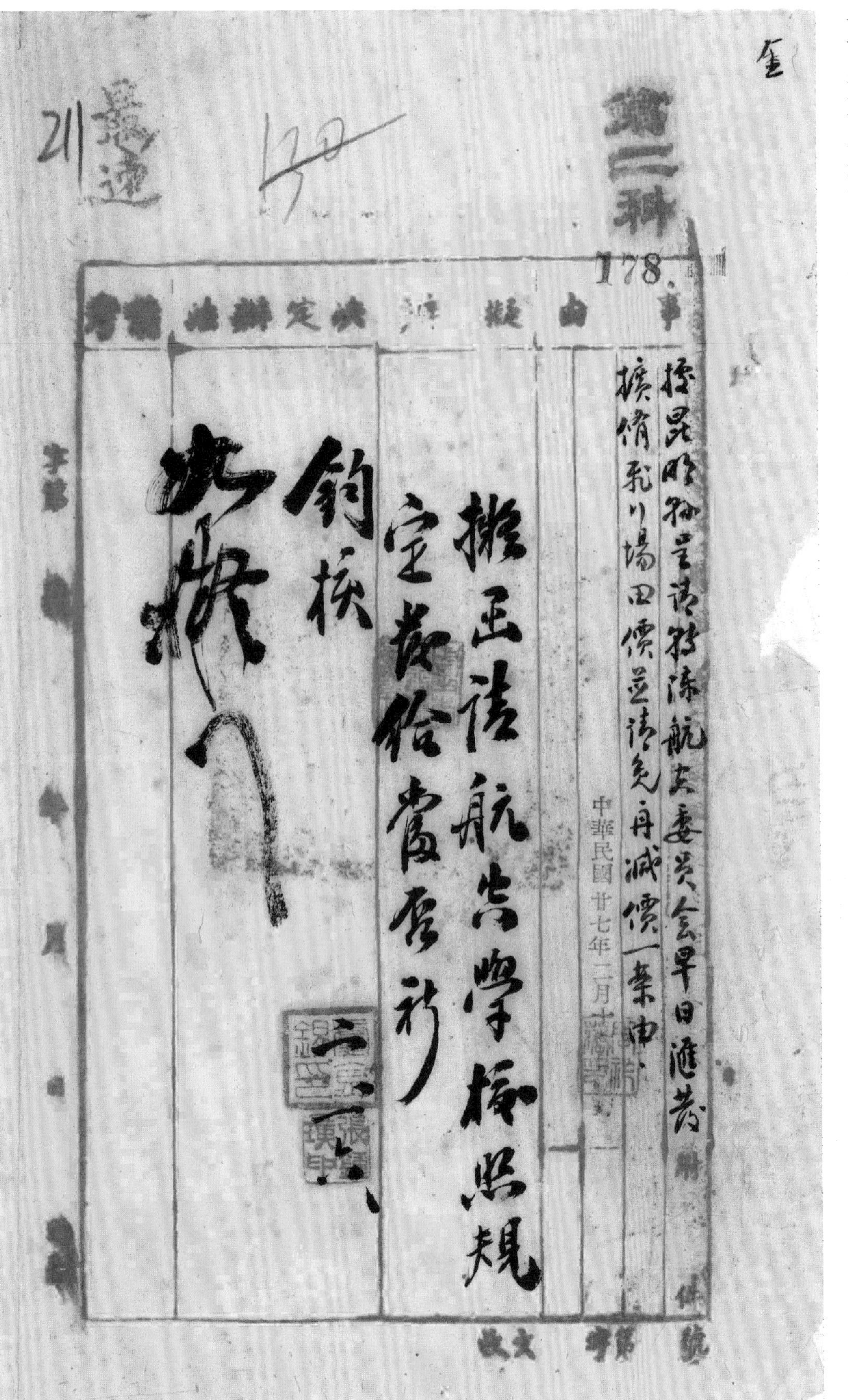

212

雲南省政府訓令

二建航 1410

令建設廳

案據昆明縣縣長董廣布呈請電陳航空委員會早日發給擴修昆明飛行場田價款，並請免予再減田價一案到府。除以「呈悉。應候令建設廳與航空學校商洽照規定發給，以示體恤人民之意。除分令外，仰即遵照！此令。」等因指令外，合將原呈令發，仰即遵照辦理具報！切速！此令。

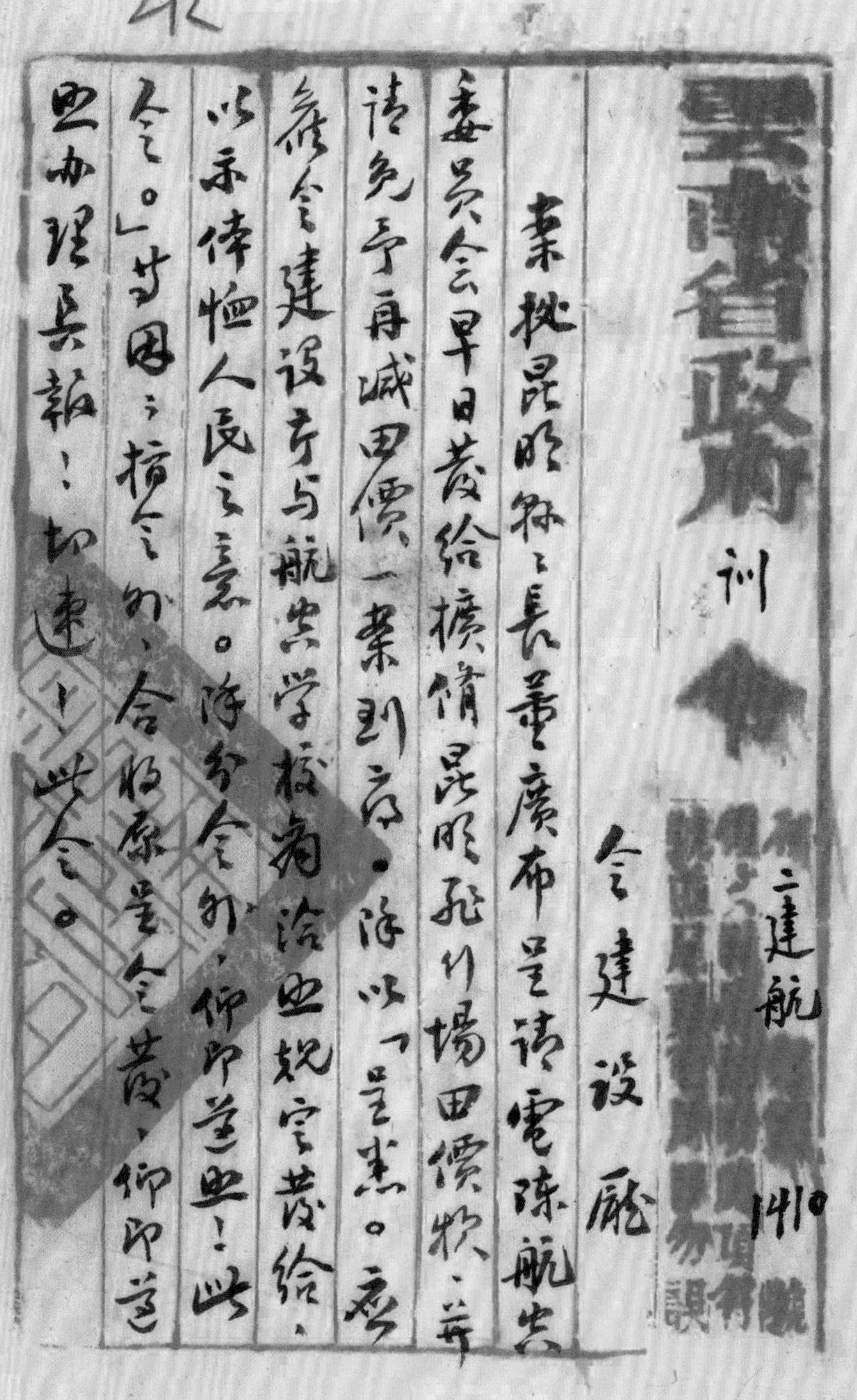

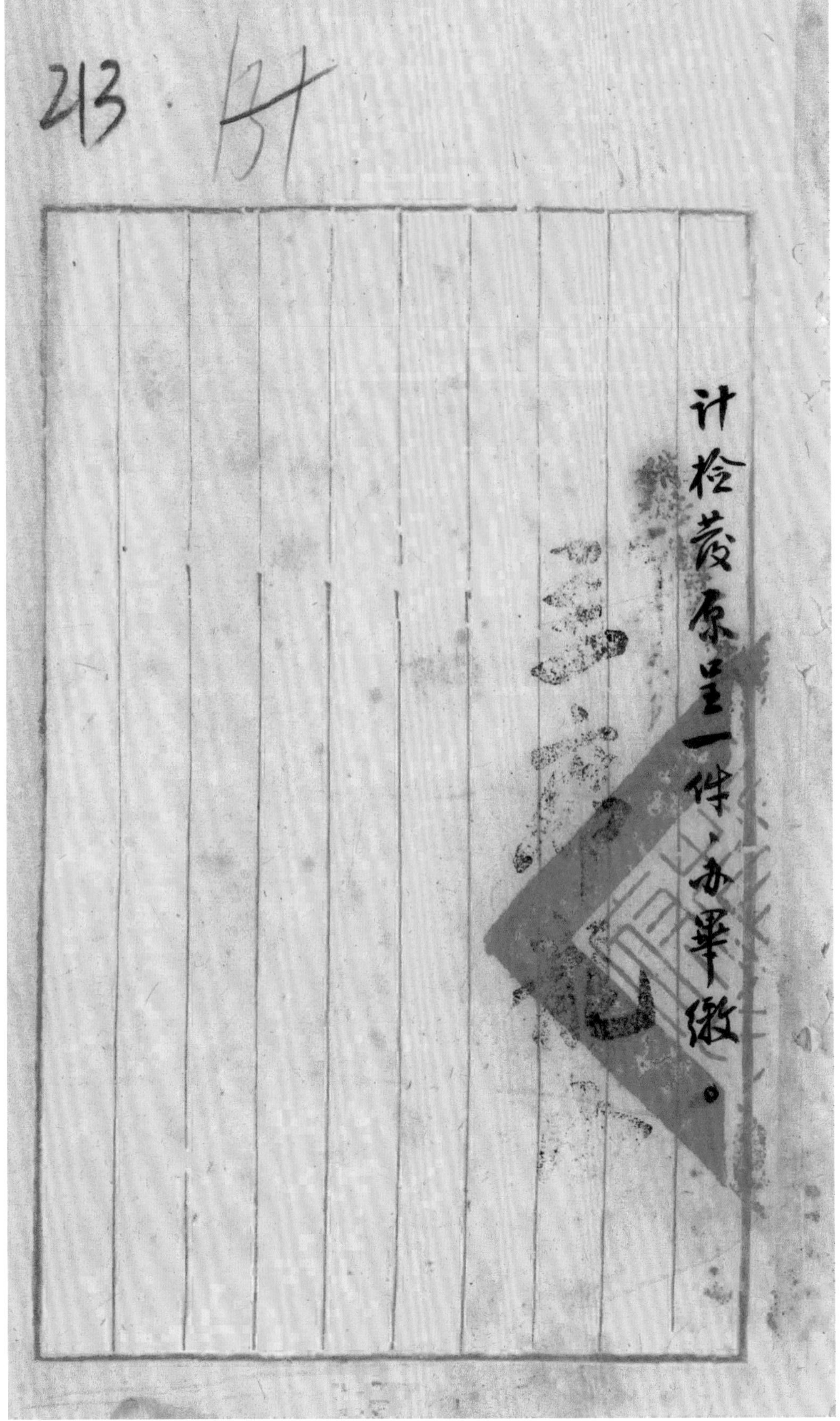
213 · 51

计检发原呈一件，亦毕缴。

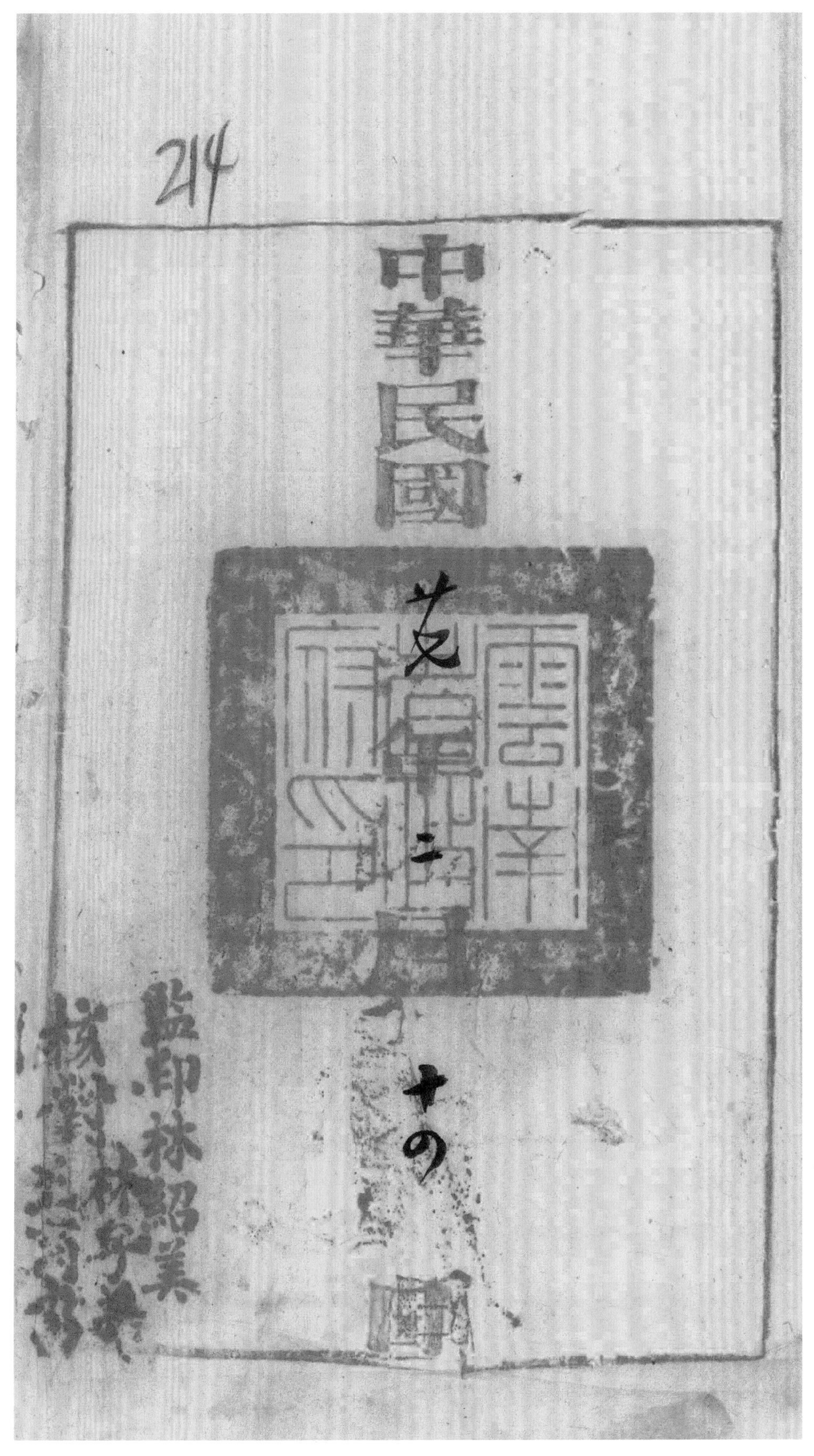
中華民國
監印林紹業

中央航空学校关于请派员测量巫家坝机场新征地致云南省建设厅的公函（一九三八年六月七日）

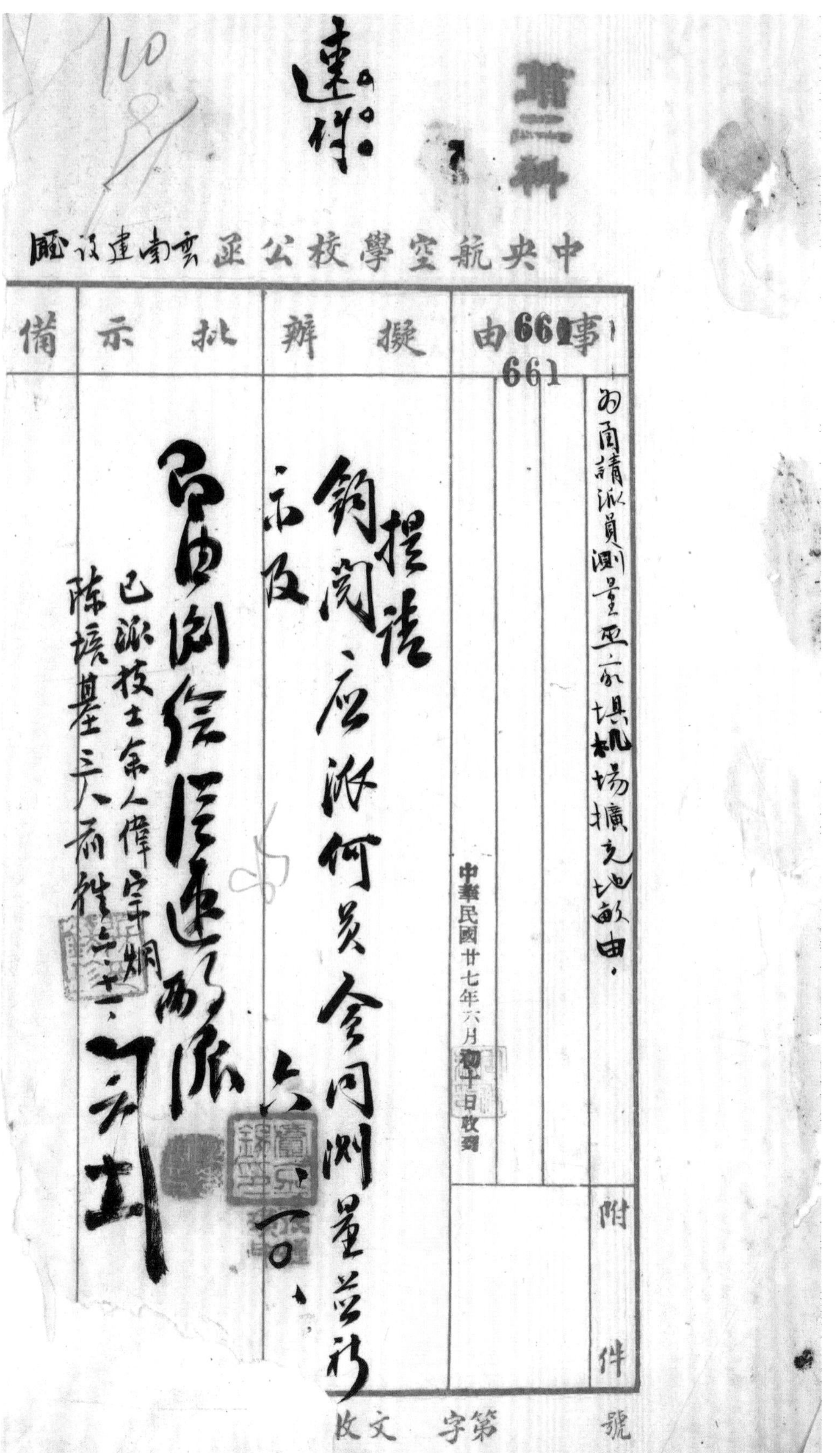
中央航空學校公函云南建設廳

事由	擬辦	批示	備
661 為函請派員測量巫家坝機場擴充地畝由。			

中華民國廿七年六月十日收到

附件

收文　字第　號

學校公函

本校須在巫家壩机場西南及東側各擴充面約六百畝，又須在校後擴充机場約一千餘畝，擬請貴廳即日派員會同測量，以便辦理徵收手續，相應備函並派科員周鼎前來面洽，即希查照辦理為荷。

此致

雲南省建設廳

校長 蔣中正

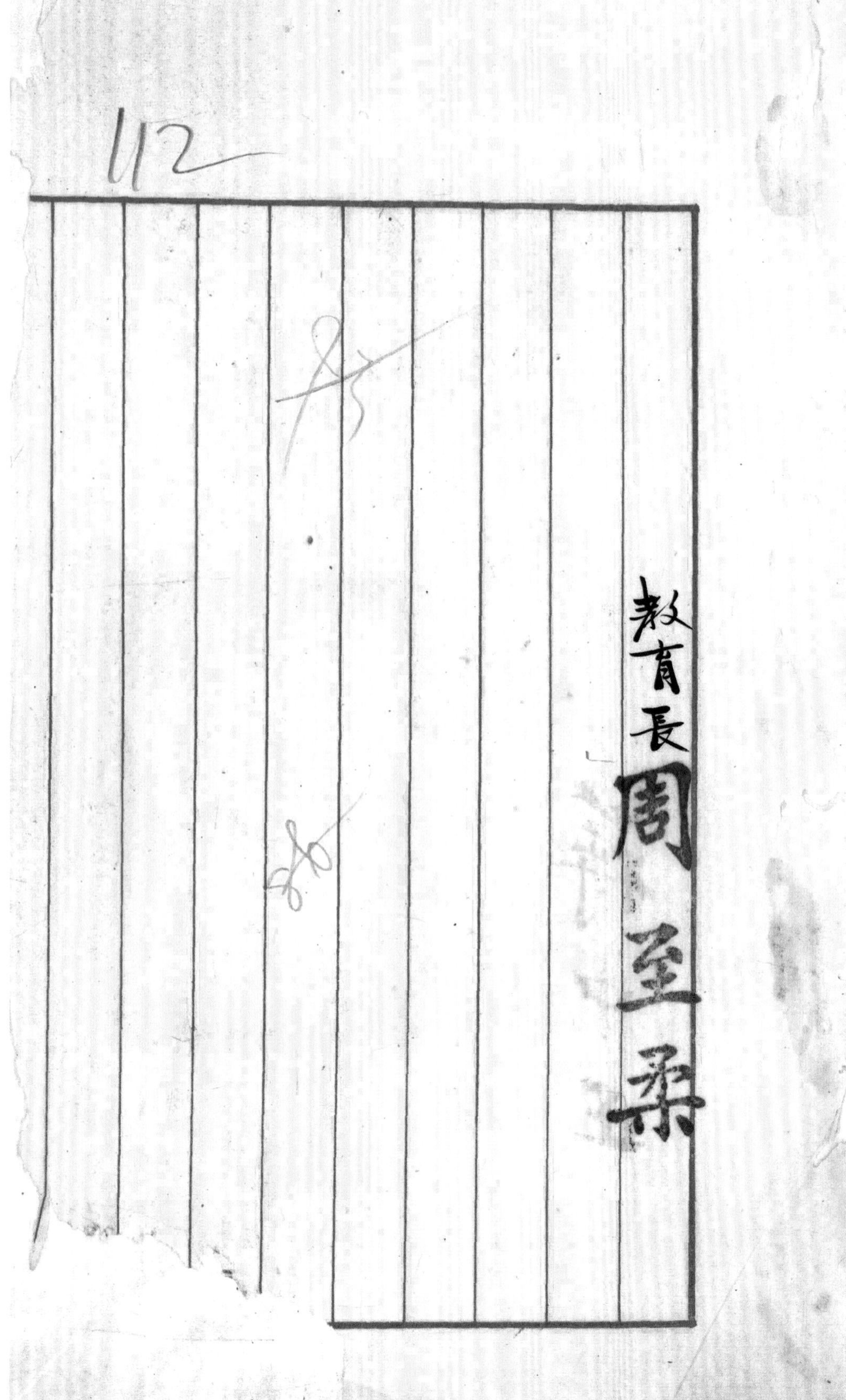

112

教育長周至柔

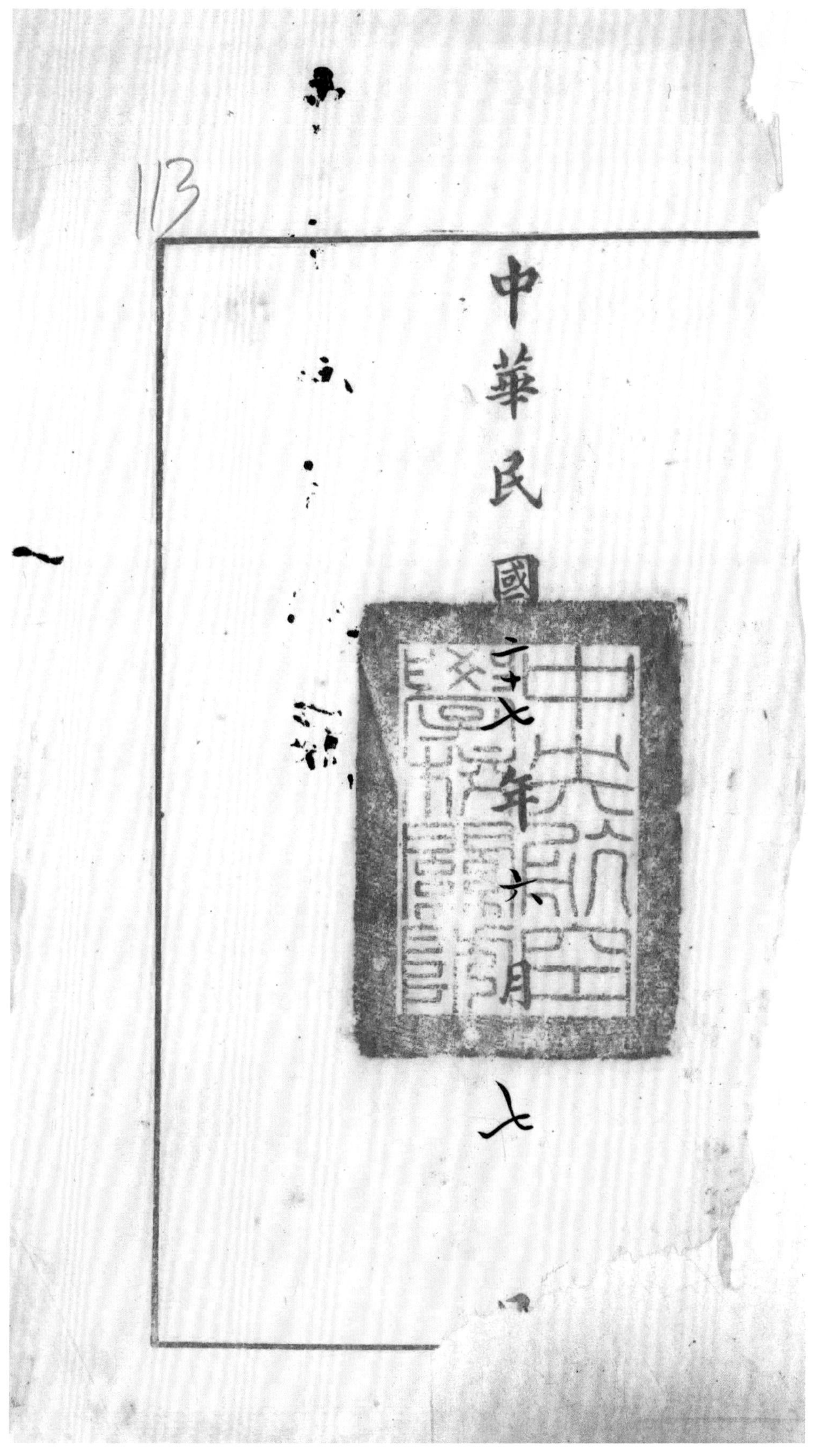

中華民國二十七年六月七

中央航空学校关于请派人会同监发扩修昆明机场第二步征地费致云南省建设厅的公函（一九三八年六月十日）

中央航空學校公函

事由	為擴修昆場第二步地價訂本月十六日上午八時請派員會同監發由
	中華民國廿七年六月十四日收到
附件	
擬辦	擬派李組長紹哲前往監視發放當否乞 示
批示	照派
備考	

第2330號　年　月　日　時到

收文　第　字第　號

中央航空學校公函　經丁字第2330號

查擴修昆明飛行場第二步征用地價現將審核完竣訂于本月十六日上午八時請蔡滌逕昆明縣政府派員并布告被征業主持契來校查驗具領外擬請

貴廳派員會同監發相應函達即希

查照見復為荷此致

雲南省建設廳

校長　蔣中正

教育長　周至柔

中華民國二十九年六月十日

昆明实验县关于奉令修筑空军军官学校体育场、扩建机场征用民地等事宜致云南省建设厅的呈
（一九三八年九月七日）

204
125
雲南（呈）
事由　178
一件呈奉令辦理空軍學校建築體育場及擴充第四附步機場征用民田總在一千三四百畝之多擬定地價祈迅示飭遵由
中華民國廿七年九月初九日收
既经分呈擬俟省府令下再為併办
汇案重要呈
鈞閱
九.七
備考
收文　字第　號
呈　字第　號　年　月　日　時到

205

為呈請核示事：案奉

鈞廳交字第一零七零號訓令開：

「為令飭遵辦事：案奉

雲南省政府秘二航字第四六號訓令開：『案准空軍軍官學校二十七年八月五日管丁字第三零五三號公函開：「查本校擬在校後建築體育場及巫家壩加以第四步擴充，以上兩項均亟須收用民地，應請貴省政府轉飭昆明縣政府尅日派員來校測量並点驗花息，以便興工，相應函達，即希查照辦理為荷！」等由；准此，除函復外，合行令仰該廳即便轉飭昆明縣派員前往會同辦理。此令。』等因；奉此，合行令仰該縣長即便遵照，派員前往會同辦理，具報查

206

2

玫，勿違，切切！此令。

等因；奉此，當經派員前往會同勘辦在案。縣長復於八月三十日前往會同學校潘股長等實地查勘，查得此次建築學校建體育場，係在學校後北邊，汽車路之旁，征用香條村民人菜地約計十八九畝，惟地價較高。又勘得此次擴充第四步飛行場征用民田，約需一千三四百畝之多，盡屬高腴之田，田價昂貴，並遷移白沙河一條，有關水利，及民生重要，水利一項，已另案呈請

鈞廳迅予飭水利局會同查勘辦理在案，至於田價，青苗損失費兩項，查勘時，各人民均以佔餘良田，又被征用，邀求從優格外給價，且正值稻苗揚花之際，民食攸關，請求暫緩開闢，以維生活，若必需剷除禾苗，

207

則在青苗費及地價未發以前，應懇予以制止動工，以保民生，否則被
佔田地各户男婦老幼惟有拼死撞死於田中，情詞懇切，正擬會商請
示辦理中，茲據縣屬土橋村、和甸營村、曉東村、白得邑村、苜蓿廠等村
民衆代表劉潤、王起、李開元、高彩、欒彩臣等呈稱：

「呈爲良田佔盡無依無靠，籲懇鈞長垂憐軫念民瘼，賞准轉函航
校從優發給地價以活蟻命而免流離餓殍事。竊民等和甸營、土橋
村、白得邑村、苜蓿廠村、曉東村附近巫家壩營盤素以耕種謀生，所有
田地昔時被修建營房、鐵道佔用過多，所餘無幾，近因生齒日繁，
人稠地稀，田價高昂，均係自耕自食，縱有急需，只能或典或當，誰
肯放棄自絕生機。况二十四年本省擴修昆明飛行場，征用民田一

小部份蒙每畝發給田價新滇幣叁百弍拾元青苗費新滇幣肆拾元人民隱認承頒謀生詎料上年又被中央航空學校擴修昆明第一二三步征用民田數在壹千肆伍百畝之多更屬無田可耕慘不可言民衆迭次請求暫緩未蒙核准代表等言以長期抗戰國難當中政府從優發價始各聽從守候給價後奉鈞長傳諭奉省政府核准照二十四年二月本省收買飛機場田價實發數核減為八折發給等因轉飭民等遵照功令森嚴曷敢違抗殊知民田征用已久航校均未發價後蒙鈞長亟催該校則第一步征用民田廬墓地價分兩次發給先發半數而後半數一年有餘尚未發給第二步征用民田地價八折定為一次發給雖發而尾數未清第三步

209

地價屢催亦未定期發給凍餒不堪現又風聞航校擴充昆明飛
行場第四步征用民田至一仟三四百畝民等各村良田完全佔盡無
依無靠千百餘户數千百丁口老者餓死溝壑少者勢必遠逃他
鄉妻離子散遭此慘苦惟田價一項在前二十四年擴修機場征
用所發之田價現金高曰印國幣壹元當港紙壹元使用現因
百物騰漲、生活程度較高舊日紙票價值低落、國幣壹元只當港
紙五六角此次征用民等各村佔餘高腴良田若照原案給價民衆群
起糾紛應請查照韶關製造廠征用依祿等村田價每畝國幣
貳百肆拾元從優格外定為每畝不分等則給價國幣貳百伍拾元
又本年禾稻豊稔以市面糧價而論青苗損失費每畝亦應請

定為給國幣伍陸拾元得以另謀生產免遭凍餒在青苗費及地價未發以前懇予制止不准動工以恤民艱而維衣食事屬軍用情迫水火午夜泣思惟有瀝陳困苦情形呈懇鈞長查核轉函航校從優發給地價青苗費以謀生活而免流離餓殍臨呈惶悚不勝待命之至伏乞批示飭遵」。

等情。據此，覆據該民衆推派代表多人到職府請願聲稱：「現在若剷去行將成熟之青苗，以作飛機隱蔽之機場及跑道，其代價極大，誠以飛機隱蔽妥善，倘遇空襲，即可減少損失，只須節省飛機一二架，即可公道購買民田千餘畝矣。至民等數村千餘戶，為國家將田賣盡，將來無田可耕，亦即係無恒產可守，倘將田價吃完，以後生活，不知伊於胡底！，即以去歲賣田之家而言，因久不發價，致有數十家零碎將田價吃完，已流為餓殍。等語，言訖無不泣涕滿面，狀至可憫。

覆查該民眾代表王起、劉潤等詳呈各情，亦尚實在，緣該各村人煙稠密，所有田地，附近巫家壩營盤鉄道，曩時修建營房及大操場鉄道征用田地過多，最近又幾次擴修飛行場及建築工廠油庫，征用土地，亦屬為數不少，行將全數佔盡，村人無田可耕，勢必失業，當此工業尚未建設完成，農村經濟日形破產，農人所賴以生活者，僅所有之少數耕地而已，今田被征用，生產之路已絕，欲另購買田地，則因幣值低落，田價陡漲，且人多田少，不易購置，以所領地價維持生活，一旦坐食山空，必致流離失所，謀生既難，餓殍堪虞，此誠農村社會一重大問題殊堪隱憂者也。惟因非常時期抗戰高於一切，凡屬軍用征收，縣長莫不勉以大義，竭力奉行，但其生活困難情形，亦不能不予以體恤，茲該代表等所稱：「以良田被佔，無依無靠，請求照韶關制衣造廠征用依祿等村田價，請從優格外定為每畝不分等則給地價國幣弍百伍拾元，得以另謀生產，青苗損失費，以本年海下一帶遭淹沒，上塅高阜地方豐稔，市面糧價估計，每畝禾稻青苗損失費，亦應定為給國幣伍陸拾元，免遭凍餒，在青苗費及地價未發以前，應請予以制止動工，以維民食……」等語，核查所呈不無理由，現在韶關飛機制衣造廠征用依祿昭宗等村田價，上上則每畝給國幣弍百肆拾元，按

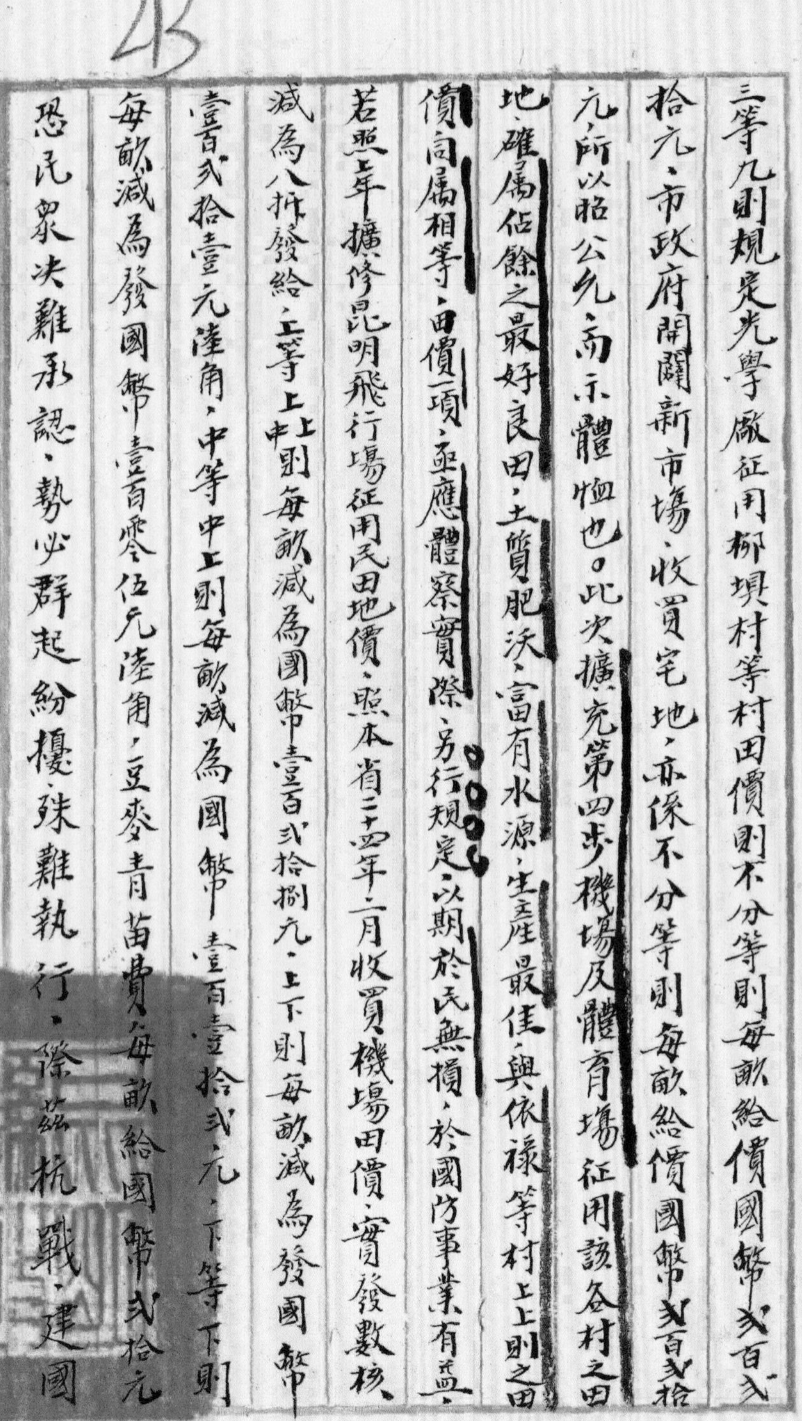

三等九則規定，光學廠征用柳壩村等村田價則不分等則，每畝給價國幣貳百貳拾元，市政府開闢新市場，收買宅地，亦係不分等則，每畝給價國幣貳百貳拾元，所以昭公允，而示體恤也。此次擴充第四步機場及體育場征用該各村之田地，確屬佔餘之最好良田，土質肥沃，富有水源，生產最佳，與依祿等村上上則之田價向屬相等，田價一項，亟應體察實際，另行規定，以期於民無損，於國防事業有益。若照上年擴修昆明飛行場征用民田地價，照本省二十四年二月收買機場田價，實發數核減為八折發給，上等上上中則每畝減為國幣壹百貳拾捌元，上下則每畝減為發國幣壹百貳拾壹元陸角，中等中上則每畝減為國幣壹百壹拾貳元，下等下則每畝減為發國幣壹百零伍元陸角，豆麥青苗費每畝給國幣貳拾元，恐民衆決難承認，勢必群起紛擾，殊難執行。際茲抗戰建國

214

時期軍用建築，固屬重要，人民生活，亦須兼顧，以免流爲餓殍，影響抗戰力量。職縣考慮至再，擬定空軍軍官學校建築體育場及擴充第四步飛行場，征用苜蓿廠等村田地及墳地地價，最低限度，亦應請援照光學廠收買柳塤等村田價，不分等則，一律定爲每畝實發給地價國幣弍百弍拾元（若學校仍須照案八折發給，每畝須訂價貳百柒拾伍元）。至青苗費分三種：（一）禾稻每畝給國幣伍拾元，（二）蔬菜、玫瑰，每畝給國幣叁拾伍元，（三）雜粮每畝給國幣弍拾伍元。又墳墓遷移費，近因生活極度高昂，工資飛漲，且附近省垣，遷移坟墓較多，購地困難，亦分三種規定：（一）土墳每塚給遷移費國幣肆元，（二）磚墳每塚給遷移費國幣柒元，（三）石墳每塚給遷移費國幣拾元。至墳地價值，仍照案

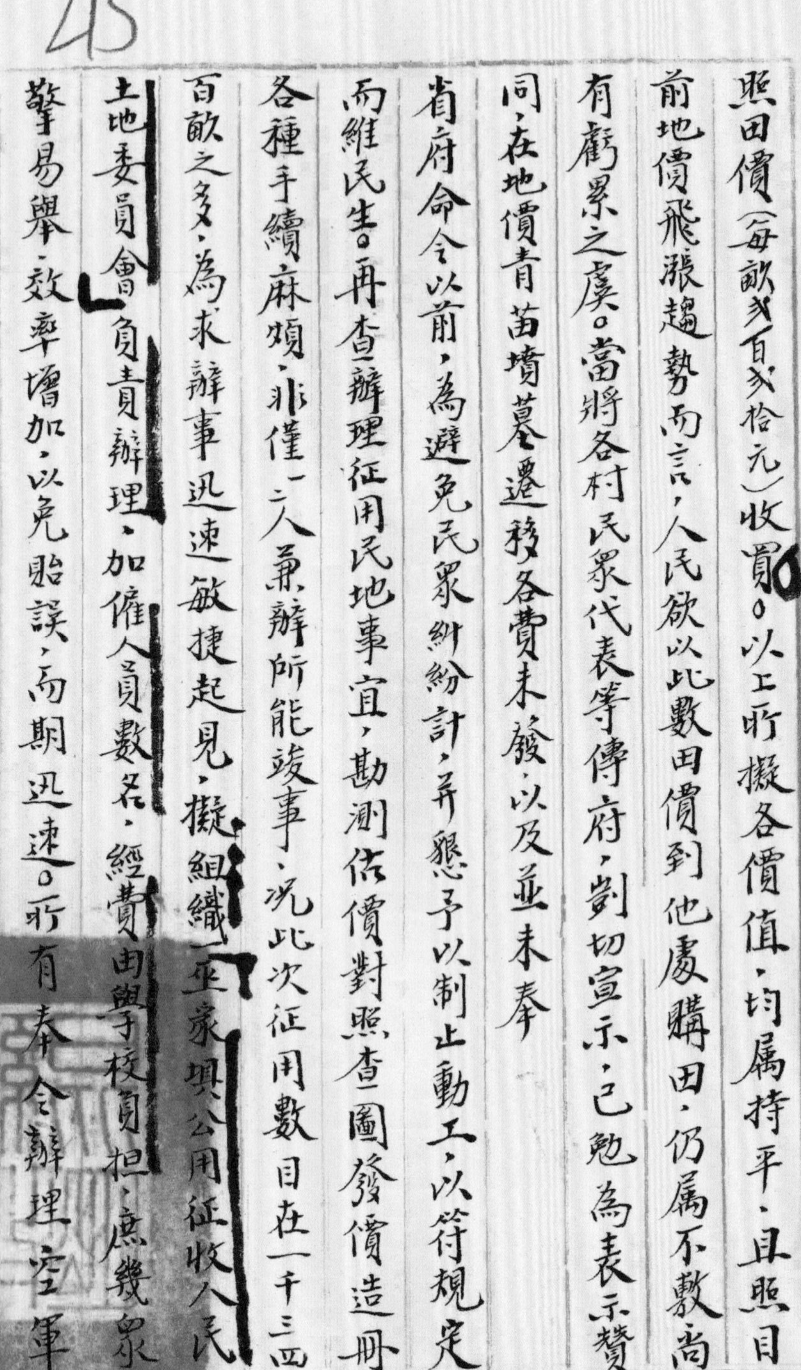

215

照田價（每畝貳百貳拾元）收買。以上所擬各價值，均屬持平，且照目前地價飛漲趨勢而言，人民欲以此數田價到他處購田，仍屬不敷，尚有虧累之虞。當將各村民衆代表等傳府，剴切宣示，已勉為表示贊同，在地價青苗墳墓遷移各費未發，以及並未奉

省府命令以前，為避免民衆糾紛計，并懇予以制止動工，以符規定而維民生。再查辦理征用民地事宜，勘測估價對照查圖發價造冊各種手續麻煩，非僅一二人兼辦所能竣事，况此次征用數目在一千三四百畝之多，為求辦事迅速敏捷起見，擬組織巫家壩公用征收人民土地委員會負責辦理，加僱人員數名，經費由學校負担，庶幾衆擎易舉，效率增加，以免貽誤，而期迅速。所有奉令辦理空軍

216

學校建築體育場及擴充第四步飛行場，征用民田議擬地價青苗墳墓遷移各費數目，及組織公用征收人民土地委員會各緣由，是否有當？理合具文呈請

鈞廳俯賜查核，迅示飭遵。除呈

省政府外，

謹呈

雲南建設廳廳長張

昆明實驗縣縣長董廣布

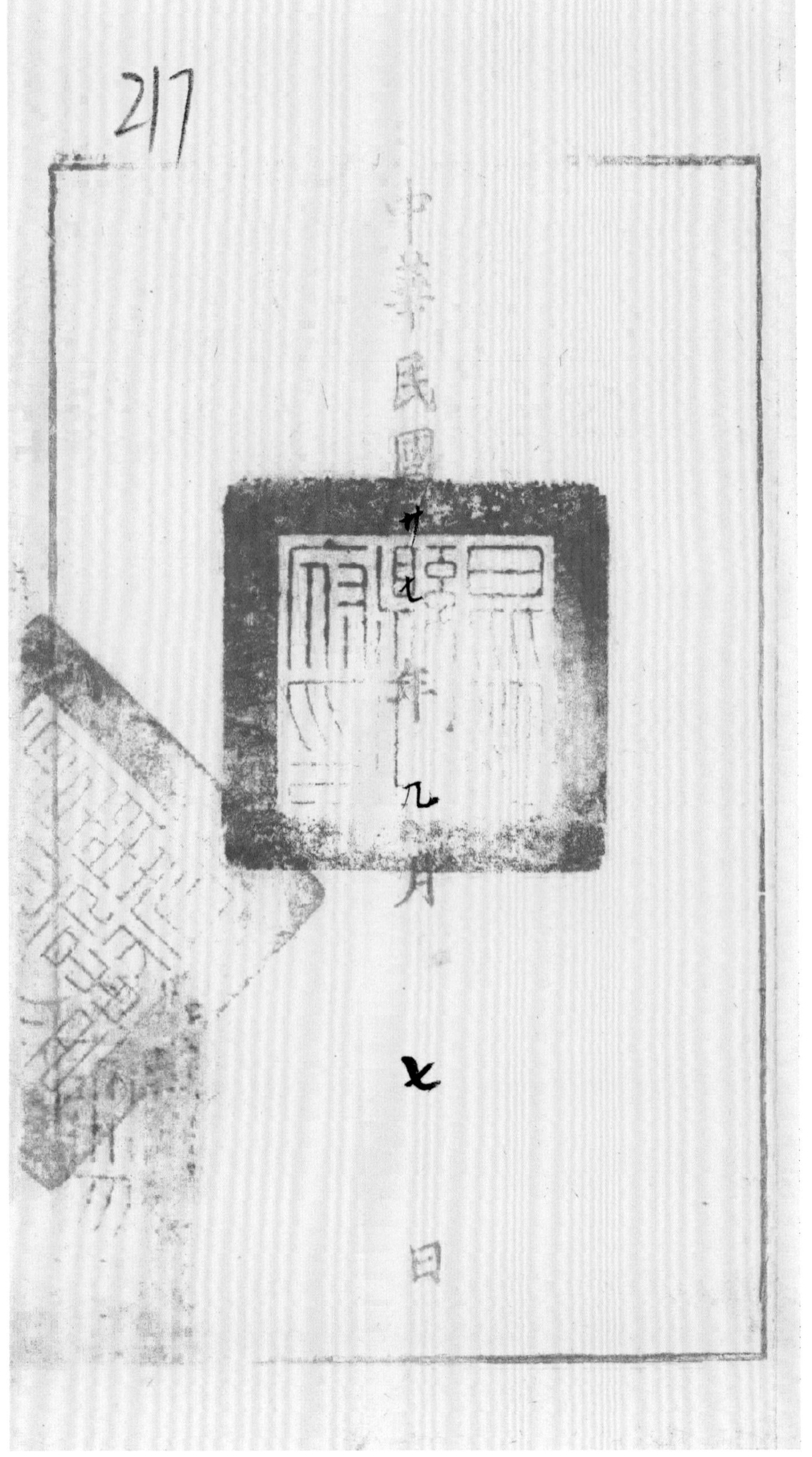
217
中華民國廿九年九月七日

昆明县第三区马军乡新草房村村长李德良等人关于土地被征请从优发给青苗费致云南省建设厅的呈
（一九三八年九月二十六日）

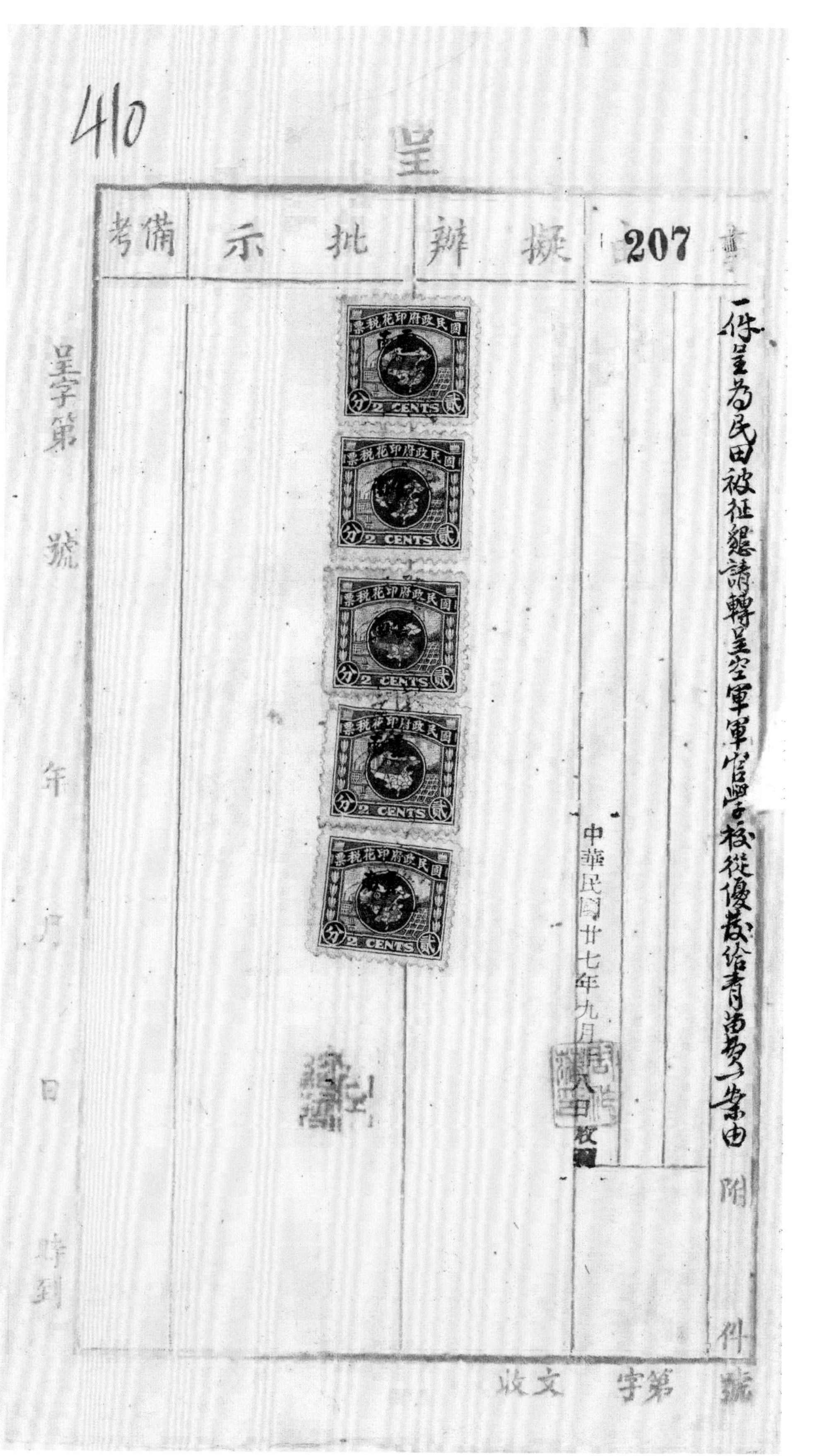
410

呈

備考　示　批　辦　擬　207

一件呈為民田被征懇請轉呈空軍軍官學校從優發給青苗費一案由

附件

中華民國廿七年九月廿八日收

收文第　字第　號

呈字第　號　年　月　日　時到

411

呈為民田被征懇請

仁恩垂憐俯准予以轉呈從優發給青苗費以示體恤而蘇農困事

竊民等新草房村菊花村兩村近溝埂一帶水田因被

空軍軍官學校征用建築庫房刻下動工在即其田中所栽之穀每

畝給予青苗費國幣貳拾元飭從速領取勿違等因奉此自應遵

照曷敢多瀆惟念民等均係窮苦農民素以畔田謀生全家衣食皆

賴以維持如過去數年水旱頻仍災變迭乘因之收成歉薄農民生

活困苦難堪幸今歲得以及時栽種現下田中之穀將屆成熟眼見

可望豐收藉資補救無如值此日寇侵略抗戰期間我政府為建設

上之必要征用民田民等處於後方安全之地所有生命財產均仰賴

412

政府之保護何況區區所需民等曷敢不遵惟查每畝青苗僅給費國幣貳拾元似覺太薄民等因生活攸關非敢奢望事迫無已惟有不避冒瀆聯名具呈懇

鈞廳鑒核垂憐下情俯准轉呈

空軍軍官學校從優發給青苗費以示體恤而蘇農困伏候

核示祗遵實沾

仁恩於不朽矣謹呈

雲南建設廳

公鑒

具呈人昆明縣第三區馬軍鄉新草房村村長李德良

管事李德有

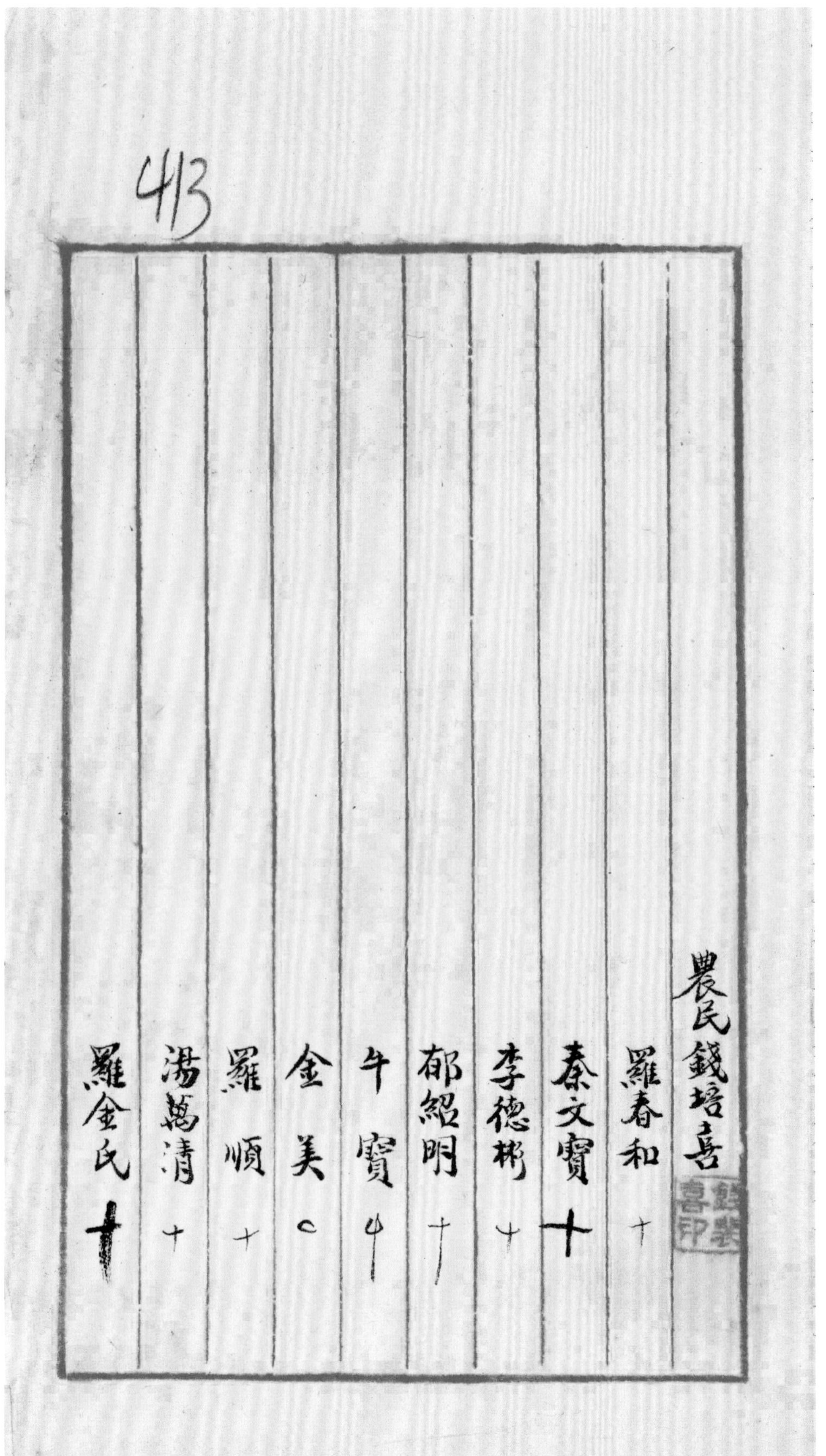

413

农民钱培喜（钱培喜印）
罗春和 十
秦文宝 十
李德彬 十
郁绍明 十
牛宝 十
金美 ○
罗顺 十
汤万清 十
罗金氏 十

湯焜 十

菊花村村長戚純 押

管事陳華 十

甲長陳嘉壽 押

農民周榮 十

紀連芳 十

王原融 十

余戚楊 十

馮占春 〇

董國成 十

415

中華民國二十七年九月二十六日

云南省政府关于航校征用村民田地应从优发给青苗费案致云南省建设厅的训令（一九三八年十月四日）

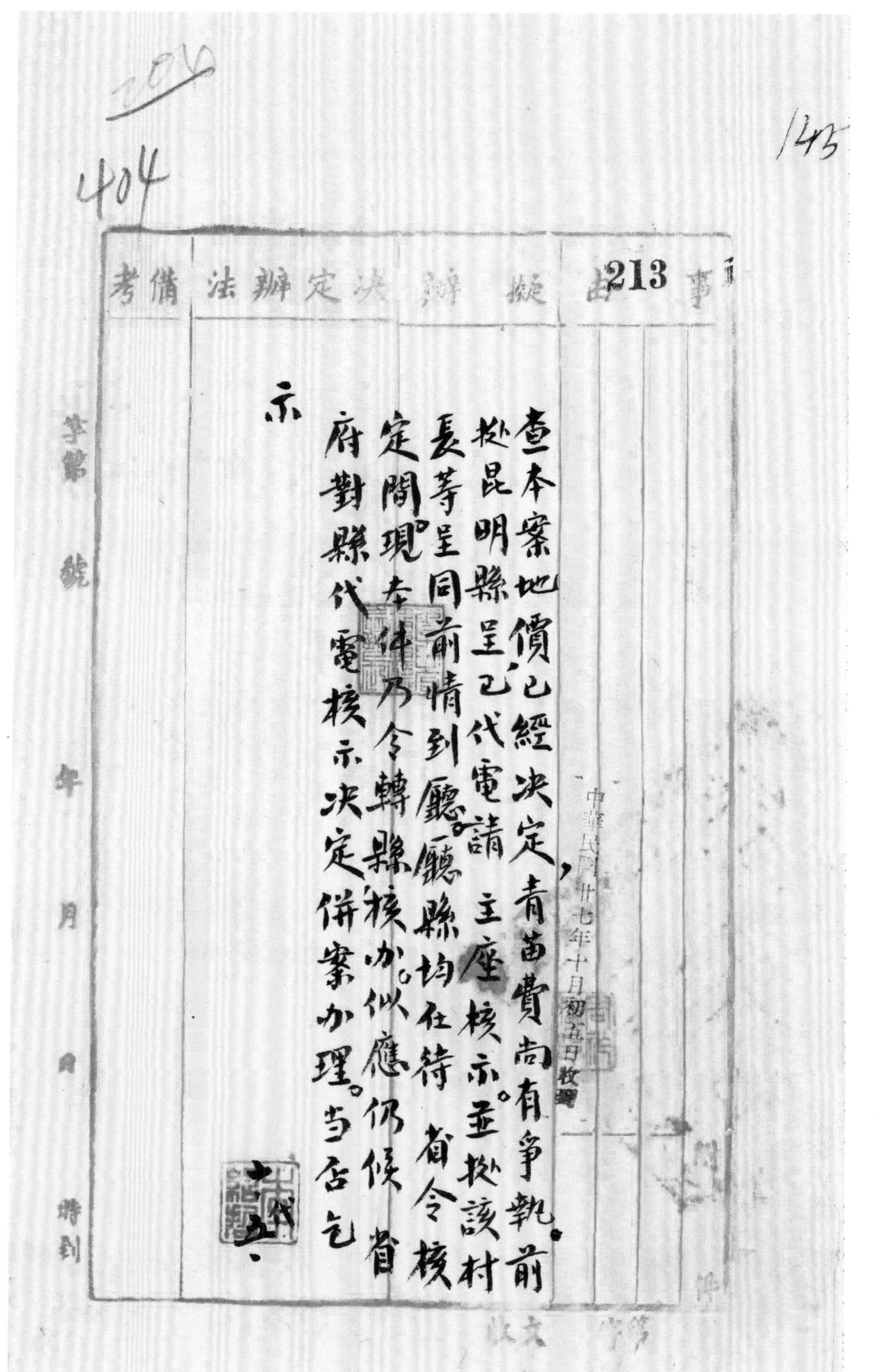

事由 213

中華民國廿七年十月初五日收

查本案地價已經決定，青苗費尚有爭執。前據昆明縣呈，已代電請主座核示。並據該村長等呈同前情到廳。廳縣均在待省令核定間，現奉本件，乃令轉縣核辦。似應仍候省府對縣代電核示決定，併案辦理。當否乞示

十六

405

雲南省政府訓令

秘二所 字第118號

復文時應註明此項字號並尾頁年月日勿誤

令建設廳

案據昆明縣軍馬鄉村長李德良等呈稱：「呈為民田被征，懇請仁恩垂憐，俯准予以轉請從優發給青苗費，以示體恤而蘇農困事。竊民等新草房村、菊花村兩村近溝埂一帶水田因被空軍軍官學校征用建築庫房，其田中所栽之穀每畝給予青苗費國幣貳拾元，現因動工在即，飭從速領取，勿違等因。奉此自應遵照，曷敢多瀆

406

惟念民等均係窮苦農民，素以畊田謀生，全家衣食
皆賴以維持。如過去數年水旱頻仍，災變迭乘，因
之收成歉薄，農民生活困苦難堪。幸今歲得以及
時栽插，現下田中之穀將届成熟，眼見可望豐收，
藉資補救。無如值此日寇侵略抗戰期間，我政
府爲建設上之必要，征用民田，民等處於後方安
全之地，所有生命財産均仰賴政府之保護，何况
區區所需，民等曷敢不遵。惟查每畝青苗僅給
費國幣貳拾元，似覺太薄。民等因生活攸關，非
敢奢望，事迫無已，惟有不避冒瀆，聯名具呈

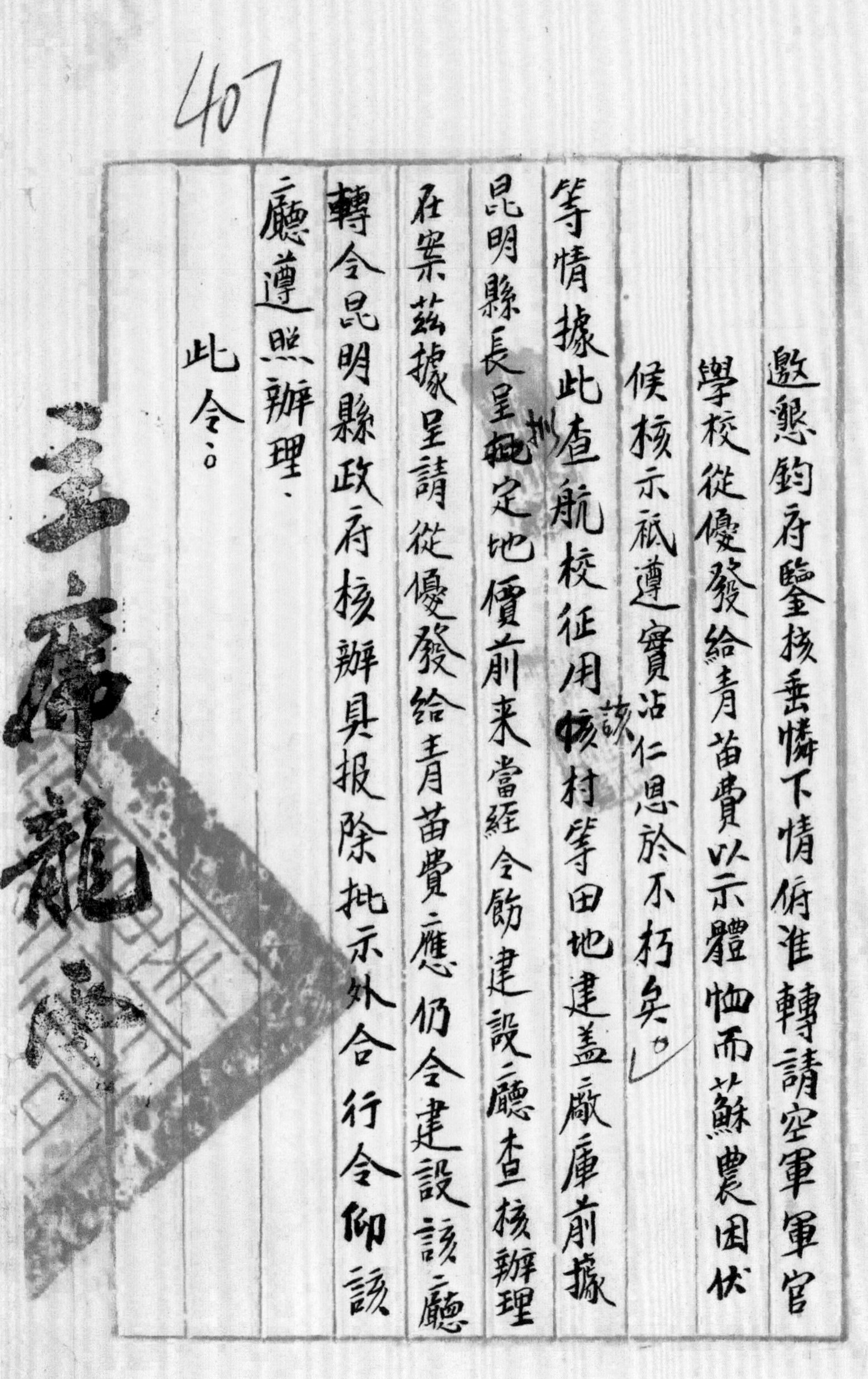

邀懇鈞府鑒核垂憐下情俯准轉請空軍軍官
學校從優發給青苗費以示體恤而蘇農困伏
候核示祗遵實沾仁恩於不朽矣
等情據此查航校征用該村等田地建蓋廠庫前據
昆明縣長呈擬定地價前來當經令飭建設廳查核辦理
在案茲據呈請從優發給青苗費應仍令建設該廳
轉令昆明縣政府核辦具報除批示外合行令仰該
廳遵照辦理
此令。

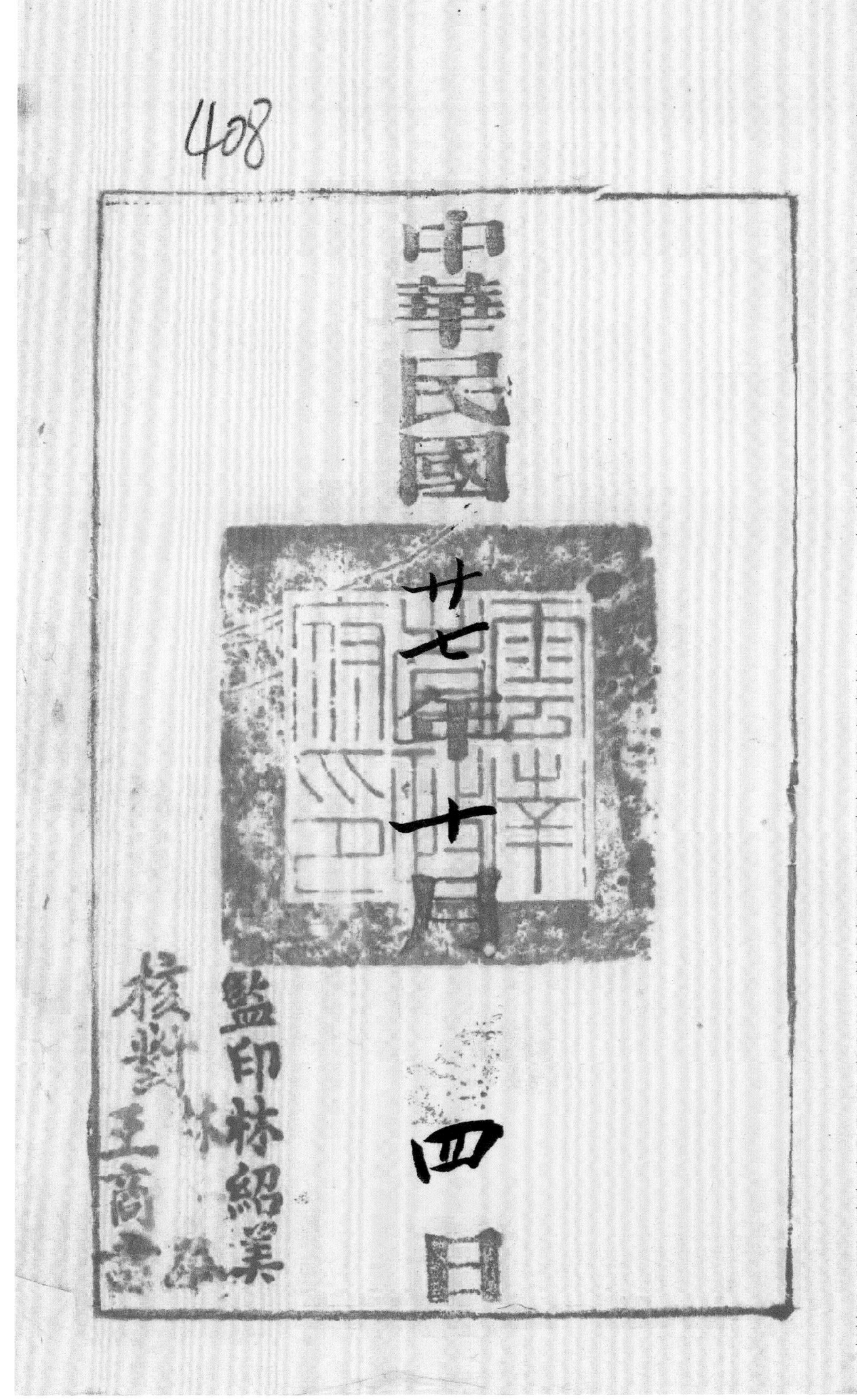

中華民國廿七年十一月四日

監印林紹美

校對

云南省建设厅关于巫家坝机场第四步扩建征用民田应劝导民众遵从等事宜给昆明县的指令（一九三八年十一月一日）

速件。173

1407
292

雲南建設廳 第二科 一件

事由：指令昆明縣據呈遵征用巫家壩第四步機場奉諭召集各業戶勸導民眾並不遵從仰該縣核定以便執行各情一案由

擬稿 核稿 覆核 科 廳長 廳長張

十月廿九下午二點〇

十一月一日

月 日 午 點

分文到 分擬稿 分核稿 分判行 分繕寫 分校對 分印發

293

列

衔指令　第480号

令昆明县县长董广布

二十七年十月十八日呈一件，据呈请函航校迅将拨充巫家坝第四号机场跑道油库征用地价核定以便执行，又二十一日签呈一件，奉谕召集各业户等劝导，遵照前例发给民众立不遵从各等情，乞衡核示遵由。

呈、签均悉。所陈人民坚持不让，实难着手办理各节，尚系实情，

294

惟查撥定地價，与空校方面相隔太遠，仍应由該縣長切實勸導人民，
當茲抗戰方殷之際，務各激發天良，共救國難，須於指定範圍每畝一百
六十元內不公菁則不如按照上原則由該校商妥，從速解決，以免曠時
而誤要模，仰即遵照办理具報核奪，勿稍違延，切切！
此令。
兼縣長張〇〇

295

民國二十七年十月　　日

云南省建设厅关于机场第四步扩建征地费按每亩实发国币一百六十元致昆明县训令暨致空军军官学校的公函
（一九三八年十一月二十一日）

列

衡訓令　第160號

令昆明縣縣長董廣布

6

為令飭遵辦事案准

空軍軍官學校空丁字第〇三八七號公函開：

「案准貴府文字第〇八五號公函以據昆明縣長報稱：

擴充第〇步機場等工程征收民地一案，見復為荷！」

等由，准此，除函復外，合行令仰該縣長即便遵照辦理具報核奪為要！

326

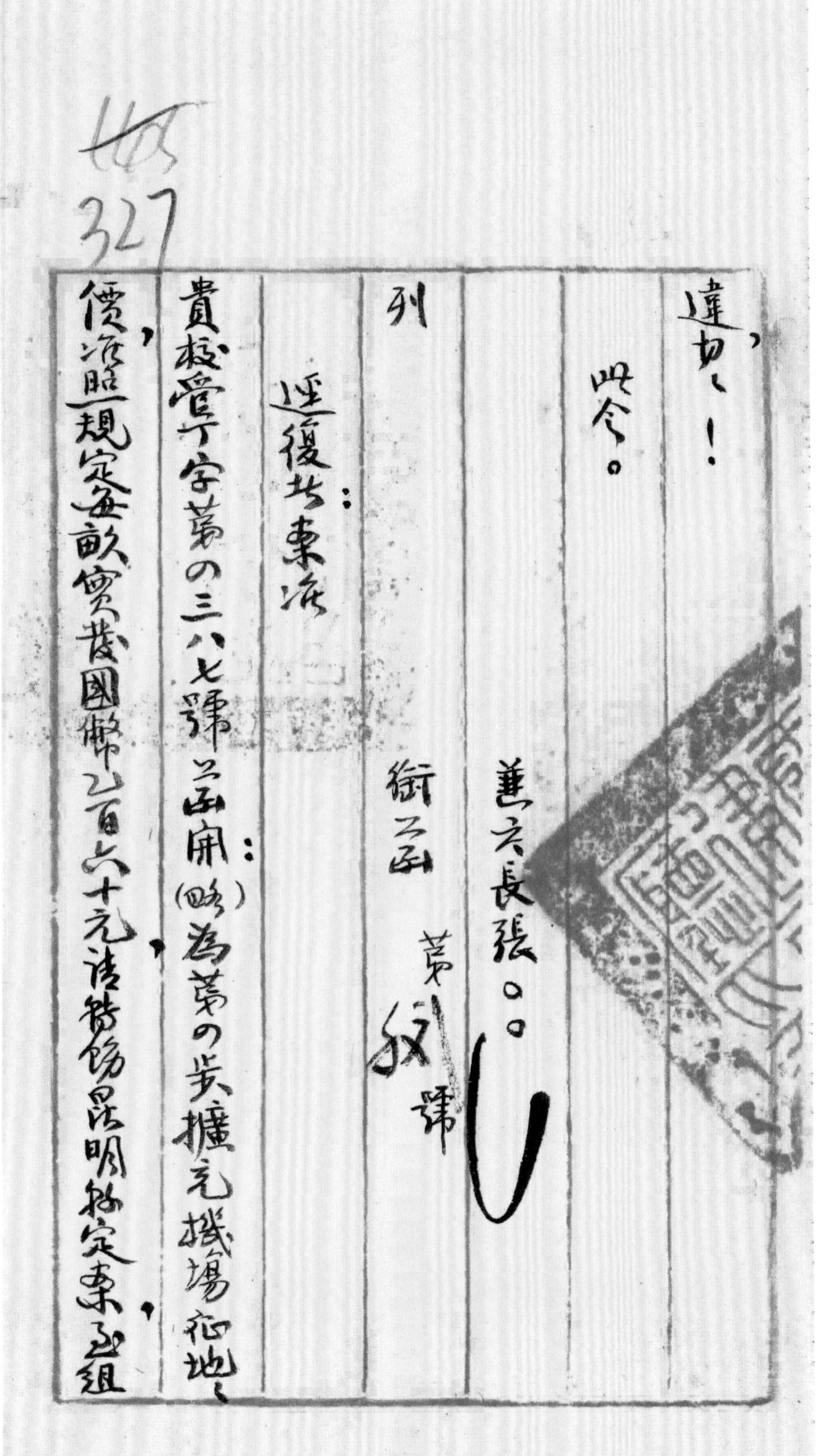

遵办！

此令。

兼處長張○○

衔ㄙ函 第 叙 号

列

逕復者案准：

貴校營字第〇三八七號公函開：（略）為第〇號呈據元機場征地，

價洽照規定每畝實發國幣二百六十元請轉飭昆明縣定案丞組

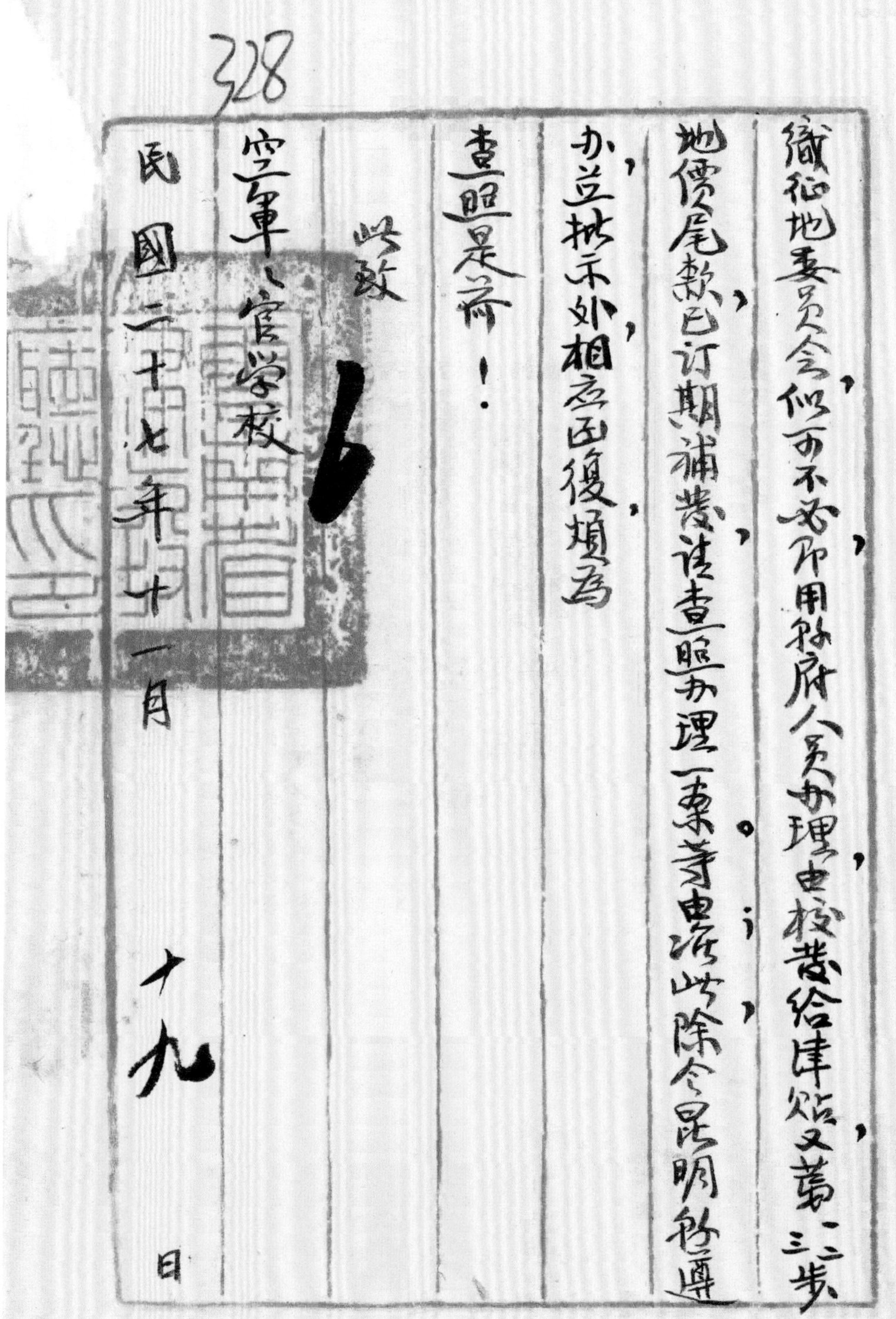
織徵地委員會，似可不必另用政府人員办理，由校發給津貼，又第二、三步地價尾款，已訂期補發，請查照办理。一案，等由，准此，除令昆明縣遵办並批示外，相應函復，煩為查照是荷！

此致

空軍軍官學校

民國二十七年十一月十九日

328

昆明实验县关于陈述机场第四步扩建征地困难情形并提请采纳三点请求致云南省建设厅的呈（一九三八年十二月十九日）

為呈請核示事：案奉

鈞廳指令交字第二三七三號開：二十七年十一月二十一日，呈一件，據呈航校擴修第四步機場跑道油庫等征用民地擬具辦法四項分别辦理乞鑒核示遵由。奉令開：

「呈悉。查第一項補發地價，所擬辦法，尚無不合，准予照辦，惟應從速結束爲要；第二項四步征地地價，民衆既難遵從，仍應由該縣長設法勸導，迅速解决，具報核奪！至青苗損失，殊無理由可言，未便准許。第三項和甸營村公地地價，本廳與空校參加保管一層，似可不必，即由該縣府會同鄉鎮公所具領保管慎重用途，是爲至要！第四項該縣府兼辦土地征收人員津貼，准照來表轉函空校酌辦，本廳人員勿庸參加，餘如所擬辦理可也，除分函外，仰即遵照，勿違，切切！」此令。

等因；奉此，正核辦間，適奉

鈞廳訓令交字第一大零八號開：

「為令飭遵事：案准

空軍軍官學校管丁字第四六零零號公函開：案准昆明縣政府財二字第三二五號函開……正核辦間，復准貴廳交字五九一號函開以准校函為第四步擴充機場征地地價，准照規定每畝實發國幣壹百陸拾元，請轉飭昆明縣定案。……合行轉令該縣長迅即善為勸導務使各村民激發愛國天良，勉為其難，若再遷延不決，輾轉呈請阻

390

碍兴工，實屬不明大義，亟應予以強制執行，仰即遵照辦理，具報

核奪，勿違，切速，此令。

各等因；奉此，自應遵辦，當經傳集苜蓿村、白得邑村、曉東村、土橋村、和甸營村、菊花新草房等村民衆代表數十人到府，剴切勸導，據各村民衆代表等一致均稱：以良田佔盡，生機斷絶，民等之迭次邀求增加地價者，係欲轉向他處購置産業，稍受損失，藉謀生活，以免流爲餓殍，並非不明大義。值兹抗戰期間，民等各村如征兵也，積谷也，納税也，修路也，全民抗戰之義務，均已竭盡綿力，現因生活斷絶，求償謀生，係在情理之中，並非意圖要挾，刁難此次抗戰，乃全民抗戰，犧牲亦係全民之犧牲，開闢機場，乃全國征用也，民等只佔數千萬份之一，決不能使少數村落之民衆受無形重大之損失，由中央機關，

391

如防疫處之田價，每畝國幣弍百捌拾元，部屬飛機製造廠係國幣壹百陸拾元至弍百肆拾元，西南運輸處亦係壹百陸拾元至弍百肆拾元，資源委員會係每畝弍百元，火車站弍仟餘畝，係每畝壹百捌拾元，聯合大學係每畝貳百壹拾元，軍政部光學廠每畝弍百弍拾元。即以本省政府於民國二十四年田價最低時期，收買本省飛機場田地，亦係實發每畝國幣壹百陸拾元，收買紡紗廠係實發國幣每畝貳百貳拾伍元，教育廳收買學校區每畝係國幣貳百壹拾元，無論 中央或本省機關，均能秉公給價，民等何辜，曷以獨受偏枯待遇，而民等所邀求之弍百弍拾元，係省政府核准之案辦理，尤非異想天開，格外邀求，亦勿庸討價還價，去歲遵照，

省府准減去二賠發價，民等只好服從，航校亦樂從，本歲 省府核定為弍百弍拾

392

元，民等亦遵從，而航校竟不樂從，殊深詫異」。查五十八軍六十軍出發前方抗敵，夫軍隊出差，對於粮秣，連途亦係照市付價，並未使經過路綫人民吃虧犧牲，是以人民嘔歌稱頌不已，學校與軍隊，情形彷彿，似亦不能獨異，務懇主持公道，轉請從優給價，以免流為餓殍」。等語，核查該各村民衆代表等，陳述各情，尚屬實在，經職縣再三開導，並曉以大義，良言苦口，多方解釋，幾於舌敝唇焦，始各滿面流泣，勉為就範，但仍懇切邀請於可能範圍内酌予增加，以資謀生等語。此外該等并雖切要求各点，不得不再為我

鈞長瀝陳鑒核者：(一)地價 一經確定，職縣擬即派技士人員會同航校委員將征用第四步擴修機場跑道油庫等畝積，勘測完善，每畝須實發國幣壹百陸拾元，此項田價應請提前先行發給，然後動工，以昭威信，而利工作。

4-343

（二）如勘測核算造冊等項手續紛繁，一時趕辦不及，則第四步征用田地合壹千肆百餘畝之地價，按照壹百陸拾元計算，照滇緬敘昆鐵路工程局之例，先行將田價提交銀行保管，其存摺可由

鈞廳與航校暨職府會同保管，藉以安定民心，俟手續辦妥，即可定期發給，免生懷疑。

（三）所收第四步田地，似覺過於廣闊，擬請儘量縮減，愈少愈妙，若能核減相當數量，則公帑即可節省，而村民等亦將馨香頂祝，航校亦無涯矣。

上列三点，關係切要，應請轉函予採納，俾便進行。竊維當此抗戰軍事緊張之際，凡係國防建設征用土地者，職縣莫不努力奉行，本案係遵照

省府核定每畝實發國幣弍百弍拾元之案辦理，竟未蒙照辦，而民眾方面又以恒產俱失，求生無術，要求增價，堅不退讓，以致辦理往返請示，稍有遷延，現在地價

394

業已决定，只須先行發價，或照鐵路局例有確實保証，即可積極進行，免誤工作。但衡諸實際情形，航校係國家重要部份，關係甚大，似應與民衆切實合作，始為幸事，職縣之所以委曲求全，不殫煩勞，以求於民無虧，於公有濟者，非僅為該村人民計，實係為航校前途計耳，與其焦頭爛額，善後為難，曷如曲突徙薪，弭患無形，未始非計之得者也。奉令前因，理合具文呈請

鈞廳俯賜查核，迅示飭遵！

謹呈

雲南建設廳廳長張

昆明實驗縣縣長董廣布

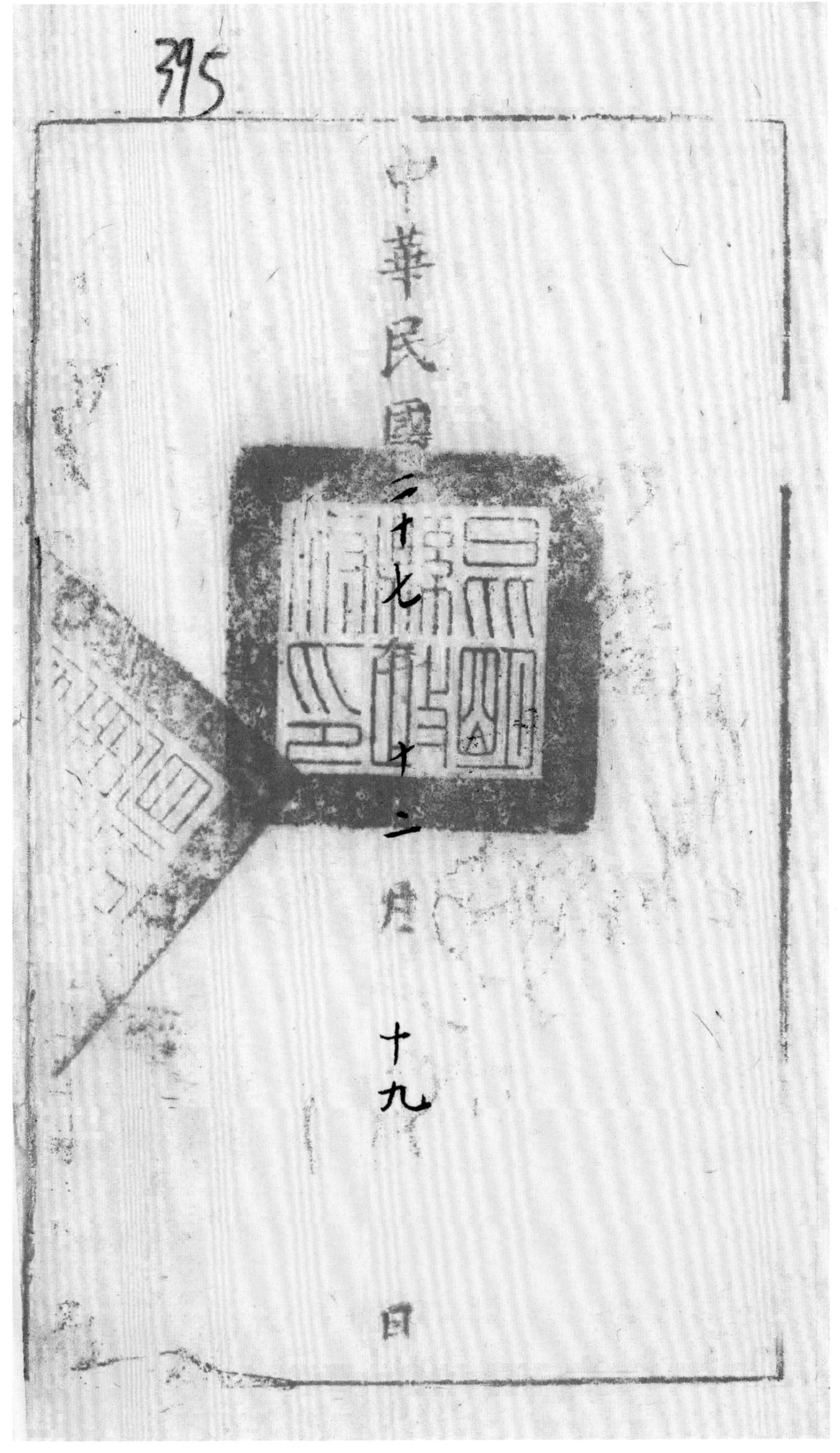

395

中華民國二十七年十二月十九日

昆明县第三区各乡乡长与保甲长关于陈述另勘机场地点以免再占良田致云南省建设厅的呈

（一九三九年八月二十一日）

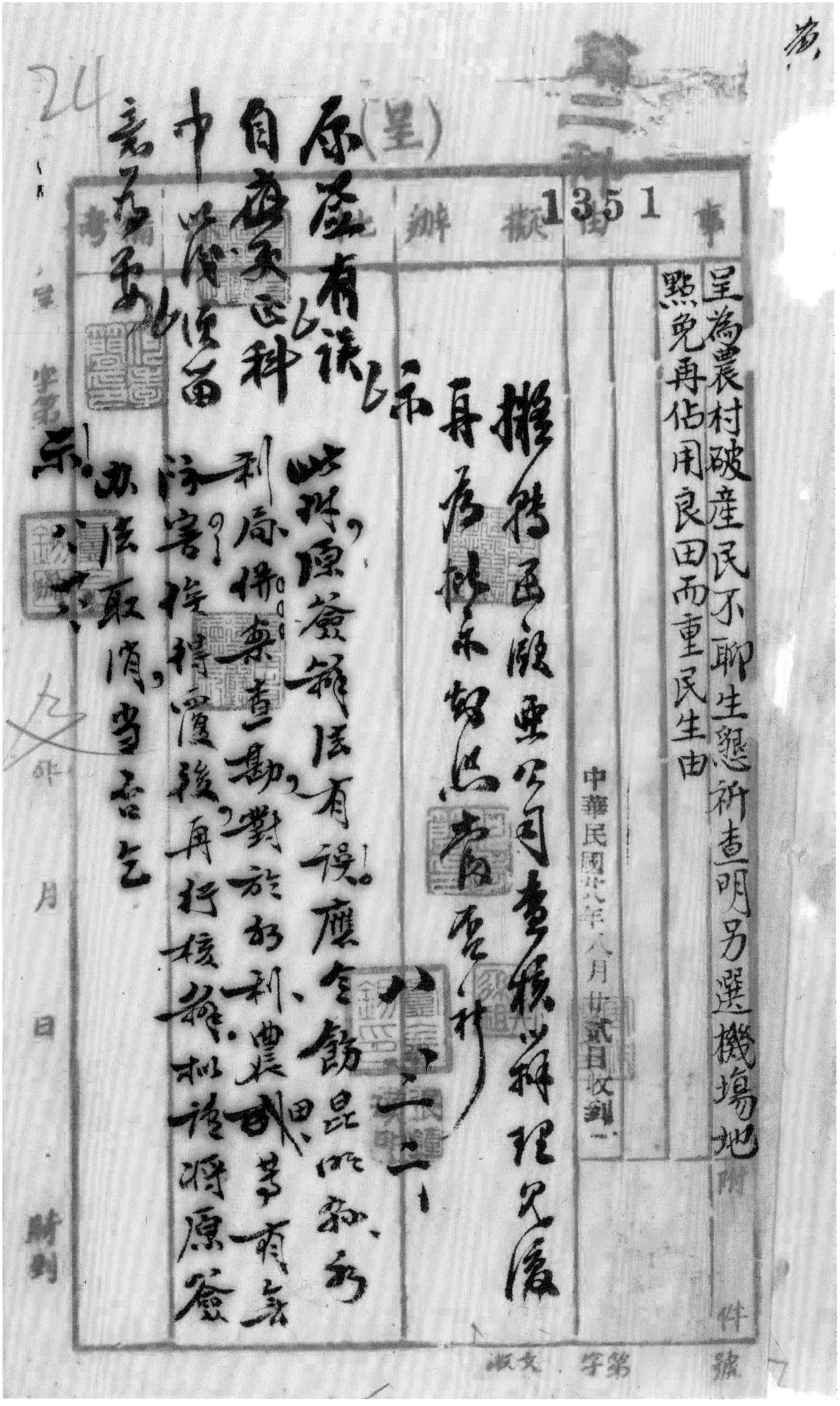

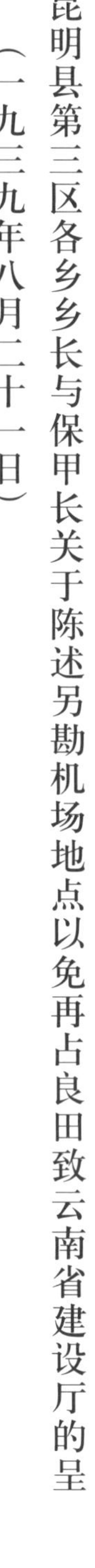

事由：呈為農村破産民不聊生懇祈查明另選機場地點免再佔用良田而重民生由

中華民國廿八年八月廿貳日收到

呈為農村破産民不聊生，懇祈查明另選機塲地点，免再佔用良田而重民生事，竊民等世居各村，以農為業，朝夕勤勞終歲辛苦，始足以維生活。竊自抗戰以還，交通建設刻難容緩，滇居後方乃為重鎮，於是有滇緬敘昆兩鐵路之修築，征用車站地點，被佔田畝已達千餘畝之多，附近農民現已多數無業，難以謀生，殊料近日以來，復有歐亞航空公司，在連接車站處擴充開闢機塲，勘測地界由王旗營村起至金刀營村附近一帶止，其面積廣約數里，所有王旗營、魯旗營、麻線營、下河埂、馬家營、大白廟、小庄、金刀營等八村，萬餘畝之良田以及盧舍等均在範圍之內，似此則千餘户萬餘丁口之家，無

26 14

可耕之田無可住之屋，將必轉死溝壑，不啻淪陷區之人民相共哉。此就民生方面言，應請另選適當地點，開闢機塲，免再佔用民田之理由一也。再就水利及交通方面而言之，防害尤鉅，蓋民等各村俱係位於小東城外三四里之處，地勢低窪，每年盤龍江水勢稍大即横溢向東，兼之金汁河在民等數鄉段内，各涵洞之水分流而下，滙聚田間，成為澤國，汪洋一片。本年滇緬路車站築成，已變為洪流之巨堤，故車站北面即現擬開闢機塲地址，其水患更甚於往昔，不惟不利於機塲之設置，且金汁河涵洞下流之水又將瀉於何處，勢必將數村屋舍盡行淹没瓦解，再則交通一層更不待言，查小東門外道路

27

係通嵩明尋甸之幹道，每日到省之馱馬行人絡繹不絕，

機塲一闢交通斷絕，將必繞道行經金汁河堤，况且金汁河

堤如波羅村一帶，不惟河堤單薄，而且時有山洪暴發之虞

，試問可能變為通省之大道，此就水利及交通而言應請另

覓適當地點開闢機塲以免妨害水利及交通之理由者二也。

此特就妨害之犖犖大者畧陳數端，其他妨害之處難以盡

述，民等午夜籌思生路斷絕，惟有不揣冒昧，聯名據實，

呈請

鈞廳俯念上述各種苦況，轉商歐亞航空公司仰體最高領

袖之德意，充實後方生產增强抗戰力量，使民等數村生命

23 15

得以維護，不致轉死溝壑而失民生之旨，況附近省垣空曠之地尚多，如北門外蓮花池附近一帶，最爲適宜開闢機場，對於水利農田均無妨害，不致使肥沃良田變爲空場，殊覺可惜，況古有云，滄海變桑田，今則良田變爲滄海矣，請祈鈞廳俯念民艱，轉函該公司另行選擇適當地點，則數村人民感戴鴻恩於無暨矣，臨呈匆任迫切待命之至，除呈雲南省政府外，特此謹呈

雲南省建設廳

附田圖壹份

昆明縣第三區敷澤鄉鄉長趙琴鶴

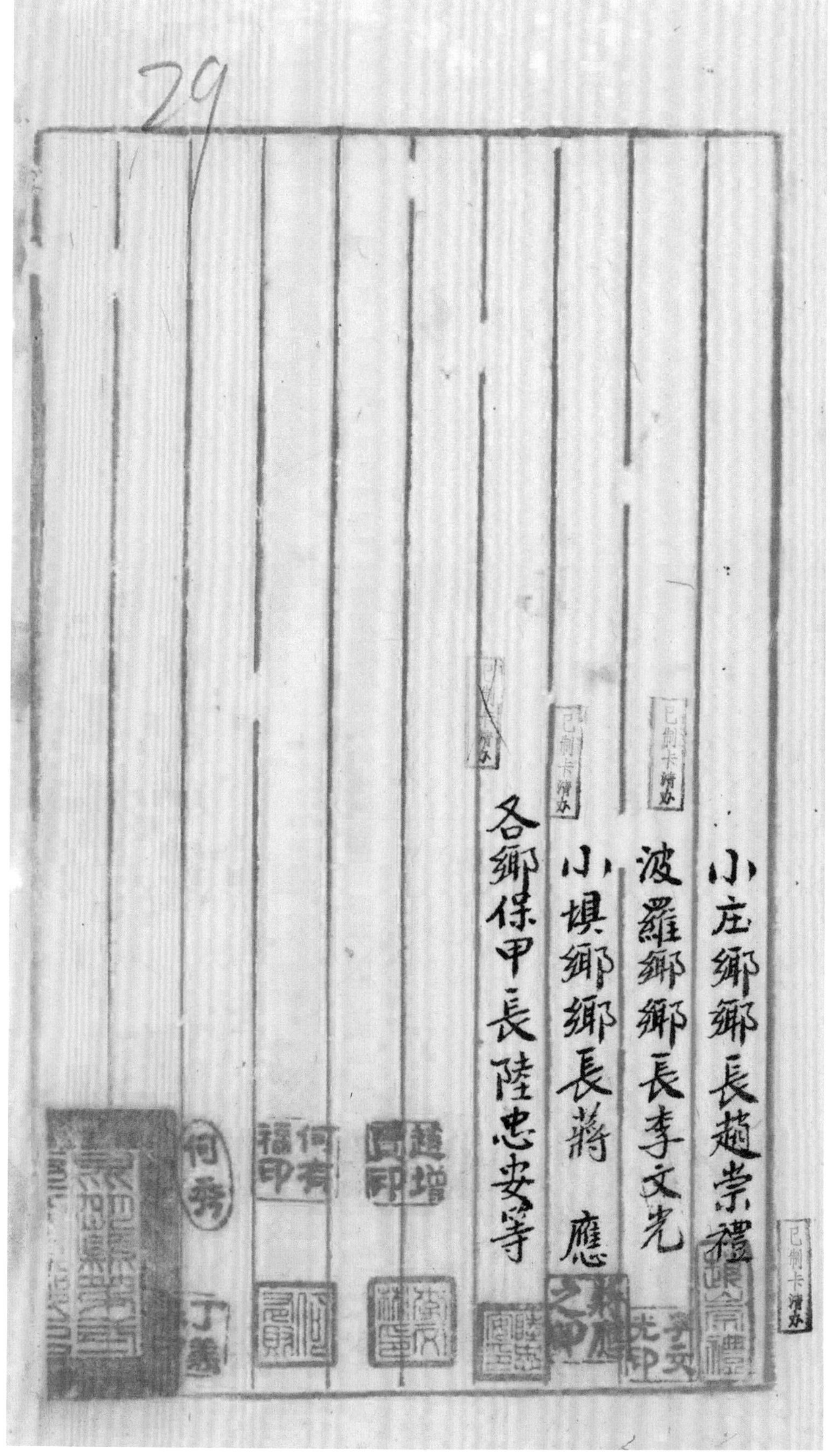
小庄鄉鄉長趙崇禮
波羅鄉鄉長李文光
小堪鄉鄉長蔣　應
各鄉保甲長陸忠安等

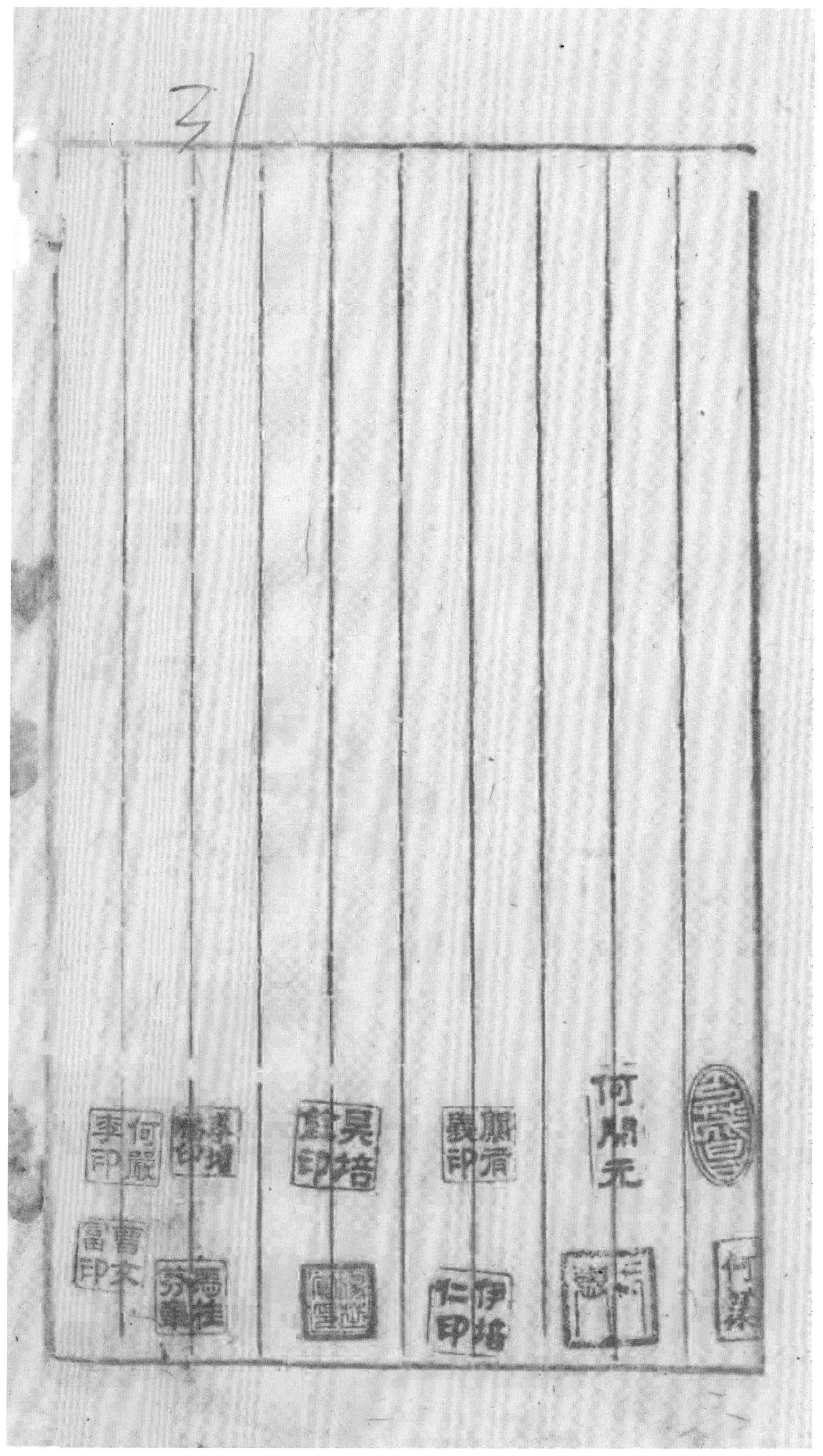

32
中华民国二十八年八月二十一日

昆明实验县关于奉令征用阿喇村民田地修筑跑道请航委会从优核定地价致云南省建设厅的呈
（一九三九年十月二十五日）

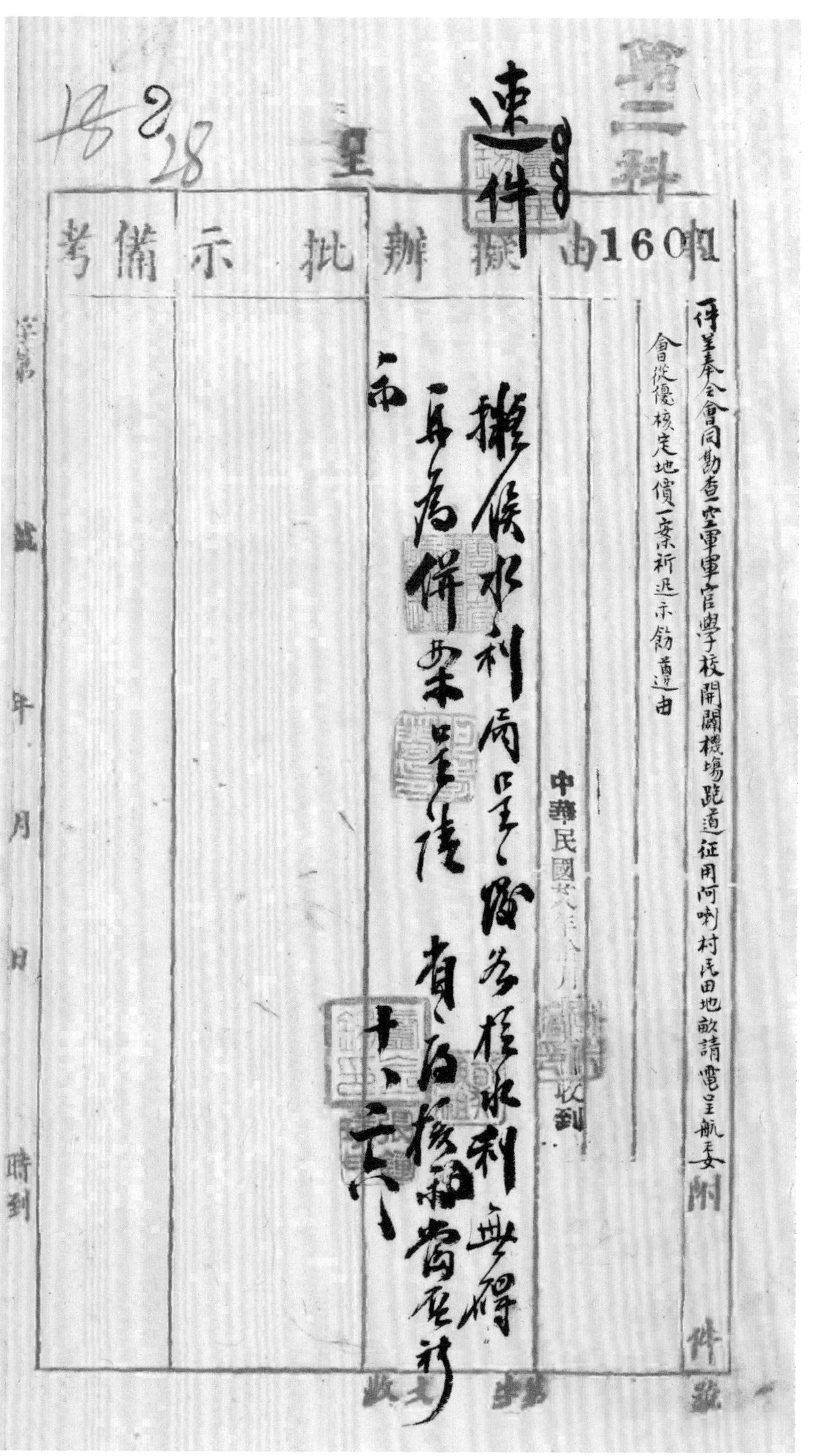

第二科

呈

速件

由 160號

呈奉令會同勘查空軍軍官學校開闢機場跑道征用阿喇村民田地畝請電呈航委會從優核定地價一案祈迅示飭遵由

附件

中華民國廿八年十月 收到

擬辦

批示

備考

29

呈為呈請核示事：案奉

鈞廳訓令交字第一五九九號開：

「為令飭遵辦事：案奉

雲南省政府謀一字第三八三三號開：案據昆明縣阿喇村村民李如龍等呈稱：空
滇黔綏靖公署
軍軍官學校在乾海子營房東側修築機場跑道，佔用民田甚多，全村人民衣食有關，懇
祈詳加改憲，改向西南方拓展等情到署。查此案，昨准空軍軍官學校電請准予購用，當經
核准令飭該廳遵照協助辦理，並函復在案。茲據該村民等呈報各情，合將原呈抄發，令仰
該廳長會同空軍軍官學校查酌辦理，飭遵具報。此令。等因。計抄發原呈一件。奉此，查
此案前奉　綏署、省府訓令，當經轉令該縣長協助辦理在案。茲奉前因，除分令外，合將
原呈抄發，令仰該縣長即便遵照，會同水利局勘查該校機場佔用之地對於農

田水利有無妨害詳細具復以憑核奪勿得違延切切此令。

等因，計抄發原呈一件。奉此，並據具呈到縣，查此案前奉令飭辦理空軍軍官學校在乾海子營房東側征用民地開闢機場跑道一案。當經派職縣技士董經敏前往會同水利局空軍學校勘明簽覆核辦。去後，旋據該技士簽覆稱：「竊職遵即于昨日會同水利局李課員、航校工程員前往實地勘查。茲查得圈用範圍內有水溝一條，係為阿喇村全村民眾飲料之源，以後修建機場勢必掘斷，飲之民生攸關。據工程員所云將來應由航校沿機場負責修還，關于農田。據該村民眾之請求，若在可能範圍內請航校沿飲水溝征用，將飲水溝之南部請免于征用，而維民生等語。而工程員則云此係早已規定，若減征實不可能。惟全民之邀求，據稱該村因前此建盖營房及操場，佔用民田過多，而村子附近田地極為灰狹，民食在平素已感不敷，茲若又量將民田佔用，所得價值無處可以買還，恆產盡失，餓殍堪虞，且本村隔省遙遠，有村

31

落而無田地，謀生不易，倘將田地佔完，則已無成立村落之可能，勢必另行遷徙他村，但生活前途，則不知伊於胡底矣。應請轉呈政府，免予征用，以免流為餓殍，但萬能不能避免，非征用不可，則將來地價請從優發給，對於現刻動工，必須俟奉有省府或縣府已將田價正式核准明令，民等方能容許開工各等語。除水利部份應由李課員另案簽覆水利局核辦外，合將會勘情形簽請鑒核」等情。據此，查該技士簽覆會勘各情，尚屬實在。覆查該村居於乾海子營房附近，四面皆山，所有田地在前清修建營房大操場佔用頗廣，僅餘少數田地，全村百餘戶、千百餘丁口，別無工業，距省較遠，傭工不易，賴此少數田地耕耘生活。此次又被航校開闢機場，跑道征用，形將殆盡，幾於無田可耕，村落亦必遷移，實屬可憐。隨即會同空軍學校訂期召集滇池鄉鄉長非國材、阿喇村業戶代表李如龍等十數人在縣政府商討地價，據該鄉長、業戶等僉謂：「民等良田佔盡，衣食斷絕，請求退讓東北水田以活

蟻命，如既實不能減讓，現值米珠薪桂，百物騰漲，生活高昂，田價每畝給價國幣壹千弍
百元，乾地每畝給價國幣陸百元，俾得轉向不易耕種之他處遠村購置，以免舒景流為餓
殍。等語。查該代表等所呈困苦各節均屬實在，當此米價高昂，田價陡漲，此次開闢機場
距道佔用該村田地價值又與前兩年巫家壩擴充機場情形迥不相同，如有可能避免，擬請
免予征用，以免該村人民將來不能在該村立足，致民生上發生嚴重影響，倘事實上非征用不
可，則田價自應照市發給，以免進行上發生困難。經職縣再三斟酌，衡諸市價以最低限度，
每水田壹畝訂為給國幣伍百元，乾地壹畝訂為給國幣叁百弍拾元，不分等則發給，宣示各
業戶均不應允，要求從優給價，而航校賀股長所云，田價一項，應呈請
主席電陳
航委會請示，從優核定，等語，惟航校開工在即，若地價未定，恐民衆發生反對，難以就

範。擬請
鈞廳俯念民艱，迅予轉呈
省府電陳
航委會將地價從優核定發給，俾便開工，而利進行，在田價未核定以前，并請轉函
航校暫勿動工，以免引起其他枝節。除水部分另案由水利局呈覆核辦外，奉令前因，所有會勘空軍軍官學校開闢機場跑道征用阿喇村民田地畝，擬請轉呈電陳航委員會從優核定地價各緣由，是否有當？理合具文呈請
鈞廳俯賜查核，迅示飭遵！除呈
雲南省政府外
謹呈

21/34

雲南建設廳廳長張

昆明實驗縣縣長董廣布

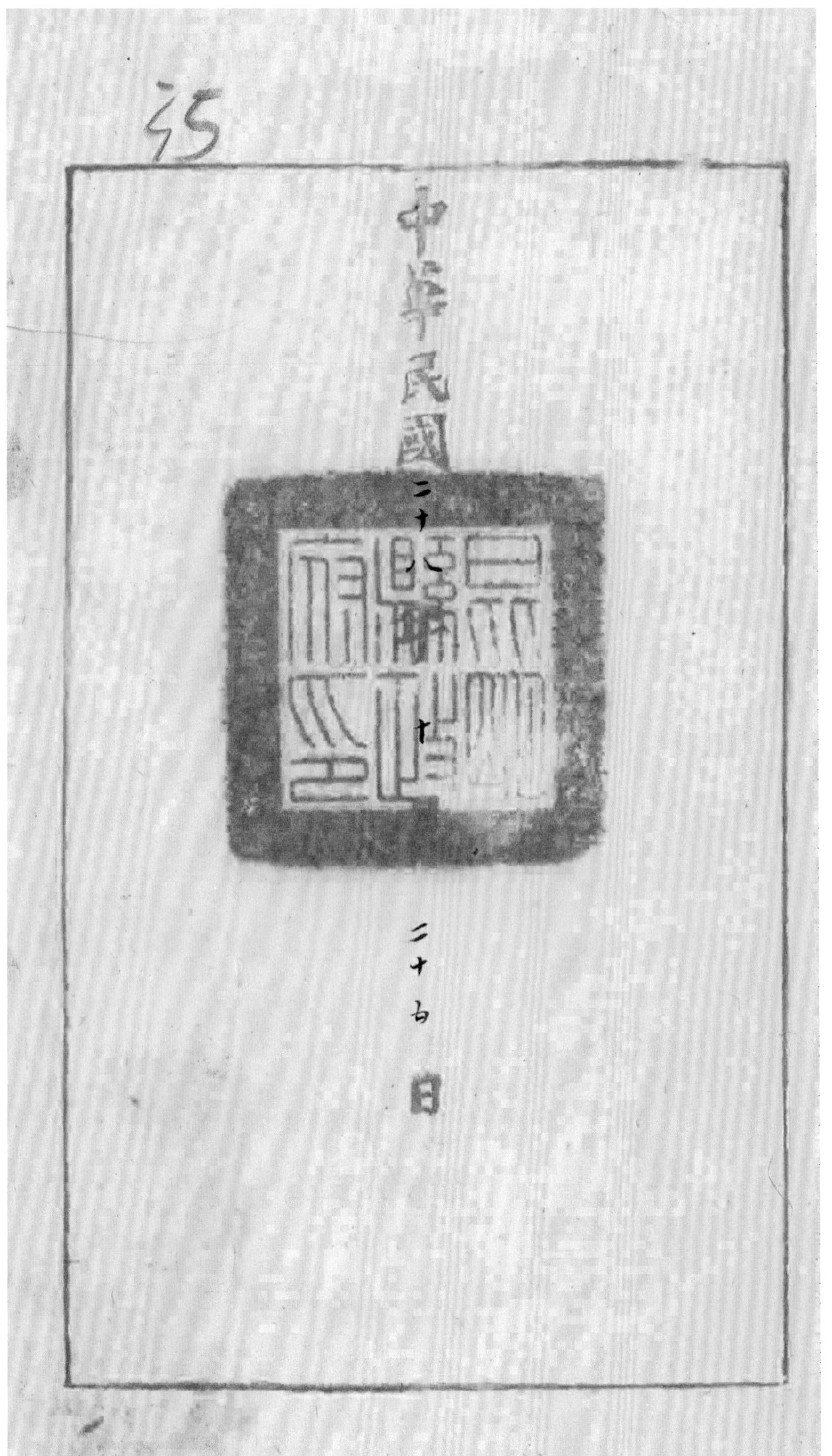

55

中華民國二十八　十　二十五日

昆明县阿喇村民众代表李文智等关于乾海子机场跑道征地费太低请从优致价给云南省政府的呈

（一九三九年十一月二日）

具公呈人昆明縣第四區瀛洲鄉阿喇村民衆代表李文智王正安非忠王貴非國材等

呈為佔用民田估價太低延不發價衣食斷絕哭訴無門懇請

仁恩俯准轉函航校極救以免流離事竊民等非奉縣府命令謂空軍學校就乾海子原有操場延長二百公尺為東西跑道又由西南擴張三百尺為南北跑道以作補助機場佔用耕地飭阿喇村人民遵照具領田價奉讀之下仰見政府為抗戰軍事設備不得已而佔用村民田地照市給價體恤人民已無微不至民等何敢多瀆惟承辦人員對於估價相差太多田價又延不發給即使照市將田價領到民等亦無田可耕無業可守勢將流為餓殍况估價太低且不發給形同畫餅何能免饑此所以不得不急求極救也蓋民村所有田地經於前清建蓋營房操場佔用數百畝所遺山地水田合計不過五六百畝三十年來全村百數十戶口賴此少數田地耕種以苟延生活今值抗戰兩年有餘壯者征調前方村中只有老弱婦女在家又值負擔重百物高漲幣價低落購食不易且所有肥田既經盡行佔用終日勞作難得一飽勢必饑寒凍餒流

轉離失所死溝壑語曰國以民為本民以食為天人民轉死國家亦喪其本元焉能長期抗戰用是不避斧
鉞懇請
仁恩俯准轉函航校從優發給田價並請將田價發給後方始動工俾得暫救目前另謀生活不致流離失
所則全村人民沾感
大德於萬世不朽矣伏乞
批示飭遵謹呈
雲南省政府主席龍

具公呈人民衆代表李文哲
王正安
非忠

王貴十

非國林　非國林印

中華民國二十八年十二月二日

232

滇黔绥靖公署关于与空军军官学校协商办理阿喇村征地费事宜致云南省建设厅的训令（一九三九年十一月十一日）

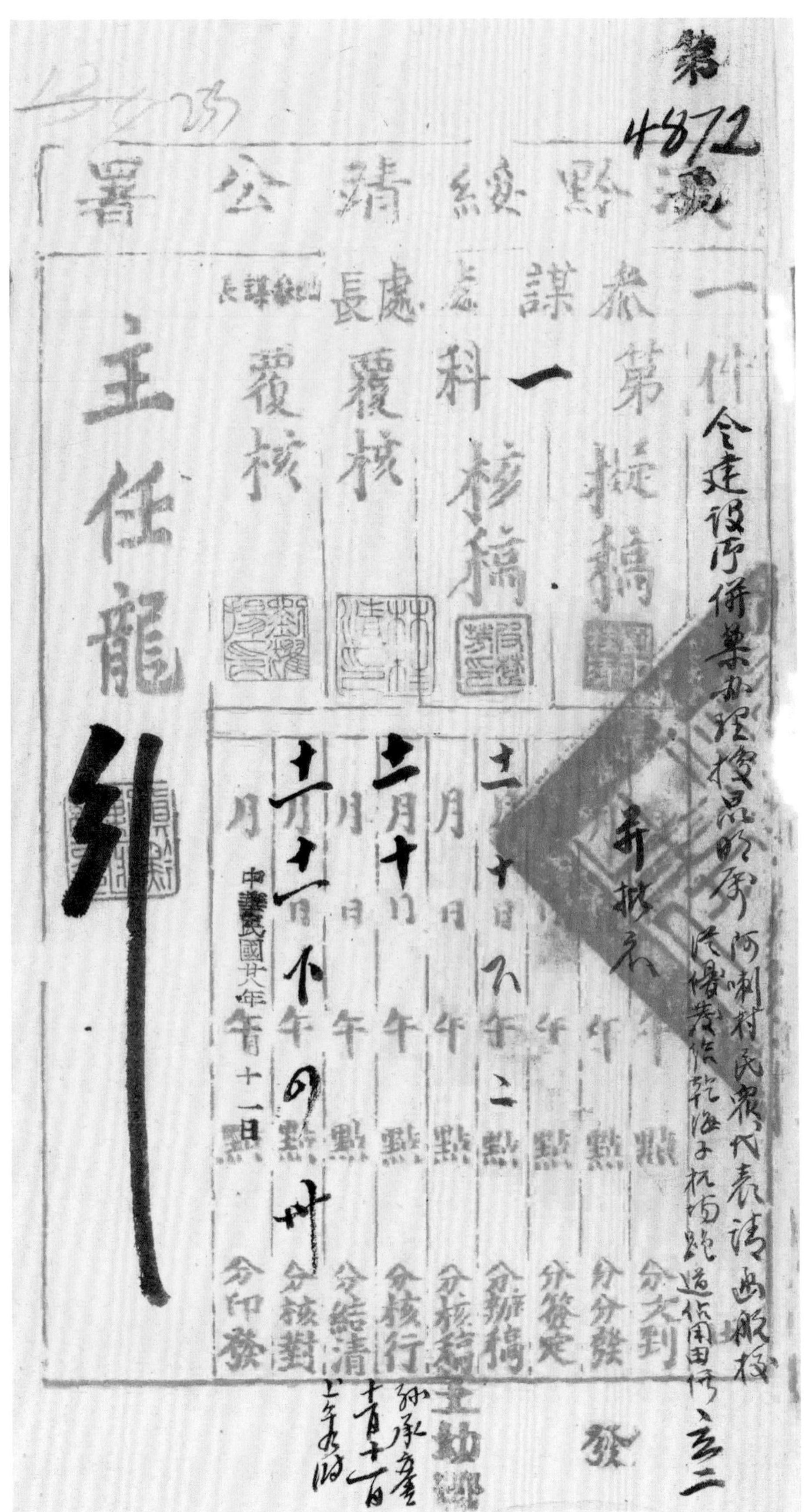

滇黔綏靖公署

第4872號

參謀處長　科長　參謀

第一科 擬稿 核稿 覆核 覆核

主任 龍

月 日 午 點 分文到
月 日 午 點 分分發
月 日 午 點 分簽定
月 日 午 點 分辦稿
月 日 午 點 分核稿
月 日 午 點 分核行
月 日 午 點 分繕清
月 日 午 點 分核對
月 日 午 點 分印發

中華民國廿八年十一月十一日

列衔　訓令　謀一字第4176号

令建設廳長張鉀翰

案據昌吉縣屬第四區瀛洲鄉阿

喇村民眾代表李文智廿呈報乾海

子修闢機場跑道所佔民田、估價太

低、請照軍官學校從優給價、

並在未發價款以前、暫緩動工、以

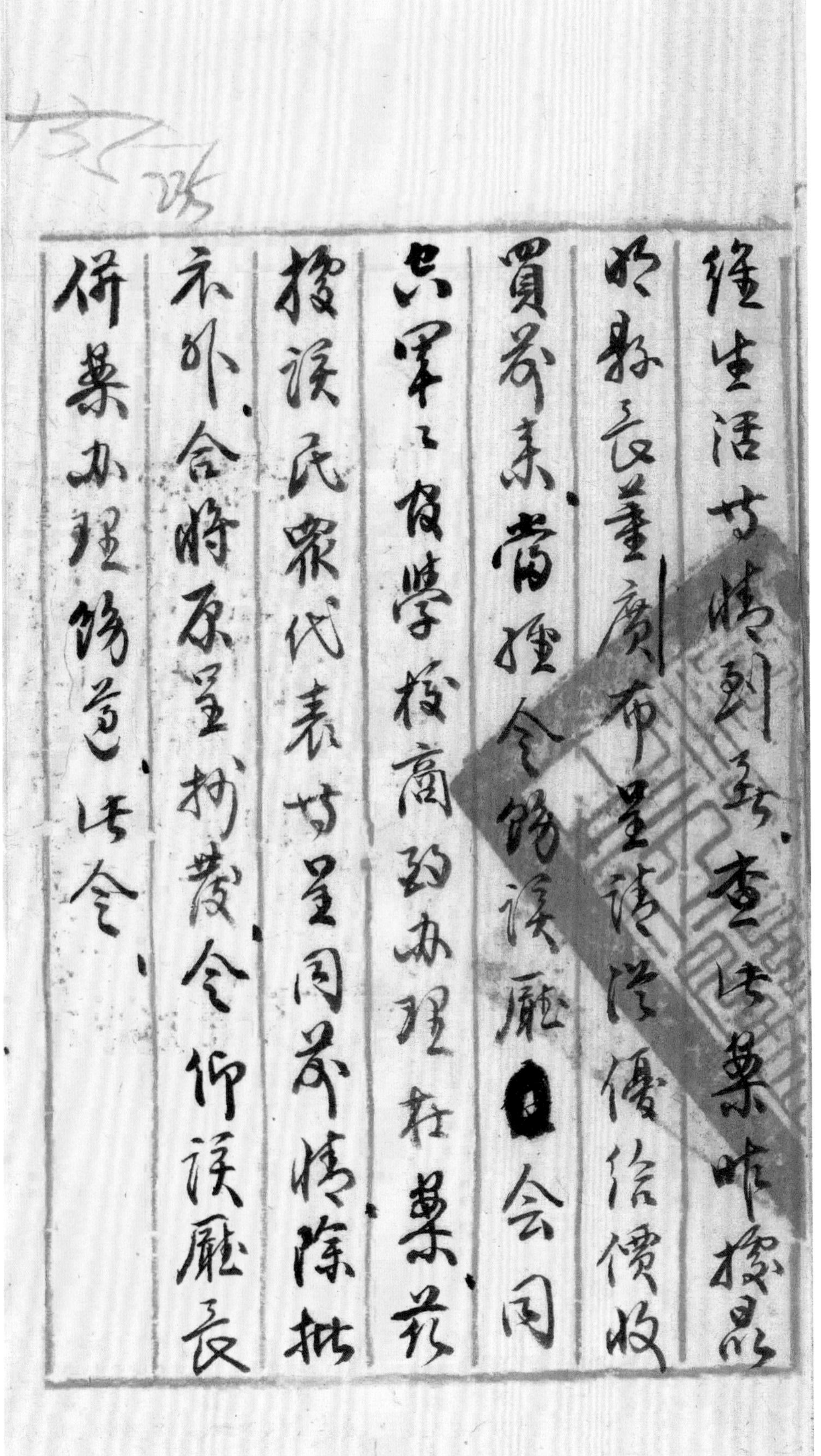

維生活等情到縣。查此案昨據昆明縣長董廣布呈請從優給價收買前來，當經令飭該廳會同空軍軍官學校商酌辦理在案。茲據該民衆代表等呈同前情，除批示外，合將原呈抄發，令仰該廳長併案辦理，飭遵。此令。

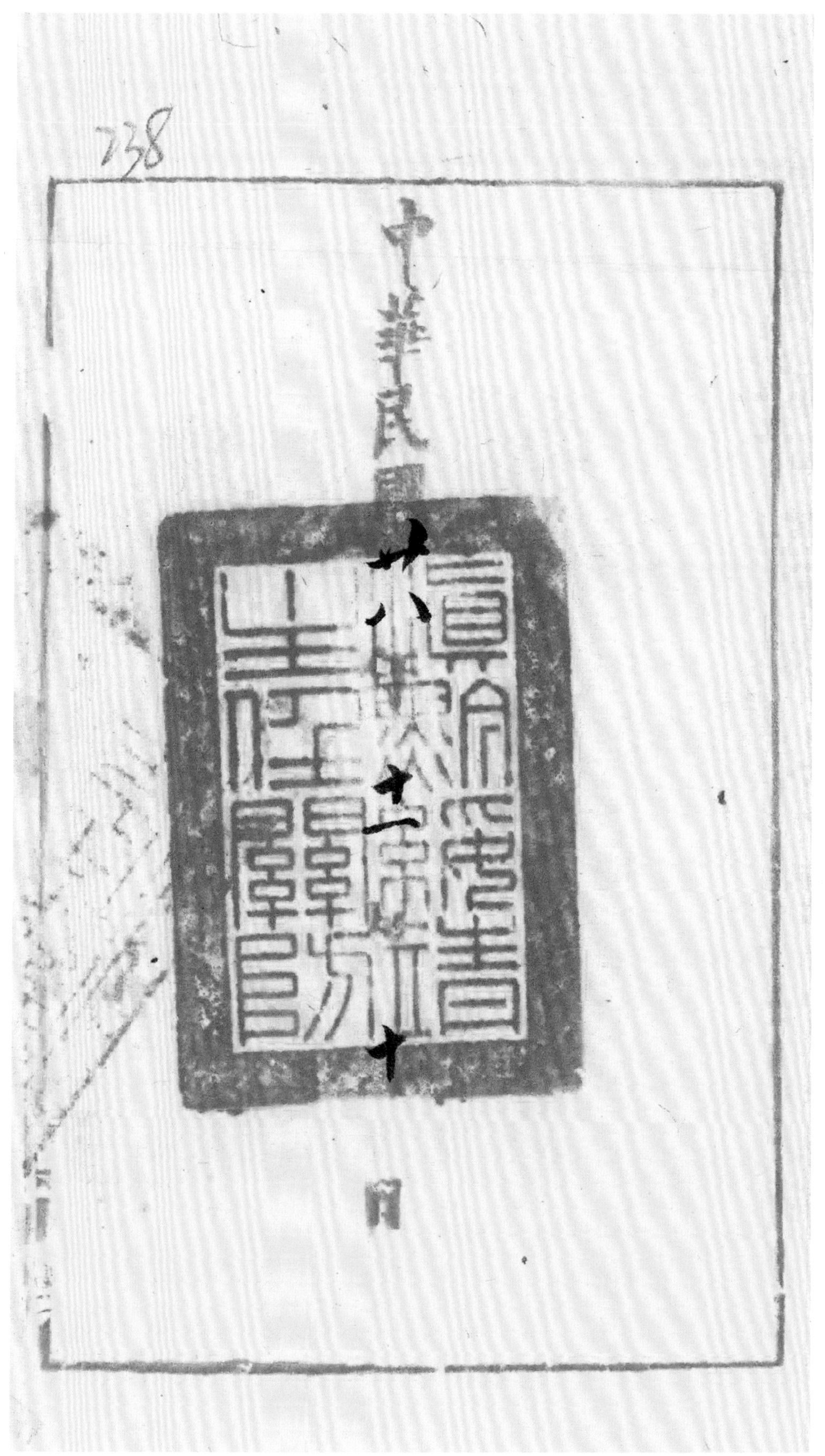
中華民國廿八　十二　十　日

空军军官学校关于乾海子机场征地费按官定市价给价拨发致云南省建设厅的公函（一九三九年十一月二十五日）

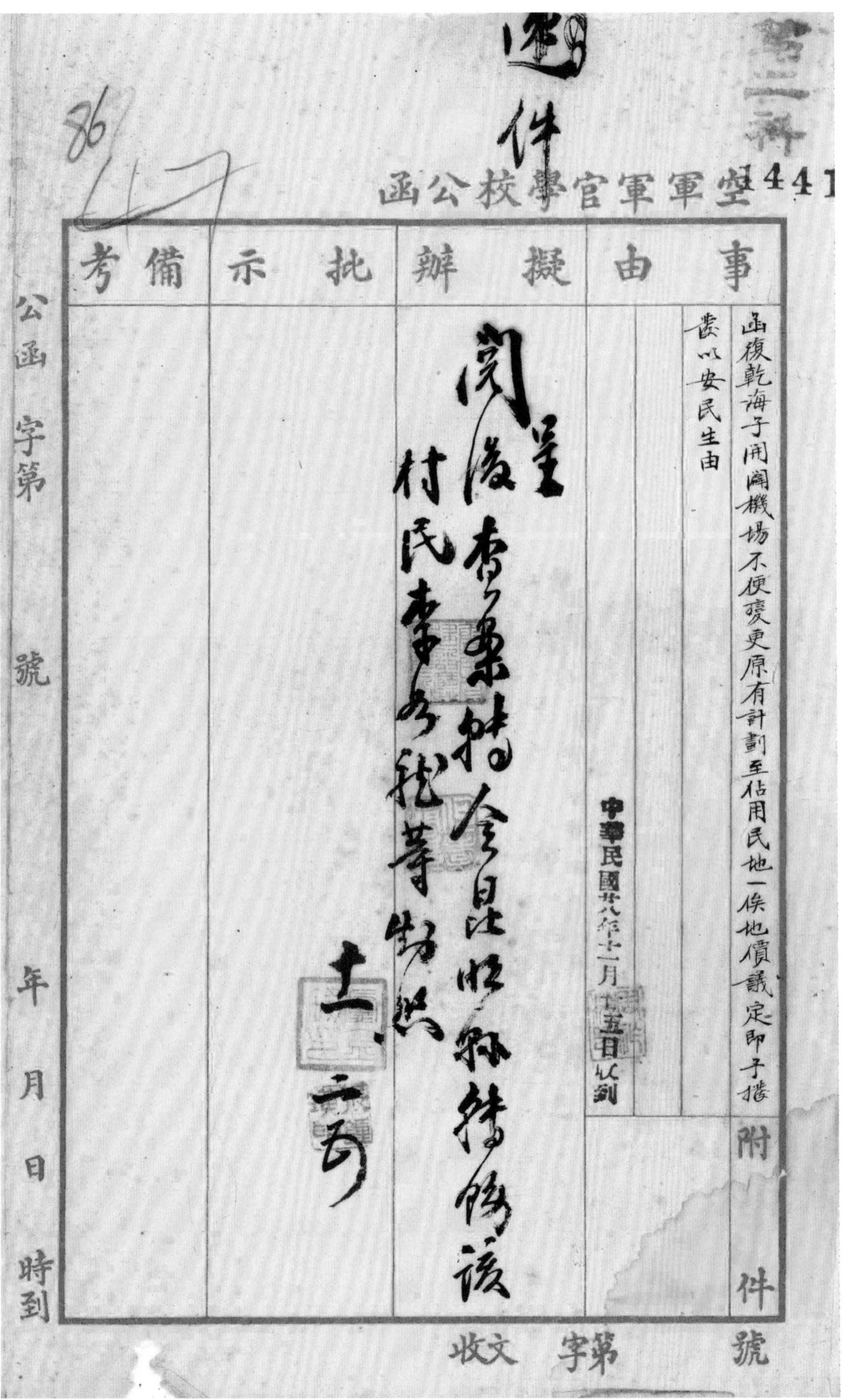
空軍軍官學校公函 1441

事由：函復乾海子開闢機場不便變更原有計劃至佔用民地一俟地價議定即予撥發以安民生由

中華民國廿八年十一月廿五日到

附件

擬辦

批示

備考

公函 字第 號 年 月 日 時到

收文 字第 號

空軍軍官學校公函

工戊字第 8062 號

逕復者案准

貴廳交字第九五二號公函，以據昆明縣屬阿喇村村民李如龍等呈請設法阻止開闢機場保留登記日期，囑查照見復，等由，准此，查乾海子開闢機場，乃利用原有操場地形加以修整，費工佔地無多，且適軍用，如再變更原有計劃，因附近地皆山巒，不適飛行，遽難照辦，至所佔民地，自應按照官定市價給價，一俟地價議定，當即電呈航會迅予撥發，以安民生，准函前由，相應函復，即希查照為荷

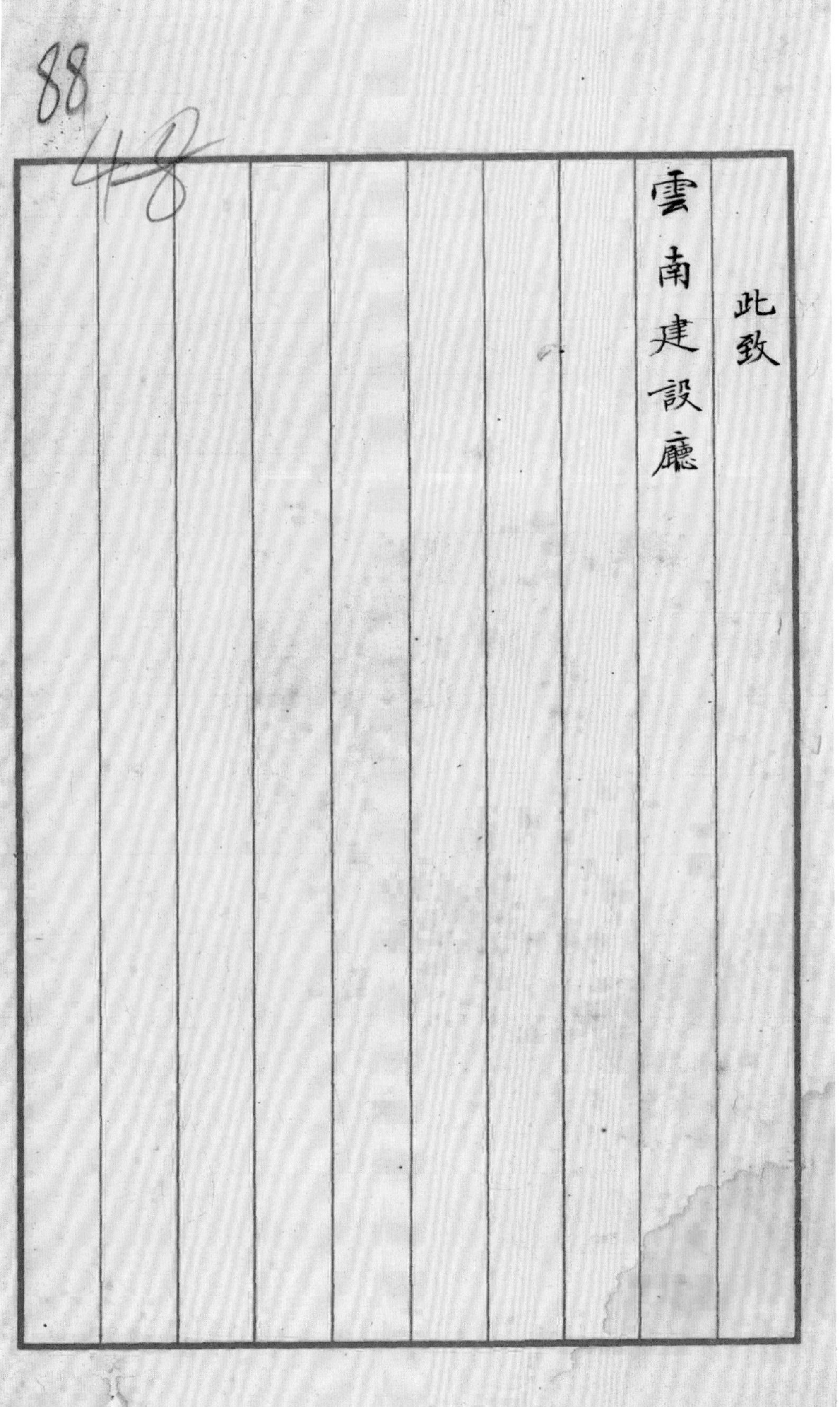

此致

雲南建設廳

89

中華民國三十八年十一月　日

空军军官学校关于乾海子机场征地地价已定等事宜致云南省建设厅的公函（一九三九年十二月十五日）

1527

空軍軍官學校公函

事由：函復乾海子機場征用民地地價已決定水源飲料自應力謀補救辦法希查照轉知由

中華民國廿八年十二月拾五日收到

附件

空軍軍官學校公函

工戊字第8602號

逕復者案准

貴廳文字第949、954、963、993號公函，以本校在乾海子建築機場轉請從優給價並速將田價決定，發給再行開工各等由准此茲敬分條答復（一）本校此次所修機場係利用原有操場加以修整，費工佔地較少且適軍用，該民衆代表請求拓展一節，遽難照辦，前經工戊字8062函復在案，請再轉飭知照。（二）所有征用民地請予優給地價自應儘量採納以恤民瘼，經在昆明縣政府最後決定水田每畝國幣四百五十元，山地每畝國幣三百元，並經曉諭民衆知照，已無異議，一俟航空委員會批准匯款到校，當即發付以安民生（三）

104

關于水源飲料自當竭力保留如不得已必須堵塞者亦應力謀補救辦法另在場邊開溝引水准函前由相應函復即希查照轉知爲荷

此致

雲南建設廳

105

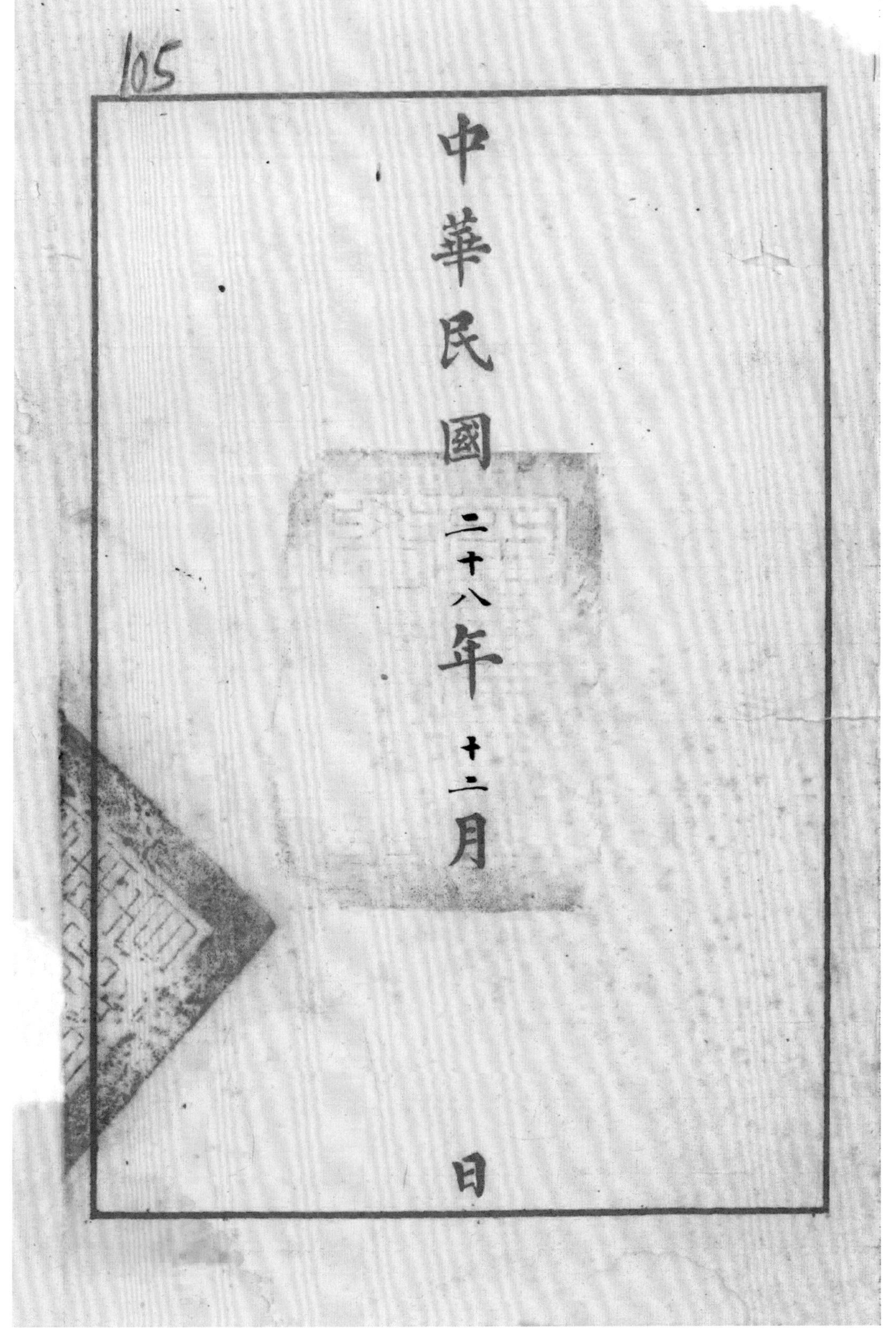

中華民國二十八年十二月　日

空军军官学校关于会同办理巫家坝机场第五步扩充征地手续致云南省建设厅的公函（一九四〇年五月二十八日）

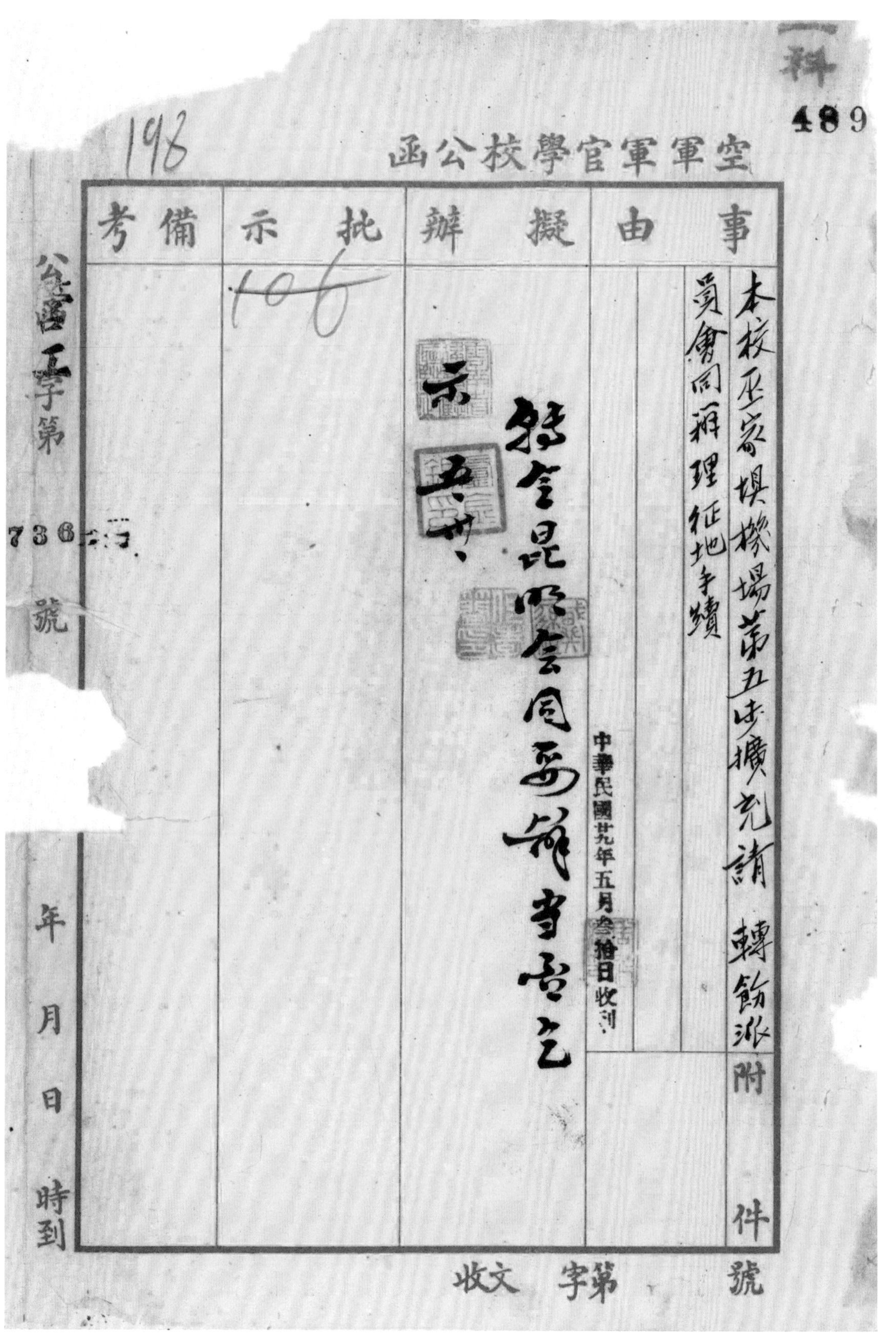

一科 489

198

空軍軍官學校公函

事由：本校巫家壩機場第五步擴充請轉飭派員會同辦理征地手續

附件

中華民國廿九年五月叁拾日收到

擬辦：飭令昆明縣會同要辦為要云

示：兵册

批示：106

備考

公地字第 7363 號

年 月 日 時到

收文 字第 號

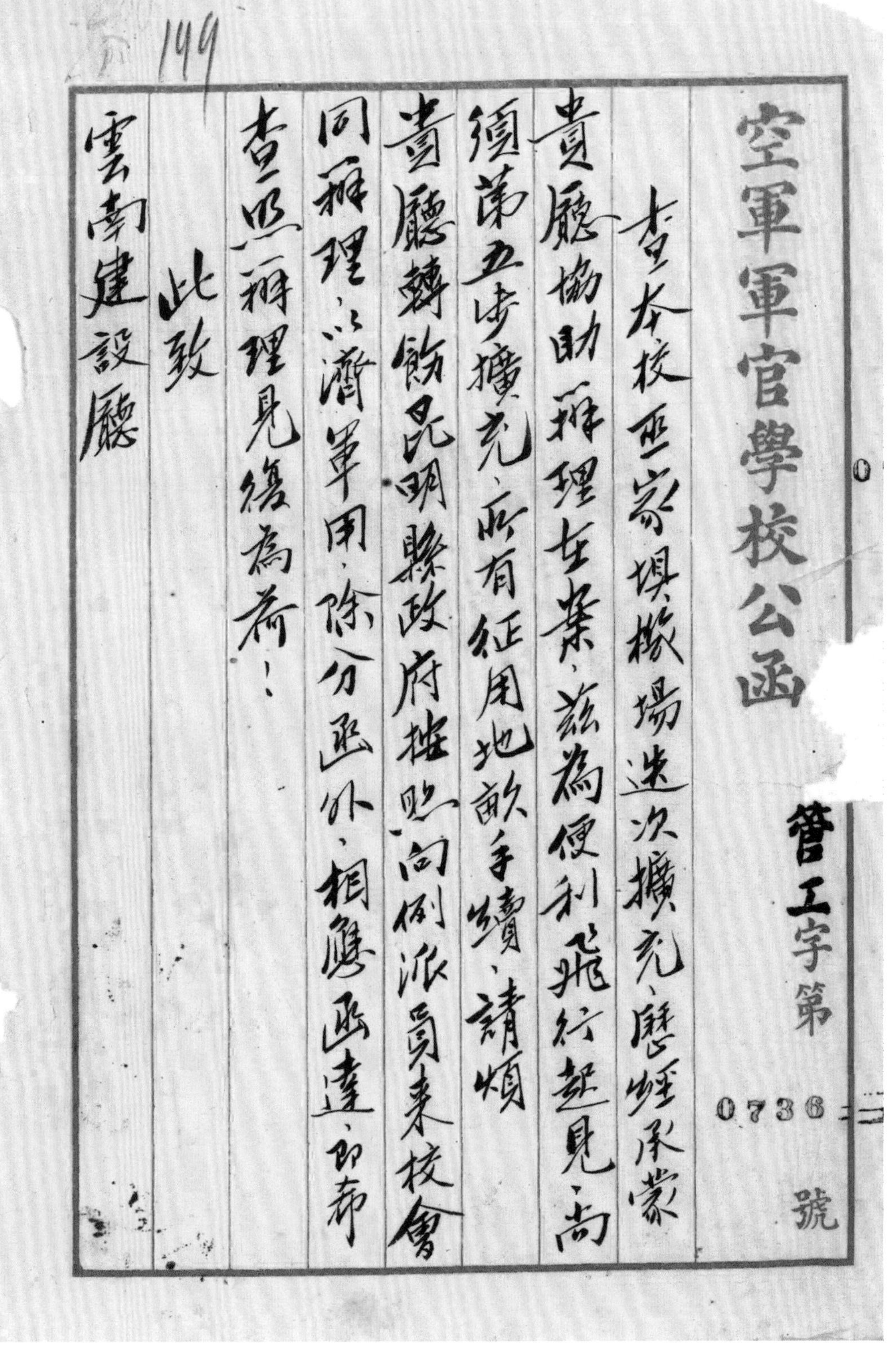

空軍軍官學校公函　營工字第0736號

查本校巫家壩機場迭次擴充，歷經承蒙
貴廳協助辦理在案，茲為便利飛行起見，尚
須第五步擴充，所有征用地畝手續，請煩
貴廳轉飭昆明縣政府按照向例派員來校會
同辦理，以濟軍用。除分函外，相應函達，即希
查照辦理見復為荷！

此致

雲南建設廳

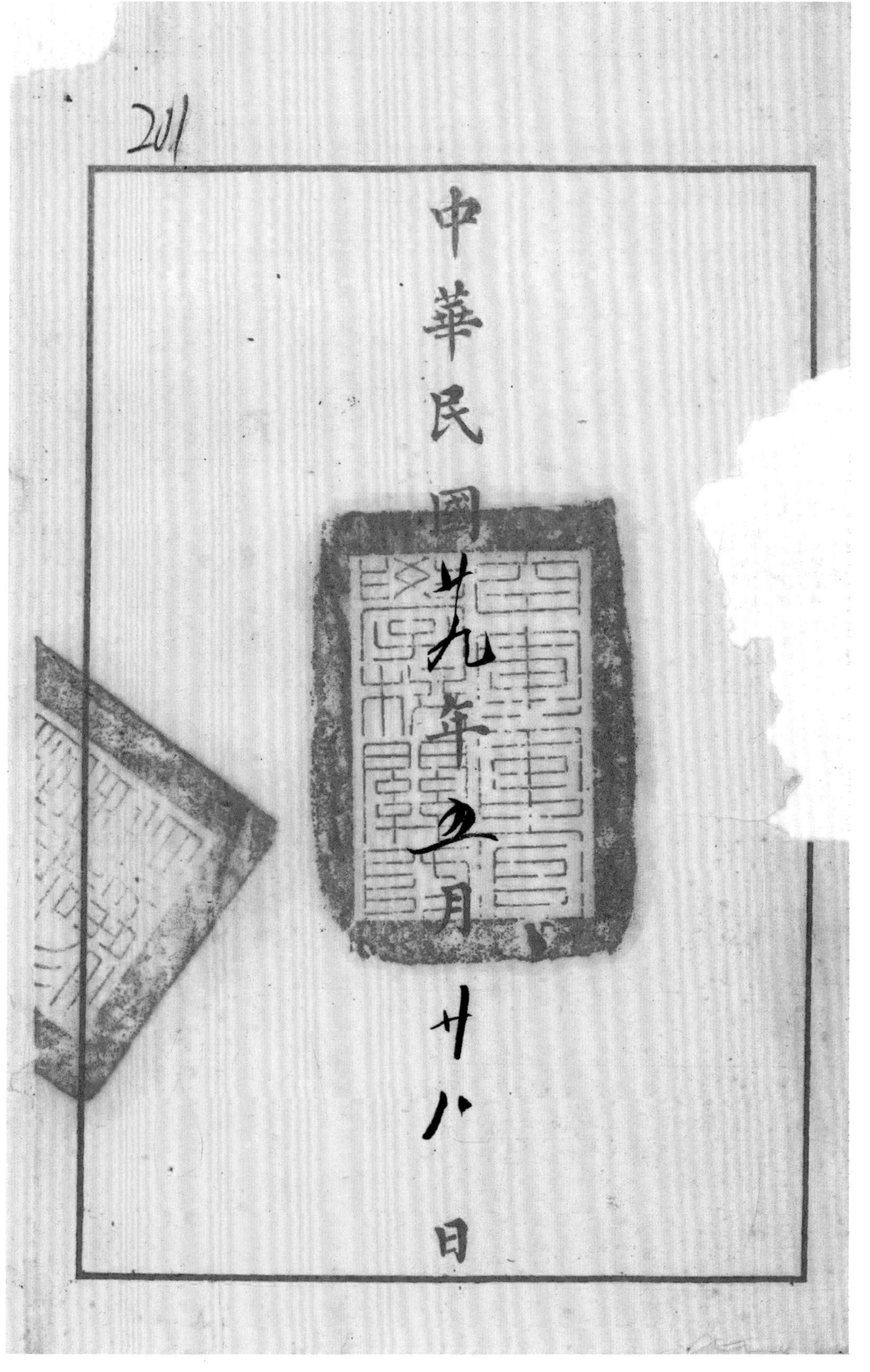
201
中華民國廿九年五月廿八日

昆明县第二区云卫乡公民代表高荣等关于请求增加征地费致云南省政府的代电（一九四一年二月十五日）

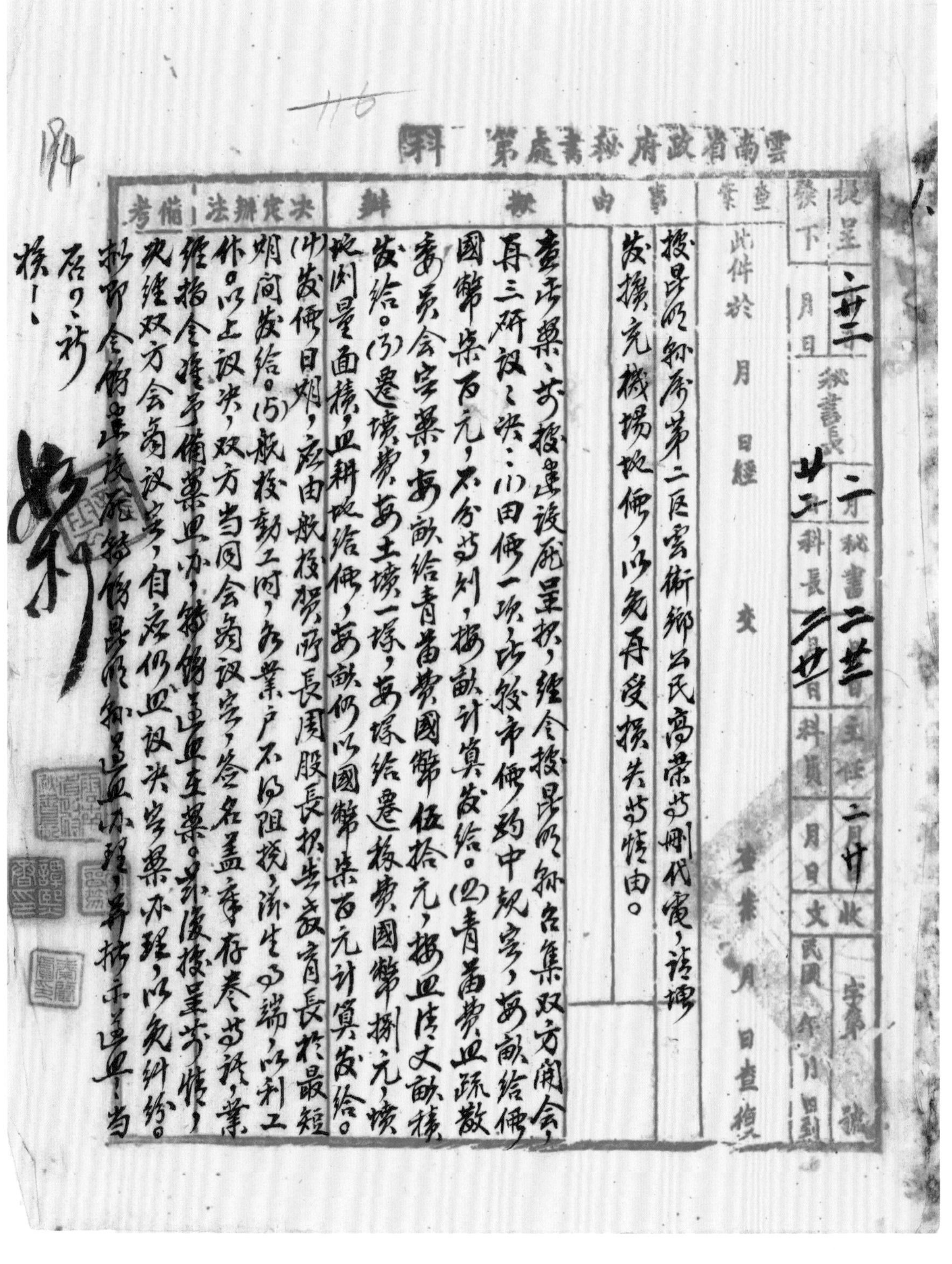

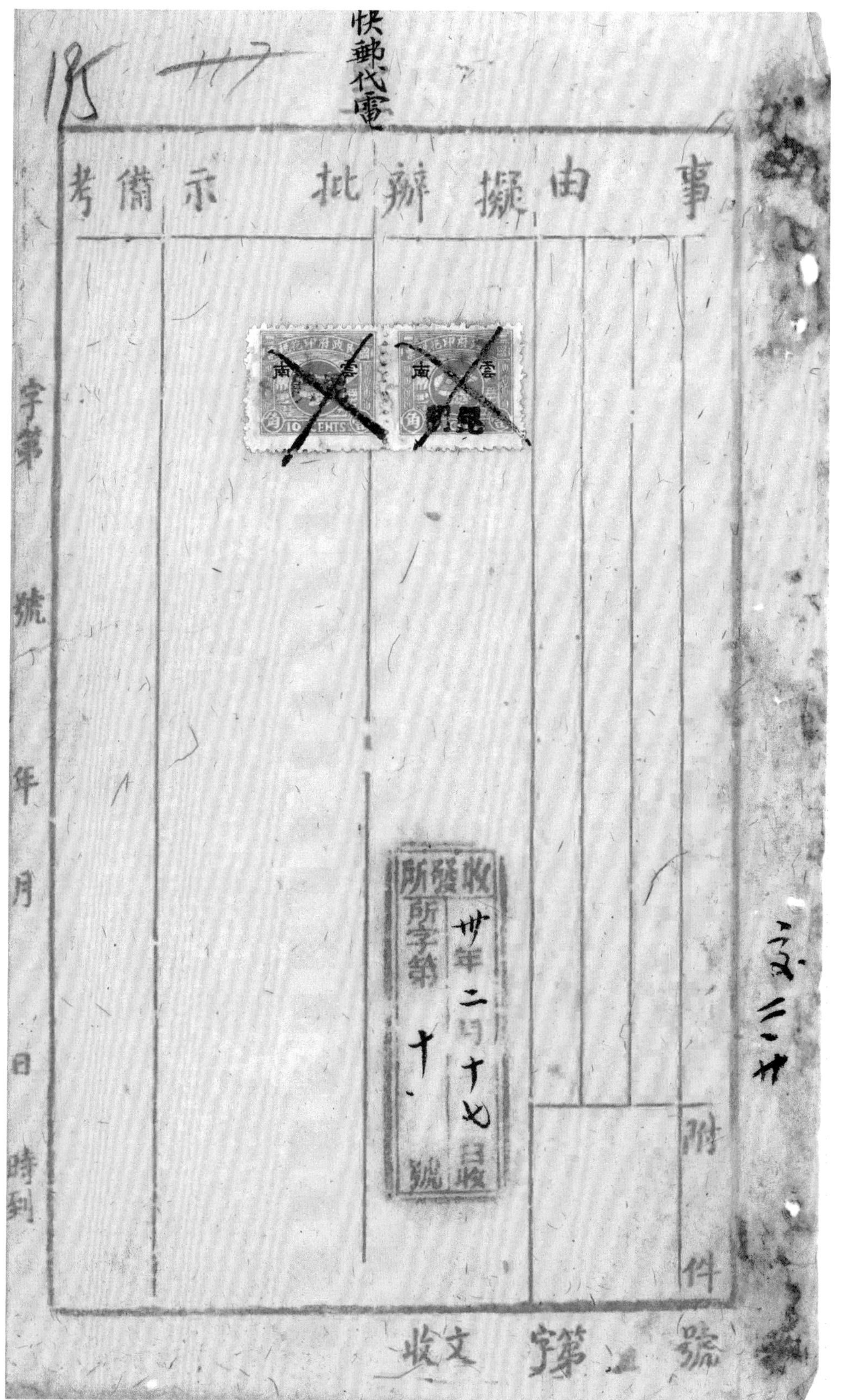

185　117

快郵代電

事由	擬辦	批示	備考

附件

收發所　卅年二月十七日收
所字第　十、號

字第　號　年　月　日　時到

收文　字第　號

文三廿

186

快郵代電

萬急雲南省政府主席龍鈞鑒竊民等雲衛鄉首甾廠白得邑兩村地瘠民貧，田地狹小，人衆村密，原有耕地，終歲辛勞，尚有飢饉之慘，緣以兩村接近巫家垻機場，年來政府充實空軍，修築機場，先後第一二三四次擴充，征用耕地，已在數千餘畝之鉅，致使機場附近村民，無田可耕，流離失所，慘痛無已，自倭寇侵犯中原，政府為雪恥救國，發動全民抗戰，而建樹空軍，為救國救民，爭取最後勝利之工具，以故原有機場，不敷應用，上年又有第五六次之擴充，當時以空軍學校，不按照征地手續辦理，竟派遣軍隊，估將已經成熟之豆麥，立待栽插之秧苗，概行剷除，填充機場，民等以性命攸關，曾先後呈請予以制止，在案往返

行文、為期一年有餘、始奉令不再征用、惟附近田畝、二十九年春季豆麥、
完全被剷、夏季秋苗、不得栽插、至深秋奉令不再征用、發還村民耕
種、已另行開墾、撒種豆麥、迄今碧綠可愛、已開花結實、月餘即可收
獲充飢、在此抗戰期間、後方能生産一分粮食、亦即加强抗戰一分力量、
村民方額首慶祝、從事辛勤、不料日昨有空軍學校、招僱大批民伕、栽
椿劃線、督飭民伕、限期剷除填充機場、村民等聞聽之餘、魂飛天
外、迭經泣訴哀懇、免予征用、奉航校韓股長諭、轉奉教育長命以
軍事所需、事在必行、不容稍緩、村民等深知勝利前途、空軍第一、
征用耕地、既為抗戰所需、曷敢妄瀆、惟地價一項、前擴充乾海子機
場征用耕地、迄今數載、地價虛懸未給、繼又建築倉庫房舍、征用廣

118

南衛黑土凹凉亭村等處耕地，迄今年餘，亦未發給分文，幣價低落甚劇，損失不貲，此次擴充第五六坮機場，征用耕地，前經奉令不再征用，稻麥均不得栽種收獲，人民雖備受損失，奉令不再征用，人民尚有一線生機，今乃朝令夕改，不顧人民死活，又不先發地價，更不賠償鉅大損失，估將立可充飢之粮，督飭剷除，人民不亡於暴敵之手，竟死於航校之逼，村氏何辜，遭此荼毒，以其坐而待斃，情實難安，惟有聯名電懇，請祈迅予轉函制止，若確係軍事所需，村氏亦不敢妄加阻撓，即請增發地價（上年所訂每畝國幣柒佰元）援照本省建築平民住宅因公征用，每畝核定國幣壹仟元之例辦理，俾村氏得補置相當產業，不致流亡失所，至青苗損失，應以耕地所產豆麥數量照市給價，並將上年兩季損失連同計算賠償，以免村氏

188 ~~179~~

一再遭受損失，並將地價及青苗損失費如數發領，再行動工，以免一再失信，

虛懸莫結，村民等處於水深火熱之中，是以不避冒瀆，據情籲懇 ××

鈞座作主，迅予設法救濟，勿任迫切待命之至，除分呈外，謹此電呈，昆明

第二區雲衛鄉首蓿廠白得邑村公民代表高 榮 李興梅 李 澄

韓長貴 高陳廣 高長茂 趙 寬 孟得李 高天榮 李

茂 欒 才 欒占春 孫玉柱 沈小榮 李炳長 欒双才

謝樹德 謝金順 甘玉忠 孫 華 韓寶姚 李應華 巫榮

李 美 等叩刪印

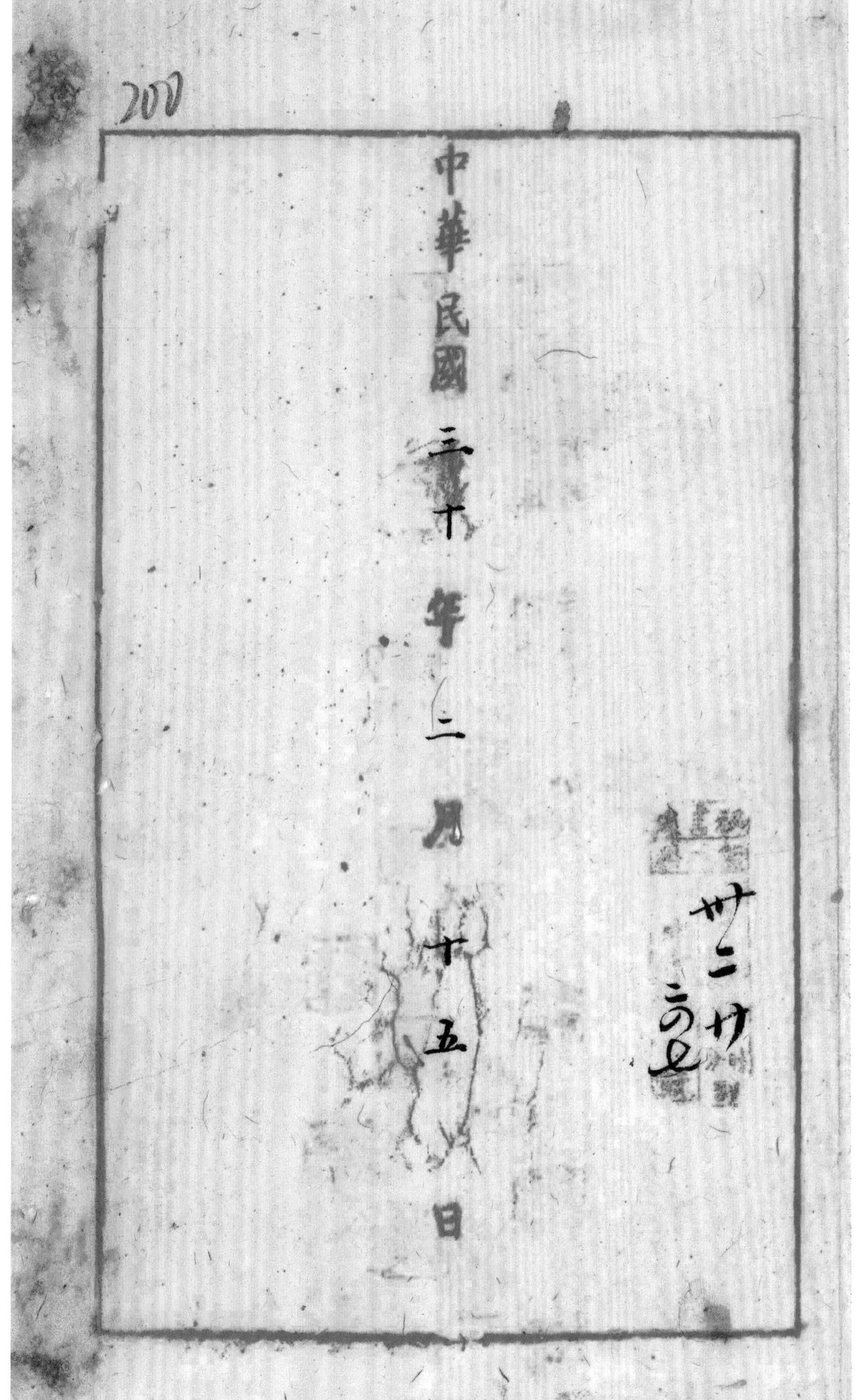

中華民國三十二年二月十五日

云南省政府关于扩建机场征地费不能更改致云卫乡公民高荣等的批暨致云南省建设厅的训令

（一九四一年三月十一日）

雲南省政府秘書處稿

來文 字第 號

文別：批、訓令

送達機關：雲衛鄉公民高榮；建設廳

事由：據昆明縣屬第二區雲衛鄉公民高榮等删代電請增發擴充機場地價以免再受損失等情一案批示遵照、令遵

主席 龍

第二科 科員 科長　秘書　秘書長

中華民國三十年 二月廿五日 二月廿五日 十日 三月十一日

去文 交字第 961 號

中華民國三十年三月初三日

列銜批　　秘文字第　　號

原具呈人昆明縣屬第二區雲衛鄉民高榮等

世代電一件，請增發擴充機場地價，

以免再受損失等情由。

刪代電悉。查此案前據建設廳呈報，經令

據昆明縣召集雙方開會再三研討決：(1)田

價一項，比較市價酌中規定每畝給價國幣柒

百元，不分等則，按畝計算發給。(2)青苗費

180

照疏散委員會定案，每畝給青苗費國幣伍拾元，按照清丈畝積發給。（3）遷墳費每土墳一塚給遷移費國幣捌元，墳地測量面積照耕地給價，每畝仍以國幣柒百元計算發給。（4）發價日期應由航校賀所長、周股長報告翁育去於最短期間發給。（5）航校動工時，各業戶不得阻撓滋生事端，以利工作。以上議決，雙方當面會商議定，簽名蓋章，存卷為證，業

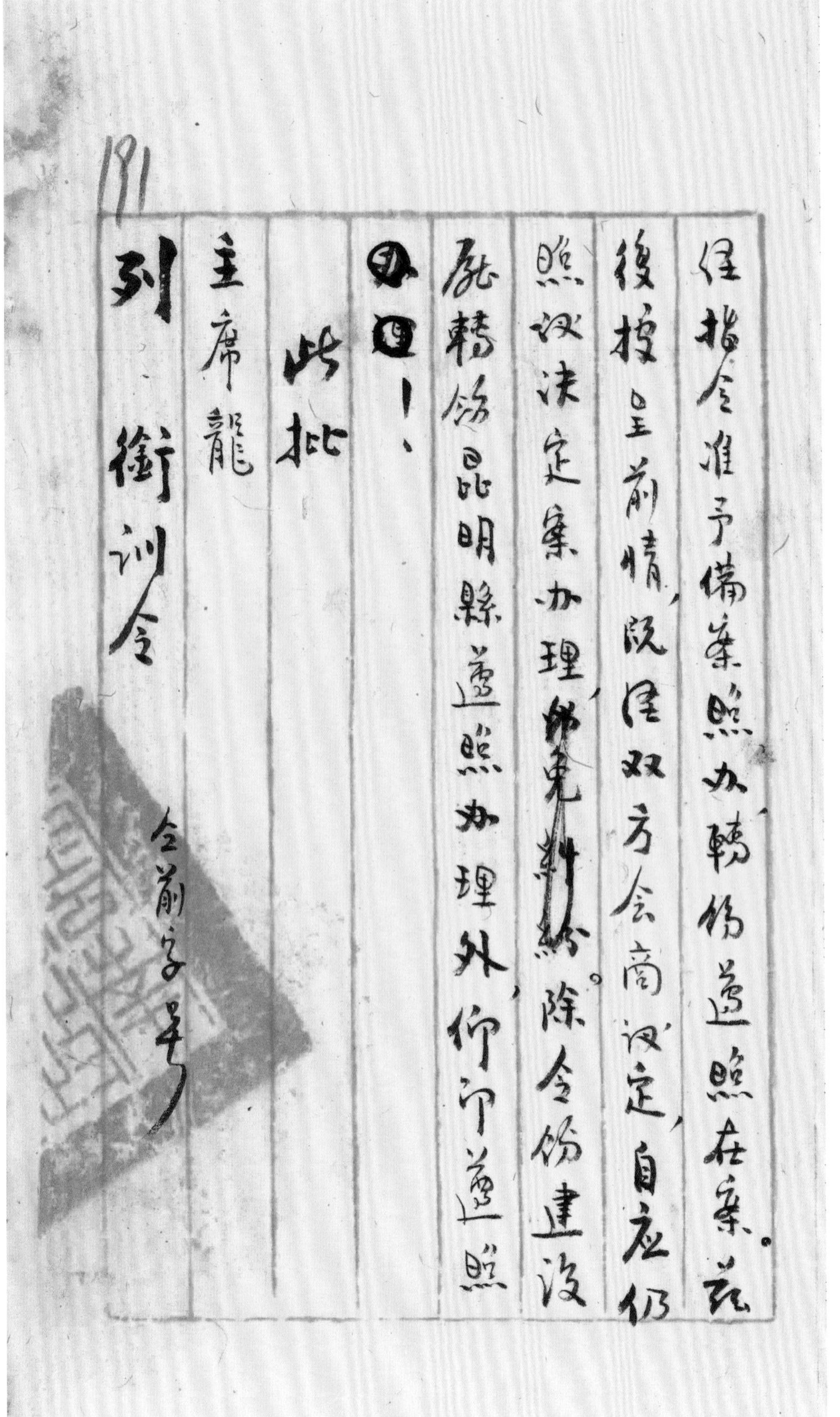
191

经指令准予备案，照办转饬遵照在案。兹

復据呈前情，既经双方会商议定，自应仍

照议决定案办理。（所需料款）除令饬建设

厅转饬昆明县遵照办理外，仰即遵照

办理！

此批

主席龍

列衔训令

令前字第

令建設廳

案據昆明縣屬第二區雲衛鄉公民高榮等删代電，請增發撥充操場地價，以免再受損失等情，據此，除以删代電悉詔云此批：「等語批示外，合將原電抄發，令仰該廳即便遵照轉飭昆明縣遵照辦理為要！！

此令

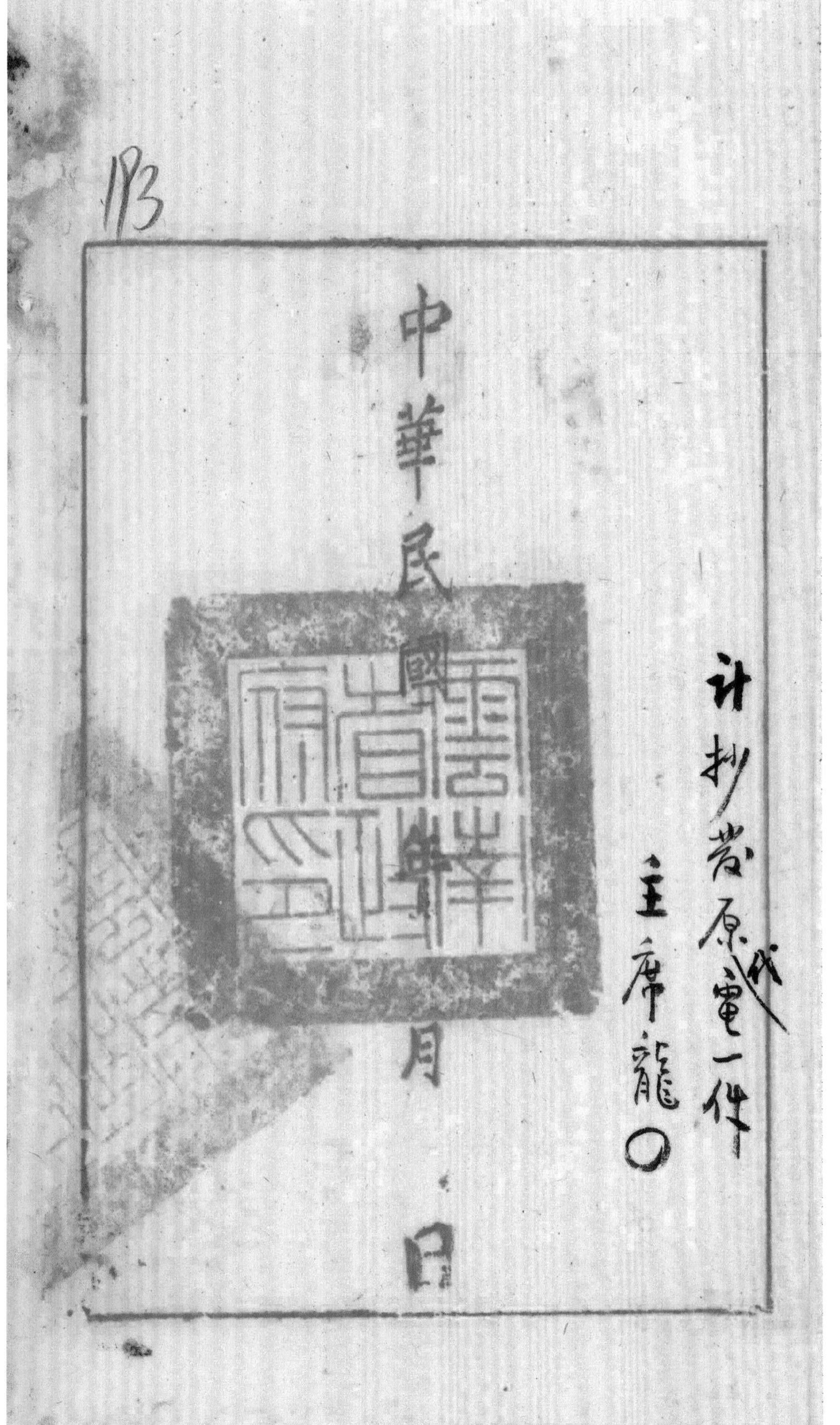
183
计抄发原代电一件
主席龍○
中華民國　年　月　日
雲南省政府

昆明飞机场工程处关于请派员会同勘查巫家坝机场扩建新征地致云南省建设厅的公函（一九四三年四月十八日）

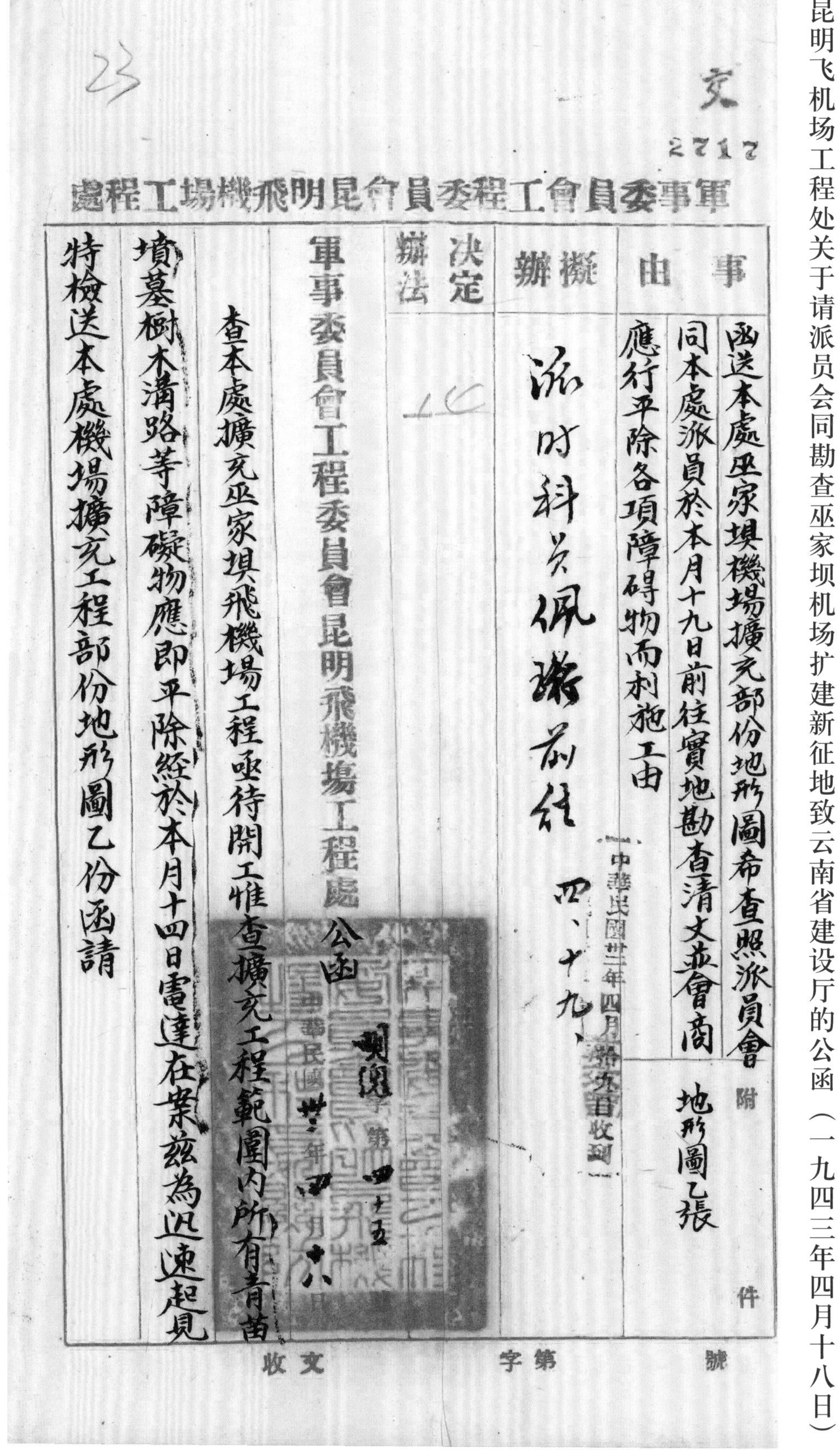
文

2717

軍事委員會工程委員會昆明飛機場工程處

事由：函送本處巫家壩機場擴充部份地形圖希查照派員會同本處派員於本月十九日前往實地勘查清丈並會商應行平除各項障碍物而利施工由

附件：地形圖乙張

擬辦：派附科員佩璐前往　四、十九、

（中華民國卅二年四月十九日收到）

決定辦法：

軍事委員會工程委員會昆明飛機場工程處公函　明處字第四十五號　中華民國卅二年四月十八日

查本處擴充巫家壩飛機場工程亟待開工，惟查擴充工程範圍內所有青苗墳墓樹木溝路等障礙物應即平除，經於本月十四日電達在案。茲為迅速起見，特檢送本處機場擴充工程部份地形圖乙份，函請

收文　字第　號

查照派員會同本處派員高專員所堪馬專員耀先於本月十九日前往實

地勘查清丈早日清除以便施工為荷此致

雲南省政府建設廳

附圖乙張

處長陶述曾

監印 陶宗流
校對

昆明县政府关于巫家坝机场扩建征用土地情况致云南省建设厅的呈（一九四三年四月二十四日）

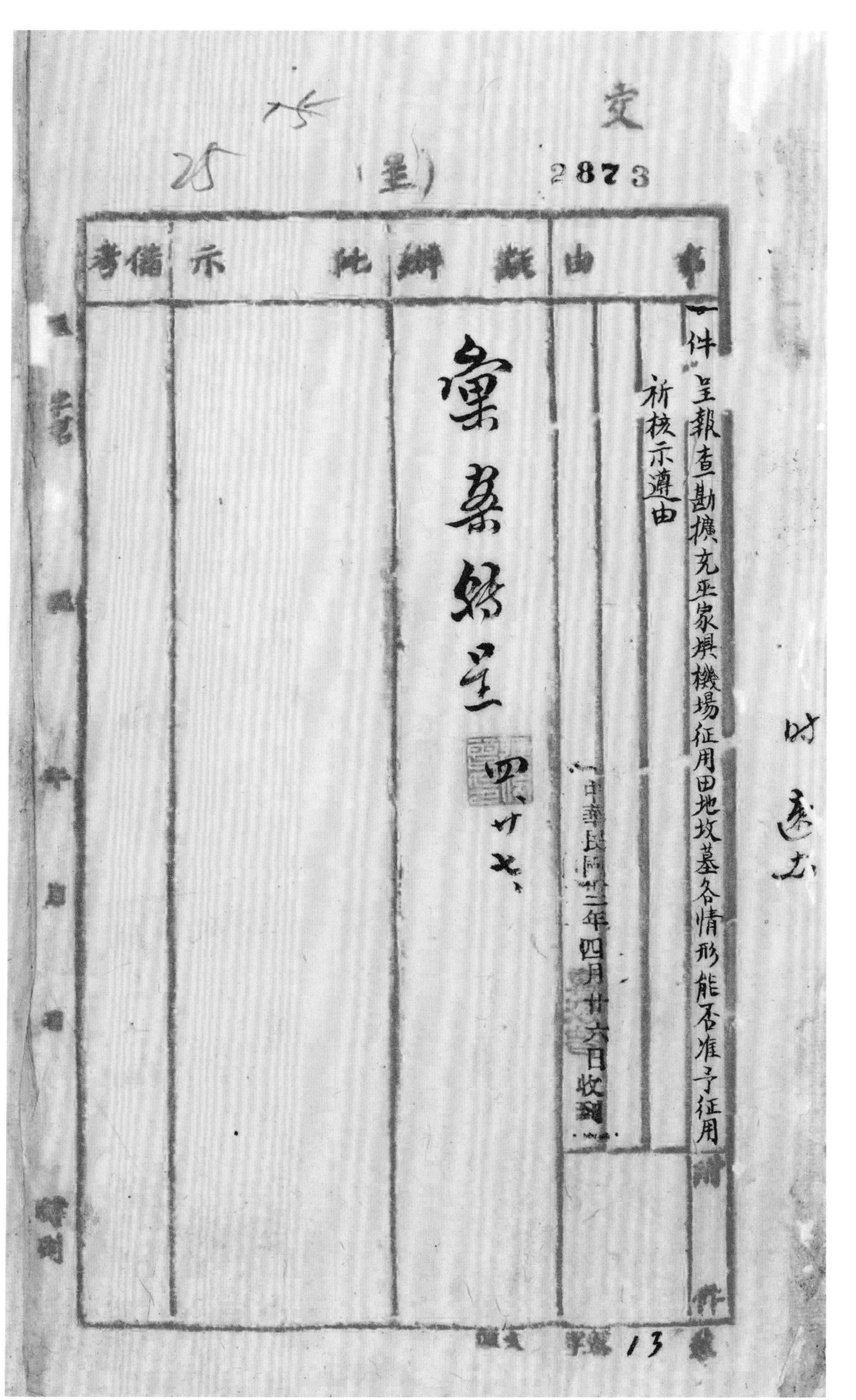
交

2873

（呈）

事由	拟办	批示	备考
一件呈报查勘扩充巫家坝机场征用田地坟墓各情形能否准予征用祈核示遵由 （中华民国卅二年四月廿六日收到）	汇案办呈 四、廿七、		

呈爲呈報事：案准

軍事委員會工程委員會昆明飛機場工程處明總字第一四號快郵代電開：

「昆明縣政府高縣長勛鑒：本處奉令擴充巫家壩飛機場工程，遵于四月一日成立

工程處，積極籌備進行。茲值測量將竣，不日施工之際，據測量隊隊長張大興報稱：本

處擴充該機場南端，佔用民地甚多，所有界內青苗亟待剷除，又界內有坟墓多座，亦應

令其早日遷移。以上兩項，請轉函昆明縣轉飭該地鄉長通知各該民户知照。正核轉間，又據

第五工區代理主任周丕烽簽稱：奉令整理狗畋田一帶公路，業已動工，惟路旁有大樹及軍馬

廠村有圍牆一道，必須伐除，請函請昆明縣政府轉飭軍馬廠及金馬寺二村保甲協助各等

情。據此，查本處工程限期緊促，所有在擴充工程界內青苗坟墓亟待掃除，沿公路大樹及

圍墻亦應伐拆，以利工作。除青苗遷坟拆墻等費當照章發給暨佔用地畝另行計價外，特先

電請查照並派本處馬專員耀先前來接洽希郎分別飭令各該鄉保轉飭各業戶
人等遵照尅日將各障碍物一併除去無任企禱昆明飛機場工程處處長陶述曾叩寒
等由，准此，查此事關係重大，限期迫急，對於擴充機場部份，當經派財政科科長
汪啟家前往查勘據實簽覆以憑核辦去後，茲據簽覆稱：
遵於四月二十日會同　建設廳時科員，水利局諸工程師，及該工程處高
工程師前往辦理並召集雲衛鄉李鄉長，阿角村，白得邑村，上首宿村保長
業戶等實地逐一查勘，茲查得此次擴修機場，照該處所測定之畧圖計算，
約佔用阿角等三村耕田地陸百餘畝，坟地叁百餘畝，遷移坟墓千餘塚，折毀白得
邑村民房三分之二約二十餘院，阿角村民房八院，取消河流二條，事體至為重大，
並據高工程師面稱：此項佔用田地所定邊樁，界址接近村落地方，以暫行加寬十

公尺，界址接近田地者須擴出一二百公尺以備堆積餘土之用，究竟需用田地若干？方足敷堆積浮土現尚未精密測量計算完畢等語。又據李鄉長沈保長及各業户分别陳述該三村地臨機場，田地已先後被機場征用數千餘畝，尤以白得邑村田地幾已被征用完盡，剩餘田地此次又被征用，取消房屋，實屬人間至慘，並一致要求數點請轉呈核示，以免下情難達。(一)請儘量避免取消人民住房。(二)佔用耕地應竭力宿小以重避免良田，功令而蘇民困，地内餘土，請運往鉄路兩旁填補水塘，增加生產或運至較遠而荒蕪之地點堆積，以免多佔良田，影響民生。(三)田地内所種豆麥現已成熟，旬日即可收獲，充饑請暫緩動工以便提前收獲而裕民食，公私兩便。(四)關於水利方面，兩條河流，均係灌溉下首宿村中閘等四五村耕地五千餘畝之水源，若一旦破壞，非但良田變成荒蕪，即洪水泛濫，貽禍堪

虞須切實注意，以免妨害生產，遺害人民。(五)地價及遷移等費，因空軍學
校前三年征用之地價尚未發清，人民已流離失所，此次若決於征用，應請將
各項地價及遷移費發清後，方能動工，以昭大信而維民生。等情，核查該
鄉保長等所述各情，尚屬實在，除水利部已由諸工程師另案呈請核示並
會同進謁陶處長，先行陳明外，奉派前因，理合將查勘情形，簽請鑒
核轉呈示遵！、
等情前來，縣長覆查此次擴充巫家壩飛機場征用人民田地坟墓房屋為數甚多，
對於民生不無妨碍，能否准予征用，未敢擅專，理合具文呈報，請祈
鈞廳俯賜鑒核，迅示祇遵！、除分呈
省政府外，

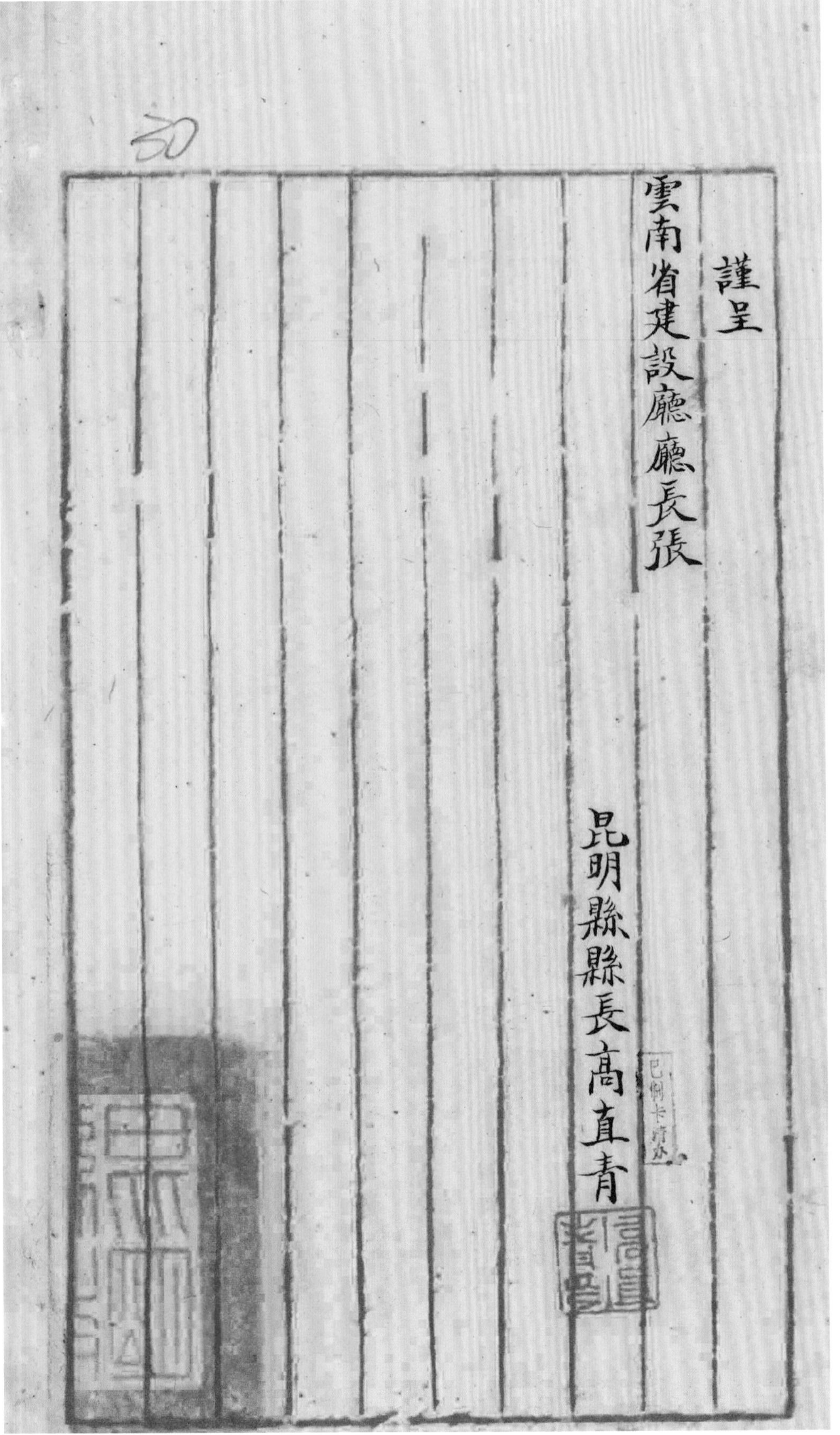
謹呈
雲南省建設廳廳長張
昆明縣縣長高直青

中華民國三十二年四月二十四日

云南省建设厅关于扩建巫家坝机场征地会议情况致云南省政府的呈（一九四三年五月二十四日）

限於十二日午後三時以前繕就送二科核閱後再示發

雲南省建設廳第二科

一件 為呈報巫家垻擴充機場征地會議情形并檢具會議紀錄祈鑒核示遵由

擬稿 1160

核稿

覆核

廳長 張 1187

民國 年 月 日 午 時文到

月 日 午 時擬稿

月 日 午 時核稿

月 日 午 時判行

月 日 午 時送

月 日 午 時封發

歸檔

呈

案查前准軍事委員會昆明飛機場工程處於四月十六、十七、十八等日函以該處擴充巫家壩飛機場，請令昆明縣轉飭剋日將障礙物除去，及四郊巫家壩南端水溝應設移平除，請查照並函請派員於四月十日會同本處派員赴擴充機場地内宣佈地勢

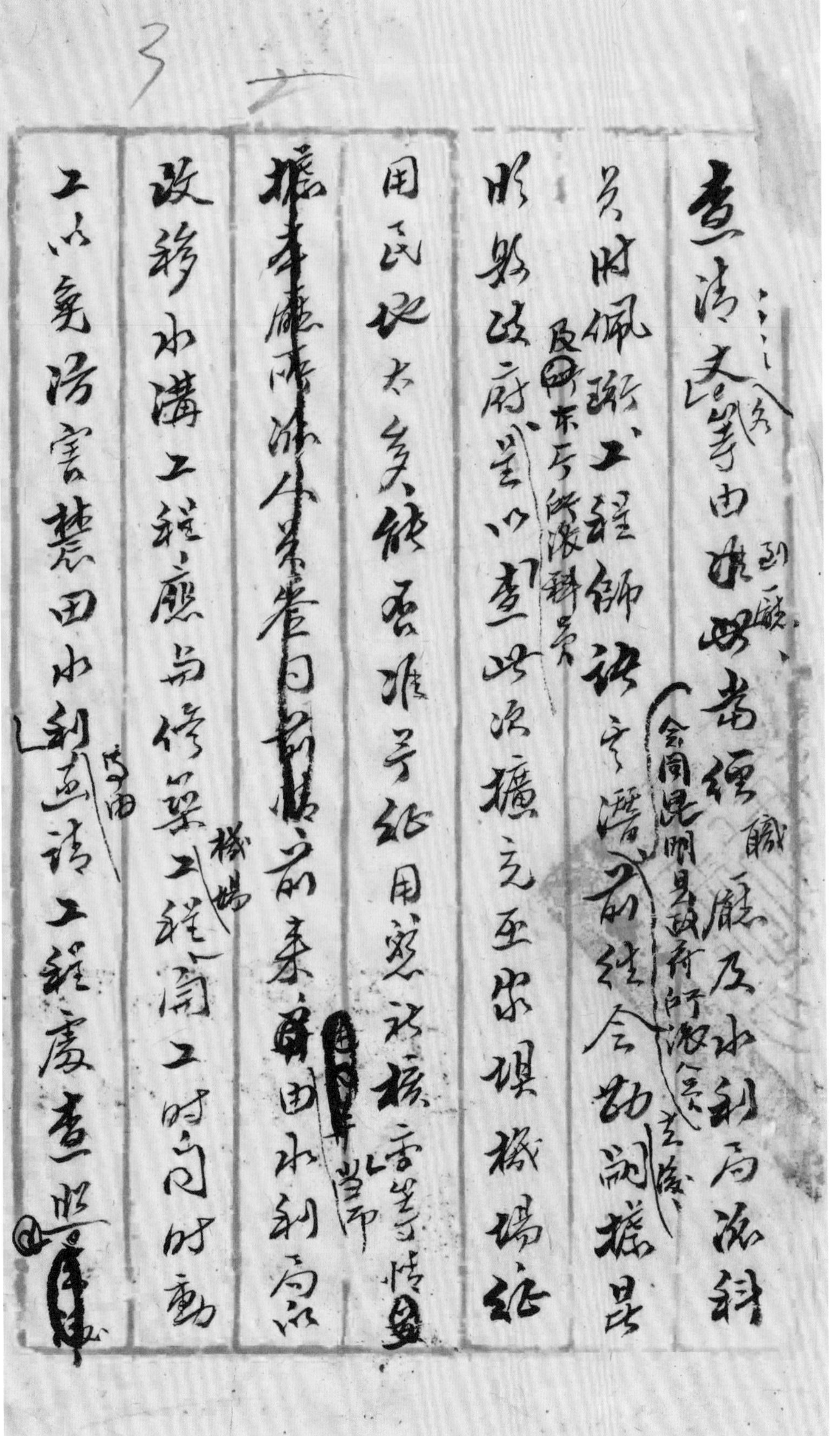

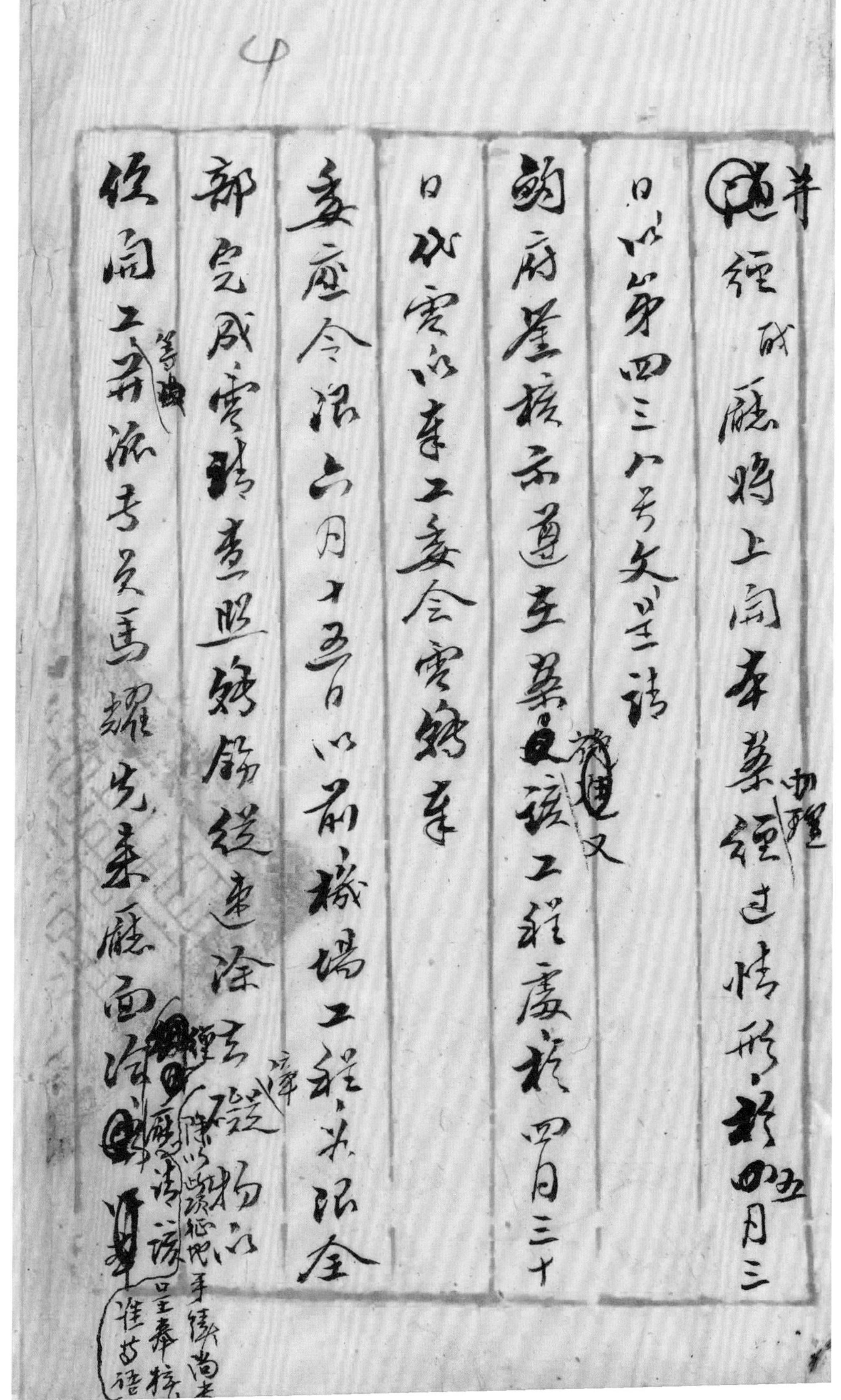

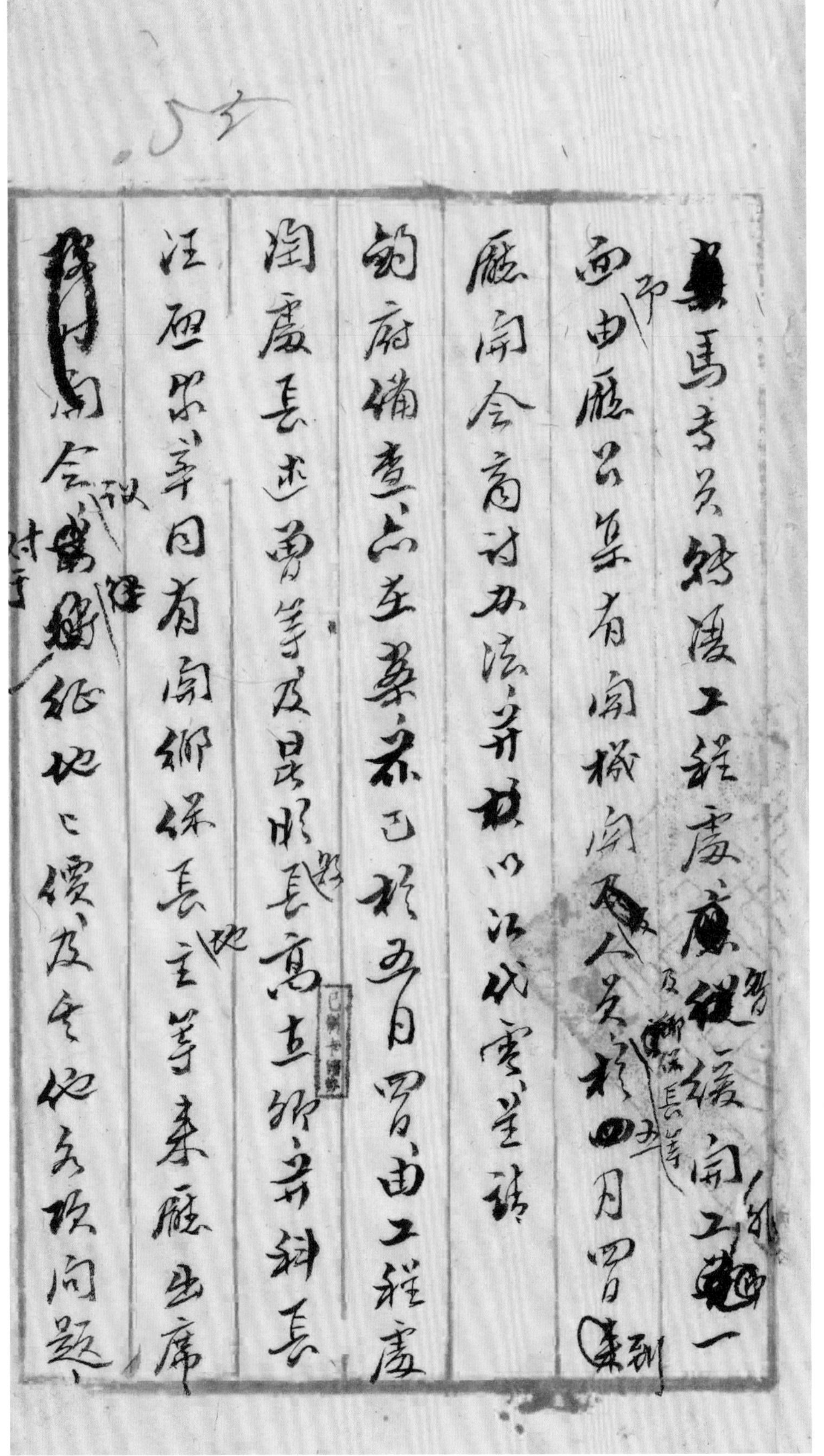
案：馬專員轉據工程處處長續開工，一
面由廳召集有關機關人員於四月四日來
廳開會，商討辦法，並於以江代電呈請
鈞府備查，亦並案示已於五日由工程處
陶處長述曾等及昆明縣長高直卿並科長
汪熙宗等同有關鄉保長主等來廳出席
開會，議擬征地地價、及舍地各項問題、

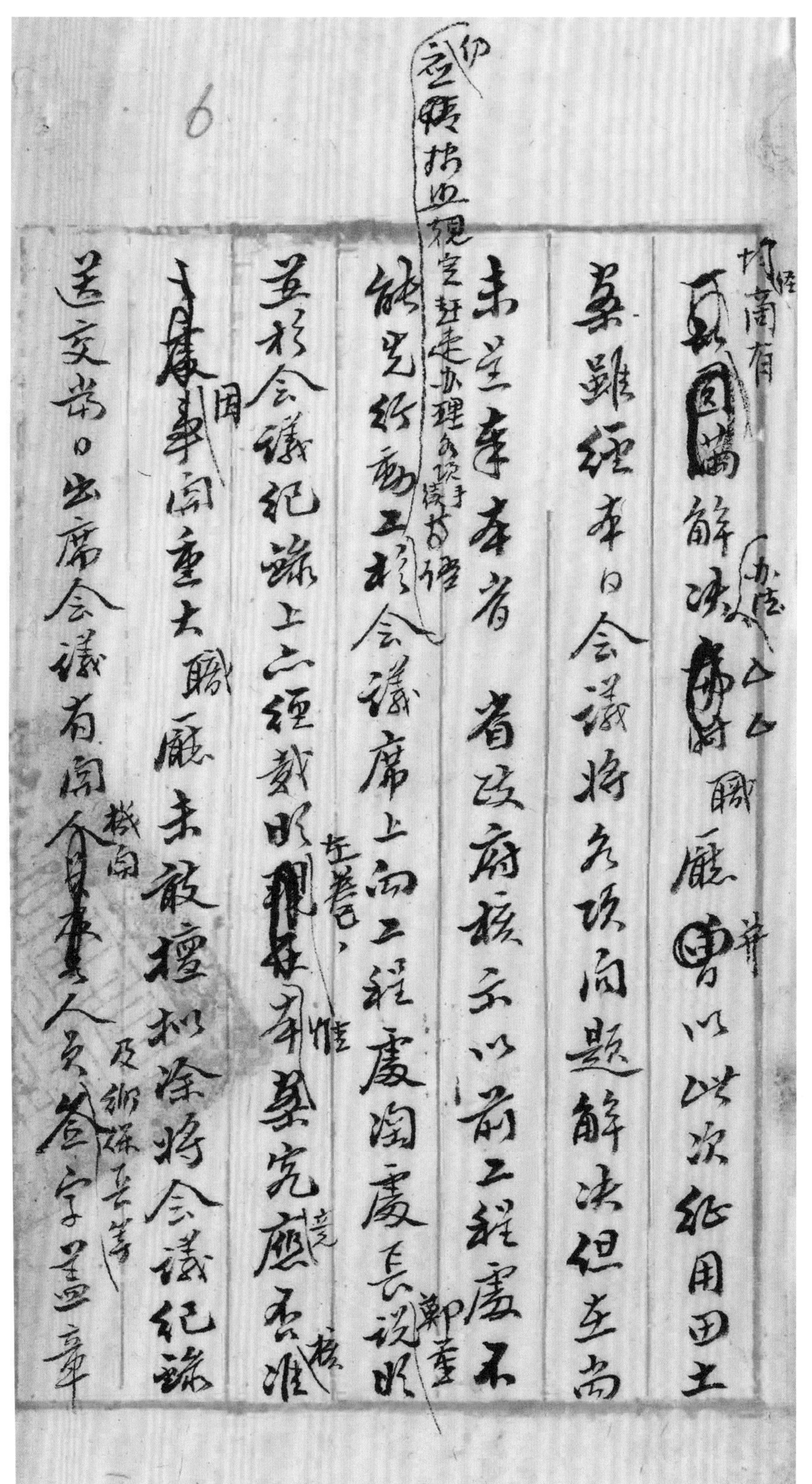

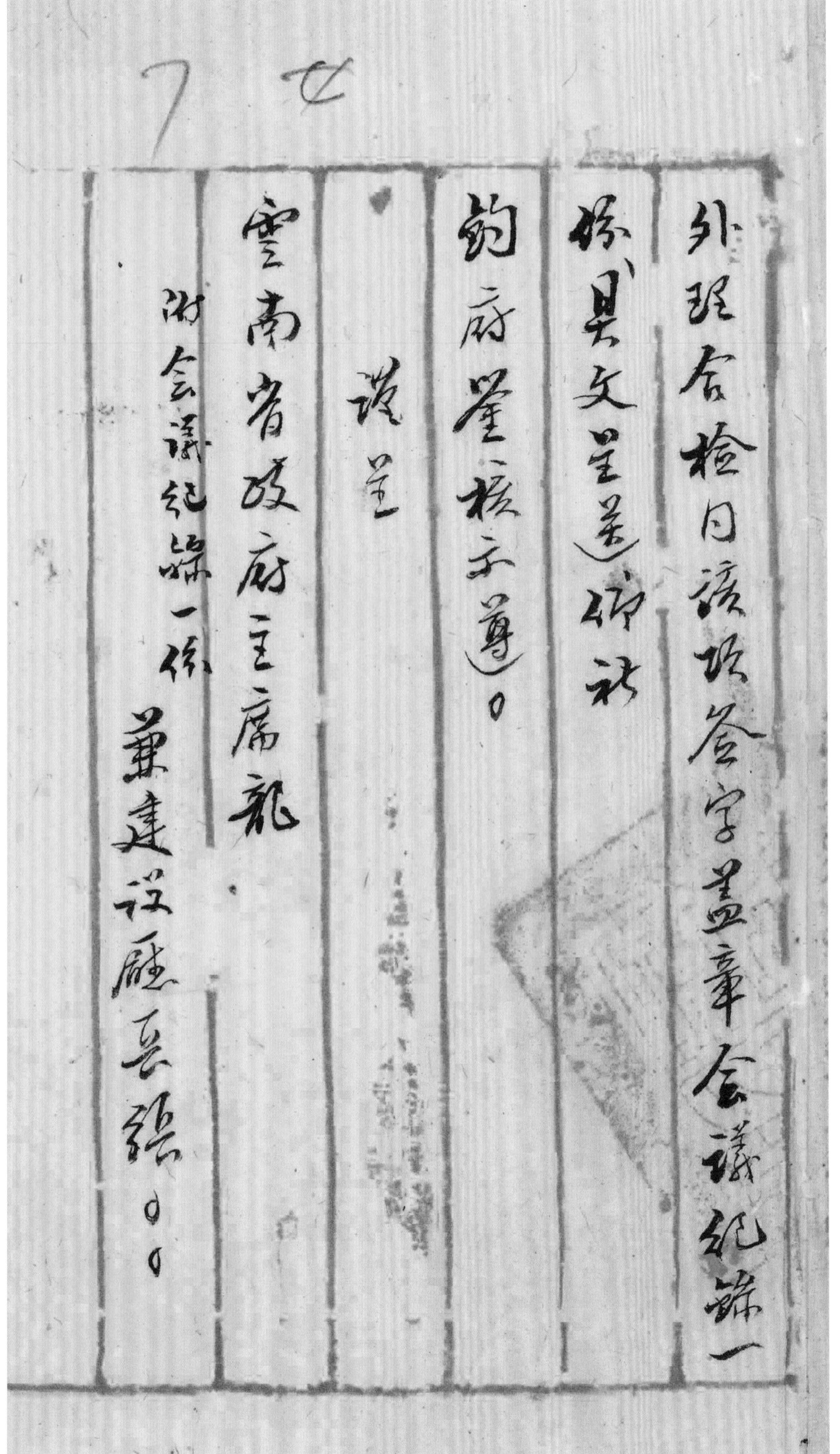
外，理合檢同該項簽字蓋章會議紀錄一
份，具文呈（送）請祈
鈞府鑒核示（遵）。
謹呈
雲南省政府主席龍
附會議紀錄一份
兼建設廳長張〇〇

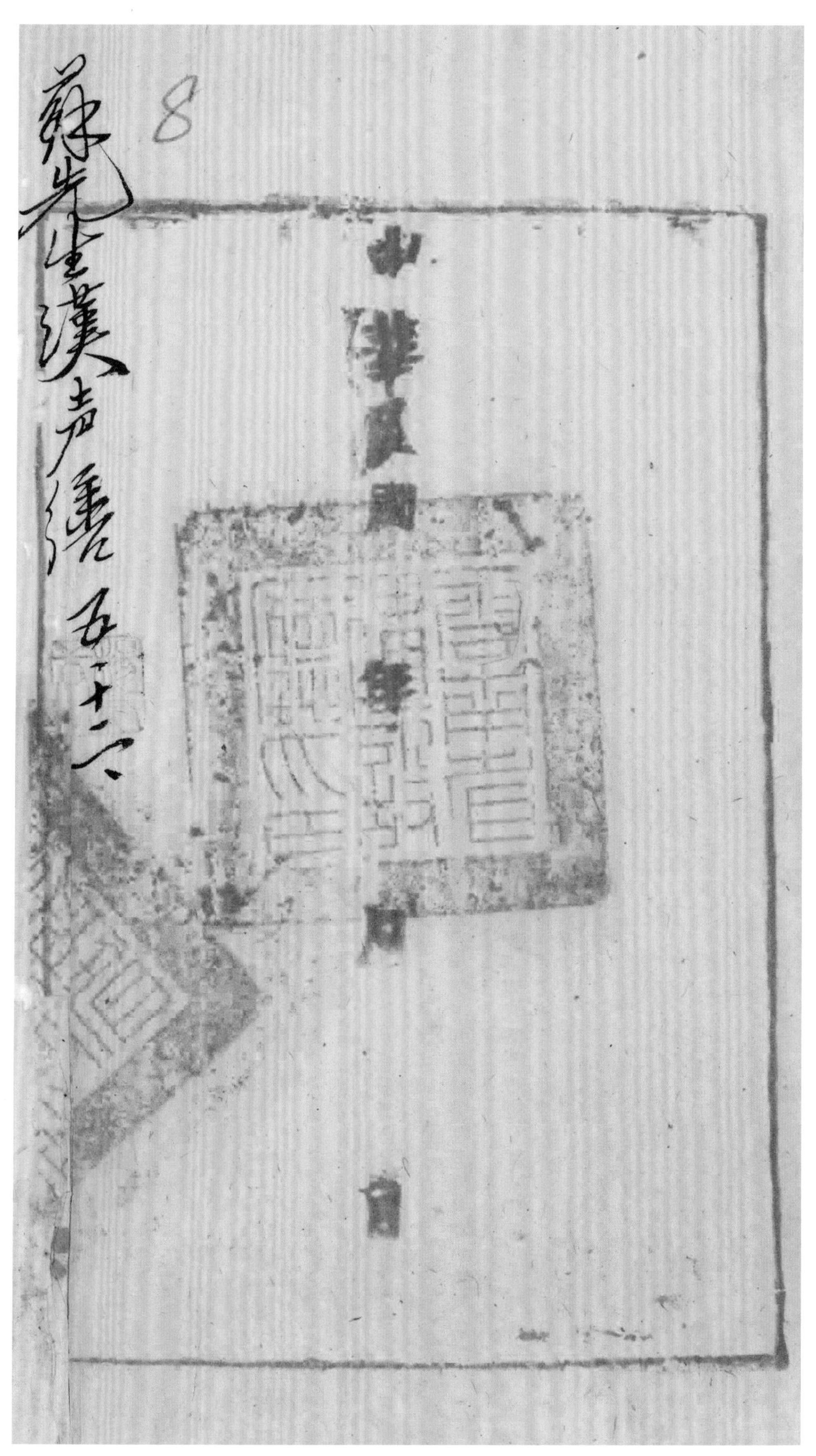
中華民國

附：扩修巫家坝机场征地会议记录（一九四三年五月四日）

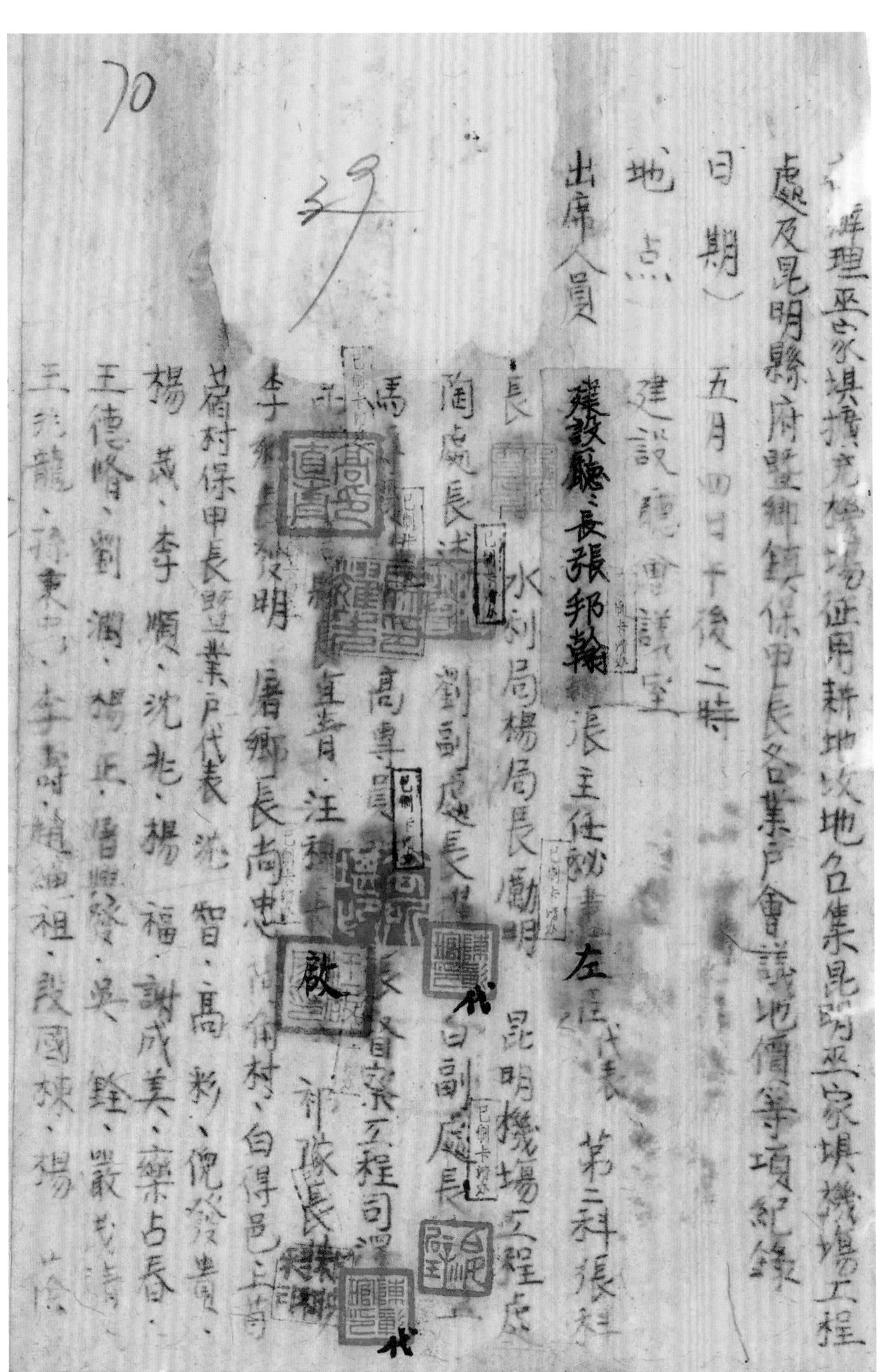

辦理巫家垻擴充機場征用耕地及地名集昆明巫家垻機場工程

處及昆明縣府暨鄉鎮保甲長各業户會議地價等項紀錄

日期　五月四日午後二時

地点　建設廳會議室

出席人員　建設廳廳長張邦翰　張主任秘書[illegible]代表　第二科張[illegible]

長[illegible]　水利局楊局長勵明　昆明機場工程處

陶處長述[illegible]　劉副處長[illegible]　白副處長

馬[illegible]　高專員[illegible]　督察工程司[illegible]

李[illegible]　宜青、汪[illegible]　部隊長[illegible]

李鄉長發明　屠鄉長尚忠　[illegible]村、白得邑上哥

荷村保甲長暨業户代表　沈智、高彩、倪發貴、

楊茂、李順、沈兆、楊福、謝成美、藥占春、

王德修、劉潤、楊正、潘興發、吳銓、嚴光清、

王兆龍、許東山、李寿、趙瑜祖、段國棟、楊[illegible]

71

主席 李興發　張主任秘書 左臣　紀錄 時珮珩 科員

甲、報告事項

一、主席報告

此次據見修機場、強迫河田村、白寺廟、上首村等村[illegible]，修同道事關國防工程且為同盟國軍

取勝利[illegible]國家整個[illegible]在機場附近及使該三村人民蒙着田地發錢

被征之[illegible]不幸該三村部份人民忍受此重大損失，精神上之[illegible]家似不宜同事征田被入

工程處依奉

經奉省令限期完工之[illegible]未至縣長[illegible]並飭市[illegible]惟[illegible]當未奉[illegible]到本縣不能進行主持

但關工程處限期切迫，頻頻催促，祗好先於本日召集各有關人員在本府會商辦法，以期此

項國防工程早日完成，被征用土地人民早日得到相當安慰，減少痛苦，希望各有關人員在此

抗建目標下，上本中央下本愛國各熱誠原則下，共持意見，以便由廳呈請　省府核示，每工程處此次

未填之作之各　十大已行文　本縣之府并工程處呈[illegible]已送之核　自行有案[illegible]七夫辦、則

須趕速列具上項手續，否則本府以無力負此責也

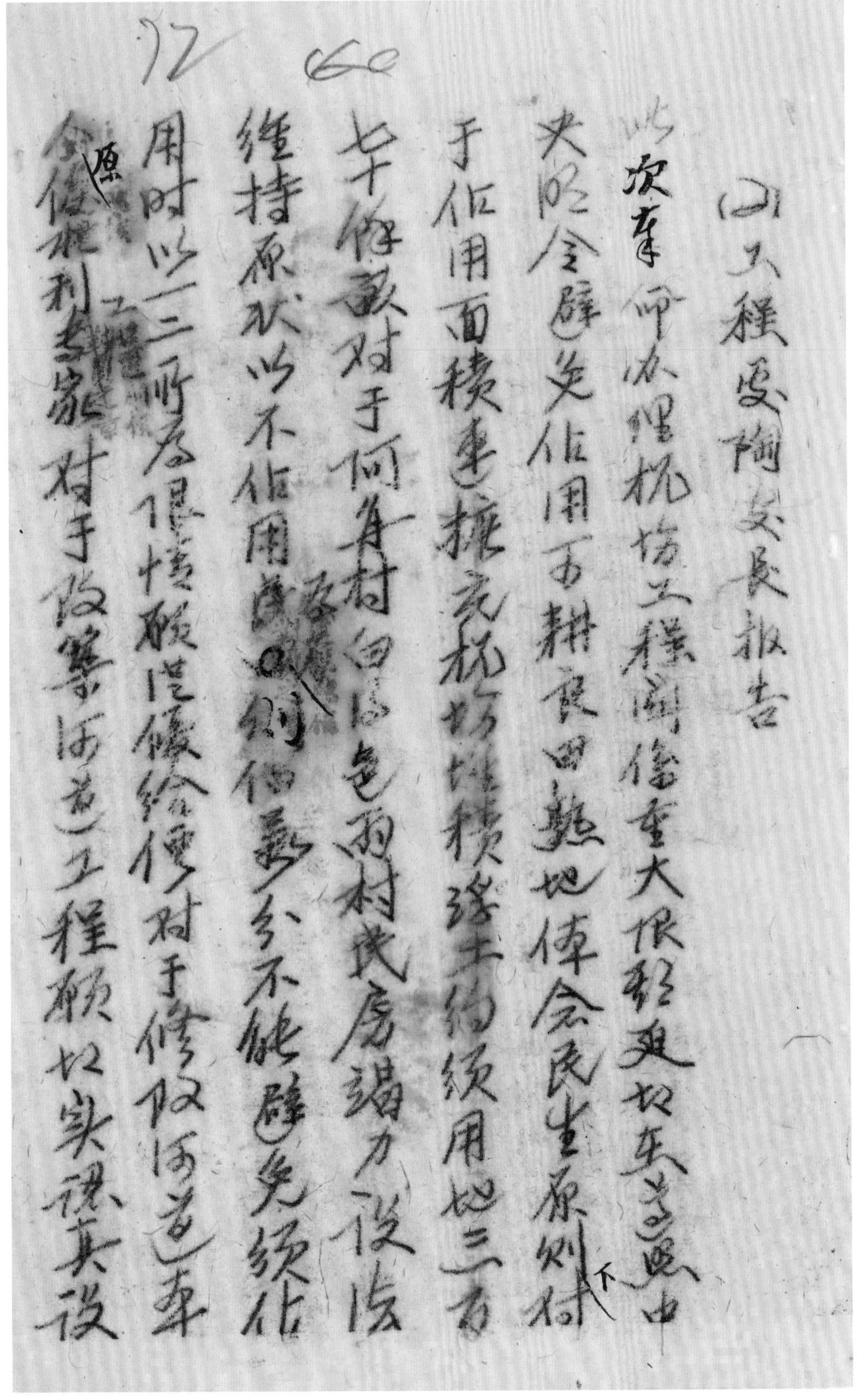

(四)工程处陶处长报告

此次奉命办理机场工程,关系重大,很想处处中央的令,避免占用可耕良田熟地,俾合民生原则下,于占用面积事,扩充机场地积,统用地三百七十余亩,对于何处村舍,而多村民房,竭力设法维持原状,以不占用为原则,但万不能避免侵占用时,以一二所为限,估计赔偿给价,对于修改河道,奉原令修提水利专家,对于改修河道工程,颇切实设计其设

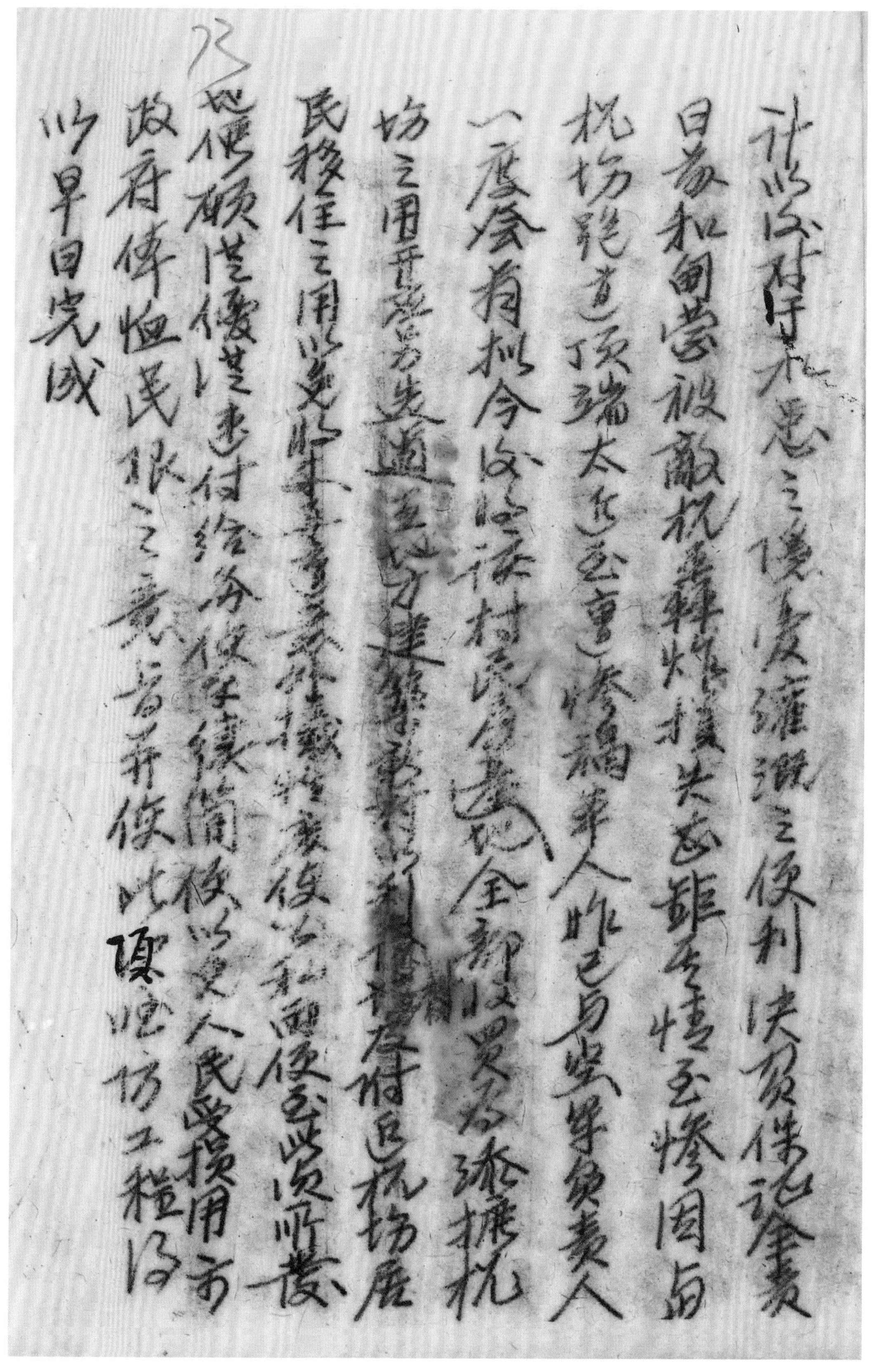

74

64

3.昆明县政府报告

昆明地方自抗战以后各重要机关工厂学校先后由各处迁移来昆明者甚为多，於修筑工厂营房及重要工程征用地亩甚巨，而修筑公路铁路机场等交通及国防之建设征用土地为数更多，现已形成人多地少，致耕种难以维生，以致地价激涨，远非外县地稀人稠土[illegible]瘠[illegible]者可比。且历来办理征地，[illegible]遵照法令规章办理，凡各机关征用耕地须先期绘图送县会勘，并请准省府令迳建于转呈省府核准后，即以最速(迅)简便之手续办理。此次工程处所征用耕地不论多寡，应请照法定程序办理，以重公令而杜纠纷。又此次工程处奉令扩充机场所征耕地坟地，系於四月廿日会同建设厅水利局派员及乡保长业户当详细勘丈，所征耕地坟地甚多，更改河流二条，取消民房所属所而堆积渣土，须征用地亩耕数目又未经确定成数，员及发议牺牲不少，县府以前标案大未敢擅专，已分别呈请

地關耕務，且又未經確定成數，且麥將收，不日興辦，以免有害大衆秋
穫，當已分別具請
省府迅予撥款，而東岸現有工程限期迫促，急待開工，兩者
務又蒙臺大應請迅速分別飭承，以便遵循（會商轉呈省府核示後）
五、鄉保甲長業户代表當場報告
此次擴充機場爲國防建設，鄉民當對於政府完成擴建大業，
踴躍擁護，愛國熱忱不敢後人，惟機場附近各村人民田地先後
征用六次，所餘田地已甚微，今後又繼續征用，並毀民房，
致此民等既不能安居謀生，勢必流離失所，特此共同請求：（一）
不征用人民住房；（二）地價請從優並從先發給；（三）改修河道，請
溝通水利兼顧灌溉；（四）豆麥已將成熟，請寬限時日，提前
收穫，以裕民食；（五）對機場附近民居危險堤埂應予設法救濟

乙、討論事項

1.徵用範圍如何規定

議決：(1)擴充機場部份照工程處勘定界址以竭力避免征用良田及取類經免為原則道路暨橋工改修河道約占征用田土三百七十六畝為限(2)場外修建倉庫及臨時增加工程需用之零星地畝暨永久交通路線所用耕地應由工程處繪具詳圖決定需用畝積送請省府還續另案辦理(3)臨時交通路所用耕地亦由工程處繪圖送省府作為租用以六個月為限

乙、(2)徵用手續如何規定

議決：因擴充機場及修建倉庫暨交通路線應由工程處

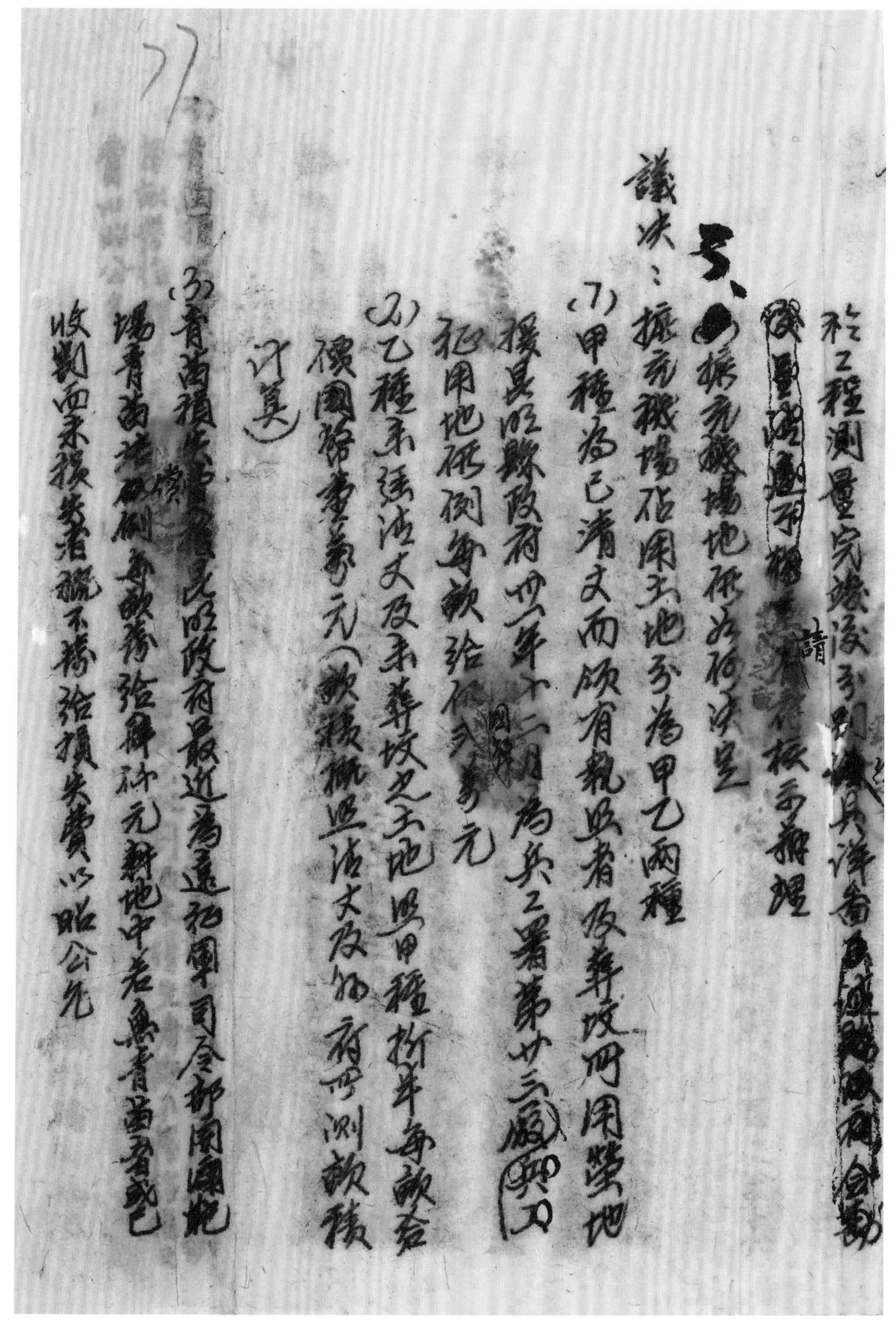

於工程測量完竣後予以[illegible]具詳查[illegible]政府會勘
由量隊[illegible]請[illegible]核予辦理

五、(一)擬充機場地價如何決定

議決：擬充機場佔用之地分為甲乙兩種
(1)甲種為已清丈而領有執照者及葬坟所用墳地
按照縣政府卅二年十二月為兵工署第廿三廠[illegible]
征用地價例每畝給[illegible]元
(2)乙種系未經清丈及未葬坟之土地照甲種折半每畝合
價國幣壹[illegible]元(畝積概照清丈及縣府所測畝積
計算)
(3)青苗損失[illegible]照縣政府最近為遠征軍司令部開闢機
場青苗[illegible]例每畝發給肆佰元耕地中有無青苗者或已
收割而未損失者概不發給損失費以昭公允

（三）臨時征用耕地由工程處詳細繪圖呈縣查勘酌作租用，租價照地價年息六分之一付給，租期以六個月為限，期滿若有繼續使用必要應另案辦理。

4. 征用面積如何規定

議決：凡征用之耕地已經清丈而領有執照者，概以清丈執照所載之畝積為標準，未經清丈之土地應以實際測丈之面積計算。

5. 發給地價青苗損失費及坟墓遷移費應如何辦理以免延遲開業

議決：擴充機場所用耕地由工程處會同縣府切實會勘計算後，應發各項價款由工程處全數一次撥交縣府負責保管撥發，並請速予工程處派員會同監放，以昭慎重而期迅速，並限一星期內全數發放清楚。

6. 具冊據委送工程處轉呈備查

擴充機場地面附著物如何辦理請公決

議决：(1)灌溉河流田工程處與原有之度安置至飛機場界外河時與築
延長多半作為下流灌溉與防洪患與廣之改修河道所需用之
土地概照舊第三條徵用土地甲種之規定依
(2)着各府有振興飛機場界內墳墓孫（着縣府奉令）限三日內由縣府會同工
程處整理後甲長通其墳主分別按至姓名程數詳細
造冊登記並於十日內由墳主向縣府領取遷移費自行遷移
若逾限不遷即由（縣政府）工程處代為僱工遷移其遷移費為撫卹另尋送移
費規定如下：
土墳每座給遷移費（國幣）壹仟伍佰元石墳每座給遷移費（國幣）
貳仟元（石及磚者作為土墳論）
(3)樹木限於呈准後十日以內由業主自行砍伐逾限即由工程處砍伐
徵用民房之補償給價辦法依公決辦

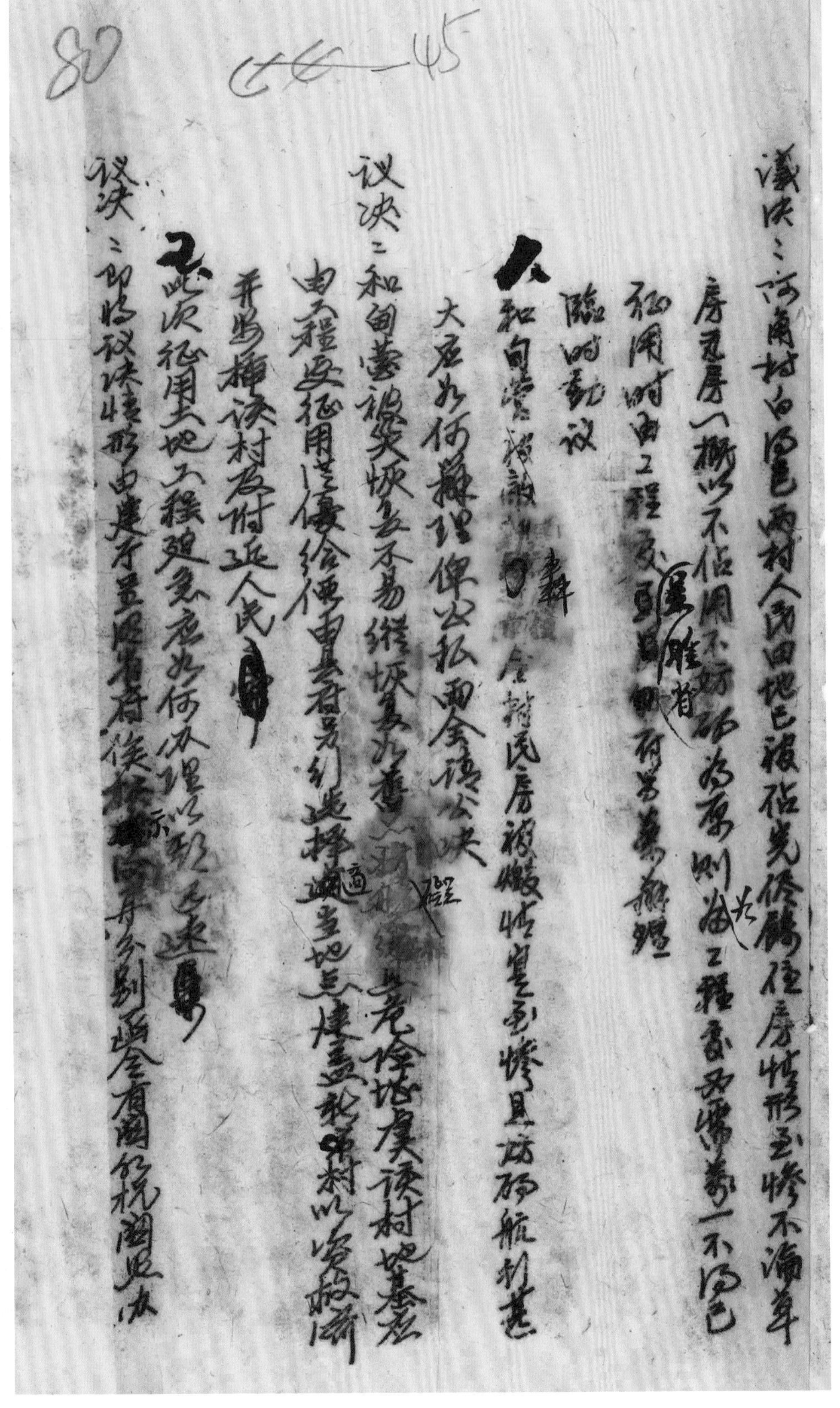

昆明县关于领到公路总局发给扩充巫家坝机场征民地款五百万元的领据（一九四三年六月八日）

貴該項地價款國幣伍佰萬元正於卅二年六月九日由李向向昆明機場工程處領交昆明縣政府領訖即領存案可也祈

核，存六、十

卅二、六、九、

印領

昆明縣政府今於

與印領事實領到

雲南省公路總局發給擴充巫家壩機場征用白得邑苜蓿廠阿角等村民人耕地墳墓房屋森林應發地價房價樹價墳墓遷移費青苗損失等費先行具領國幣伍百萬元正轉發各村業户

71

具領支用事竣造册報銷中間不虚理合出具印領是實

中華民國三十二年六月八日縣長高直青

昆明飞机场工程处、云南省公路管理局关于确定扩建机场征地费发放时间地点的往复文件

昆明飞机场工程处致云南省公路局的公函（一九四三年六月十九日）

军事委员会工程委员会昆明飞机场工程处

事由：为发放机场征用地亩地价请将发放日期地点见示以便派员会同发放由

拟办：

决定办法：经与县府商妥订七月九日发放地价地点昆明县政府时间每日下午二至六时届时请派员参加为荷　七月六日

查本处机场工程征用地亩前经与贵局及昆明县政府洽商解决并经先行拨付地价国币伍佰万元送请贵局收存备发在案该项发价手续照会议纪录议决由本处会同

军事委员会工程委员会昆明飞机场工程处公函　昆总

中华民国卅二年六月廿贰日收到

中华民国三十二年六月十九

No 1017

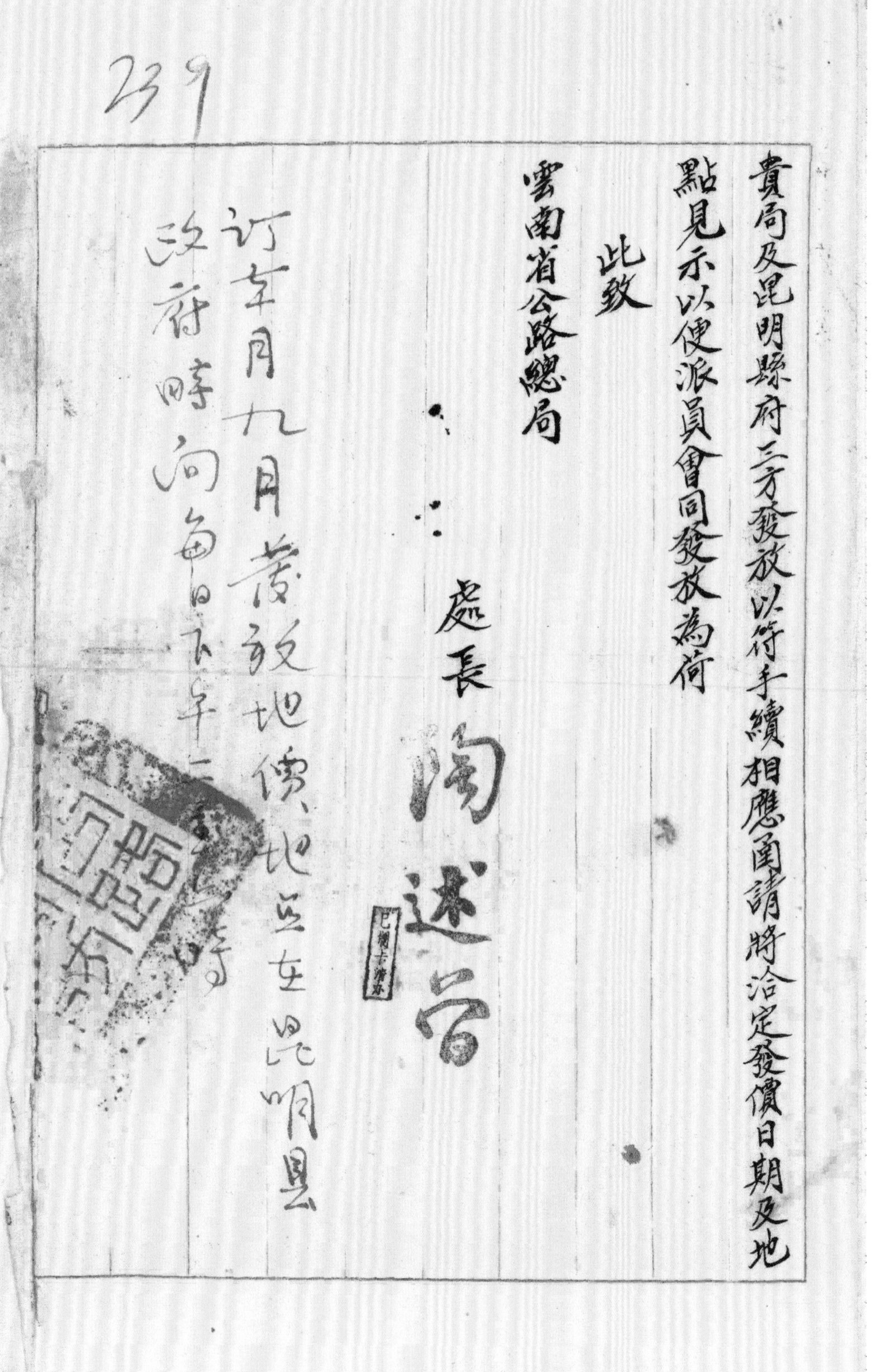
239

貴局及昆明縣府三方發放以符手續相應函請將洽定發價日期及地點見示以便派員會同發放爲荷

此致

雲南省公路總局

處長　陶述曾

訂本月九日發放地價，地點在昆明縣政府，時間每日下午二時

云南省公路管理局致昆明飞机场工程处的公函（一九四三年七月八日）

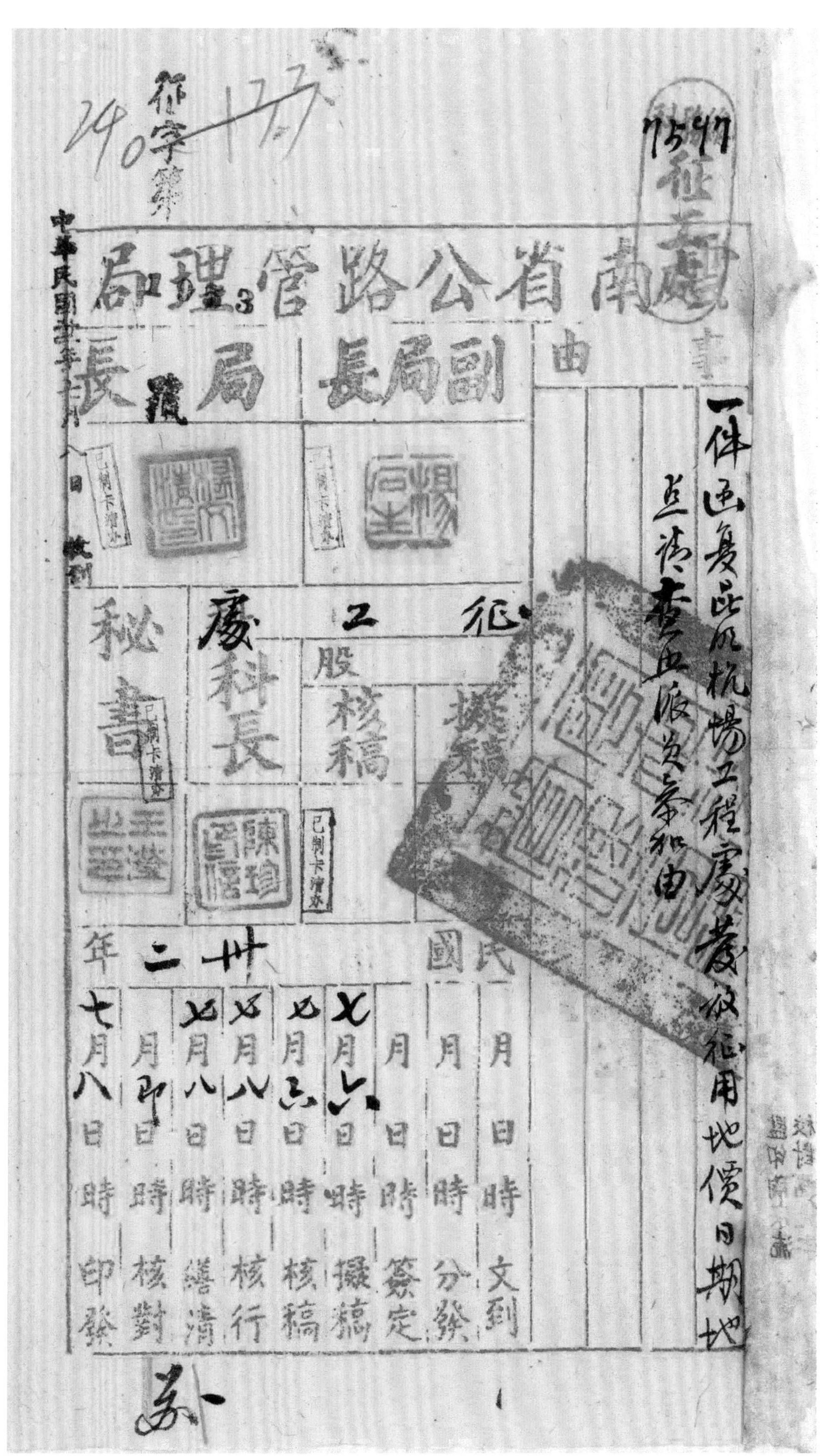
雲南省公路管理局

事由：一件函復昆明機場工程處發放征用地價日期地點請查照派員參加由

局長　副局長

秘書

征工處　處科長　股　核稿　擬稿

中華民國卅二年七月八日發到

文到	月 日 時	
分發	月 日 時	
簽定	月 日 時	
擬稿	七月六日 時	
核稿	七月六日 時	
核行	七月八日 時	
繕清	七月八日 時	
核對	月即日 時	
印發	七月八日 時	

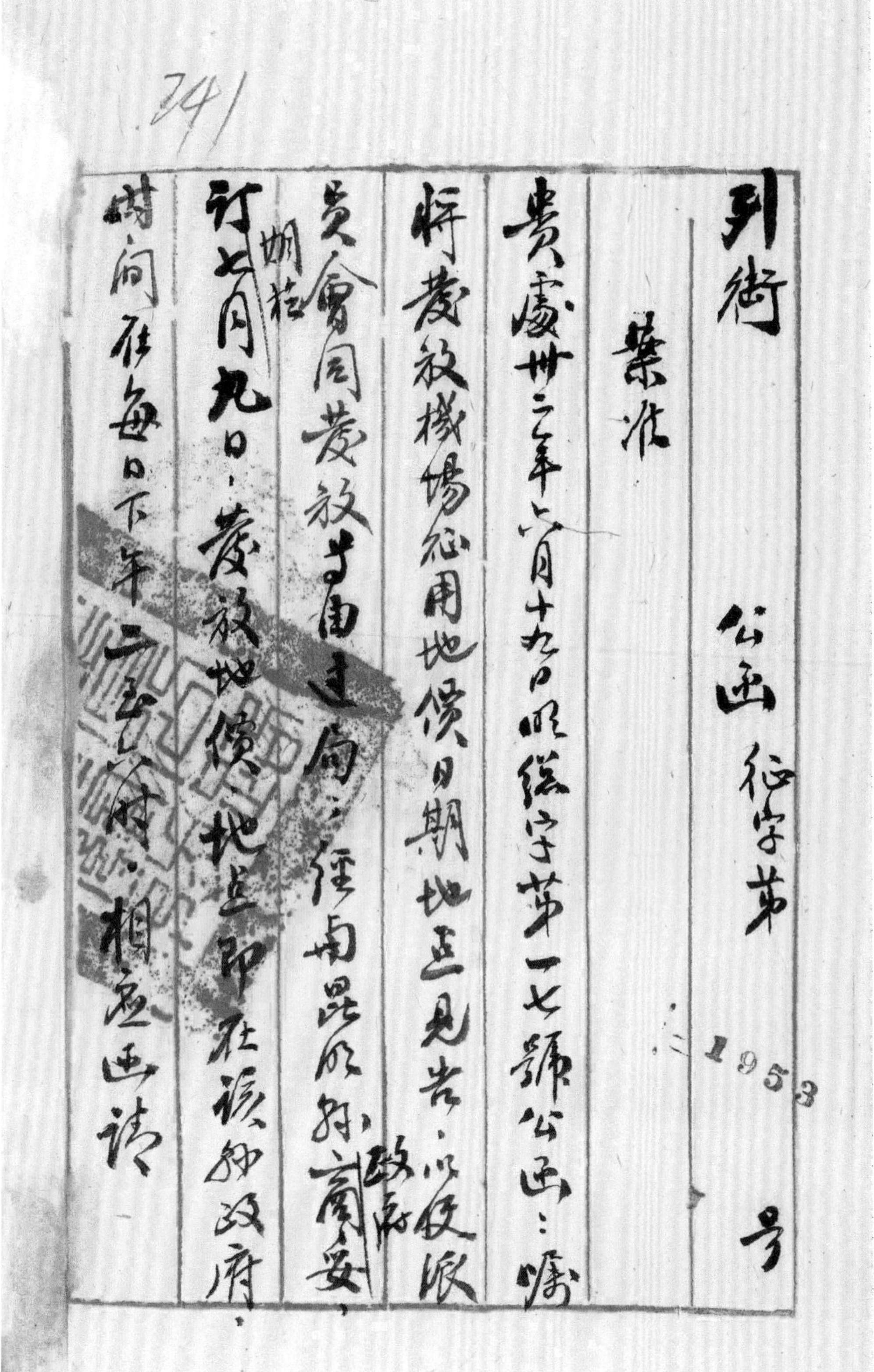

341

列衔　　公函　徵字第　　号

案准

贵处卅二年六月十九日昭经字第一七号公函："嘱将发放机场征用地价日期地点见告，以便派员会同发放"等由，过府，经由昆明县政府商妥，订七月九日、发放地价，地点即在该县政府，时间在每日下午二点，相应函请

1953

查照届时派员参加为荷！

此致

昆明飞机场工程处

衔名

243
中華民國卅二年 月 日
監印何品秩
校對段 銓

云南省公路管理局关于速发机场扩建土地征用款致昆明县政府的训令（一九四三年六月二十六日）

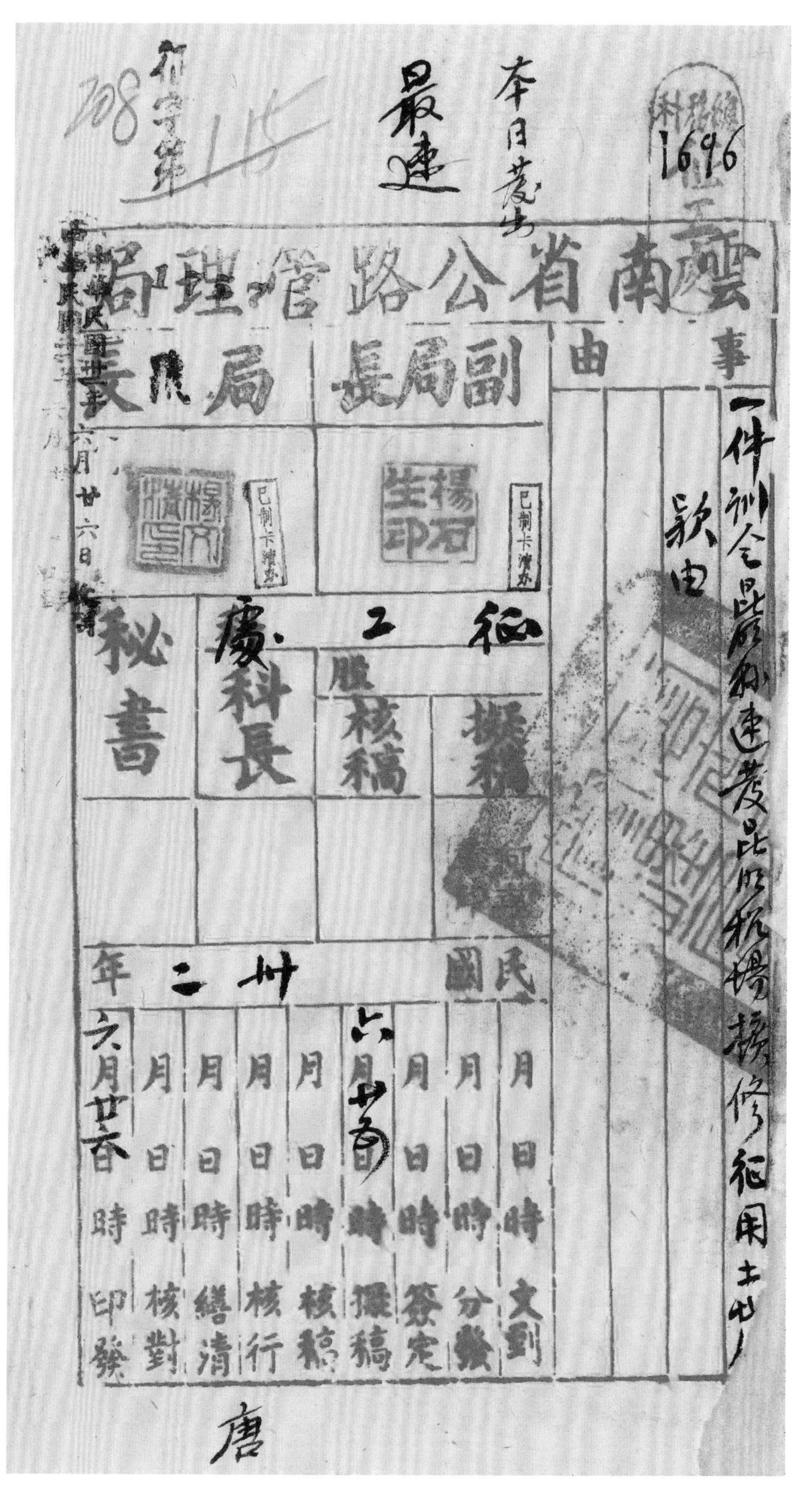

雲南省公路管理局

局長	副局長	秘書	科長	核稿	擬稿

民國卅二年

月日時	月日時	月日時	月日時	月日時	月日時	月日時	月日時	月日時
文到	分發	簽定	擬稿	核稿	核行	繕清	核對	印發

事由

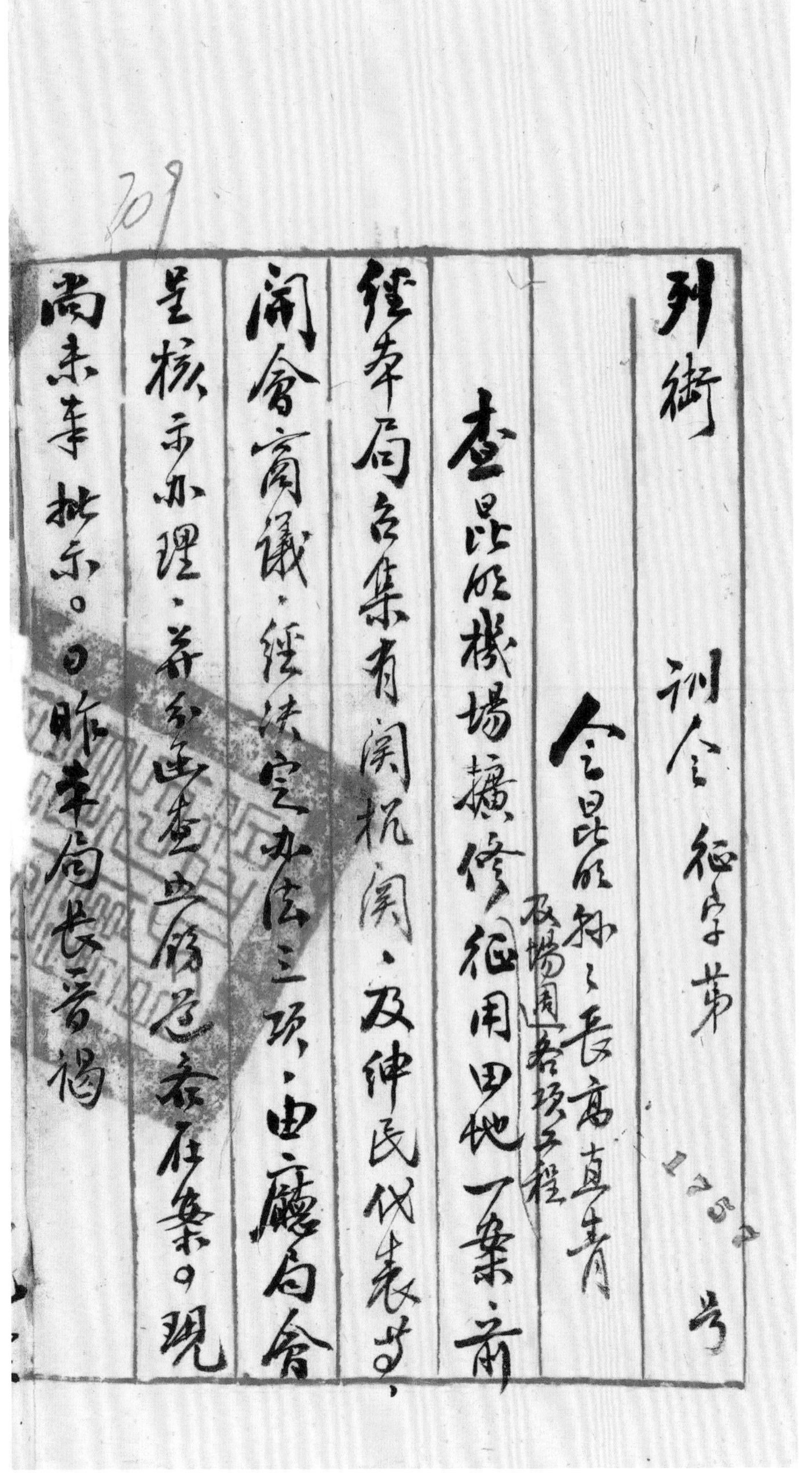

列衔　训令　征字第　号

令昆明县县长高直青（及机场周边各项工程）

查昆明机场扩修征用田地一案，前经本局召集有关机关、及绅民代表等，开会商议，经决定办法三项，由厅局会呈核示办理，并分函查照各在案。现尚未奉批示。○日昨本局长晋谒

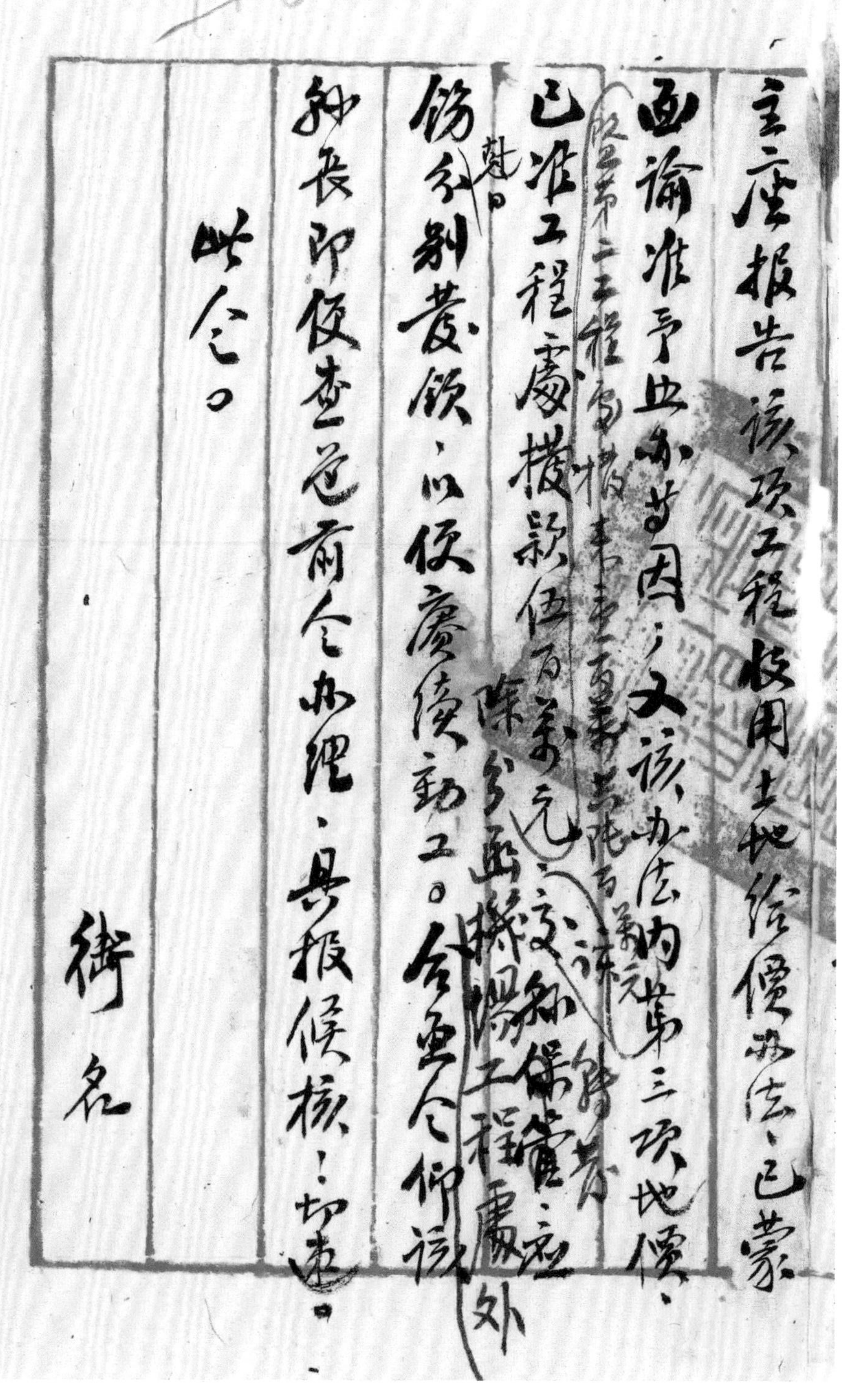

主座報告該項工程收用土地給價辦法，已蒙

函諭准予照辦等因；又該辦法內第三項地價，

已准工程處撥款伍百萬元，除分函撥該工程處外，合亟令仰該縣保管，應

飭分別發領，以便廣續動工。

縣長即便查照前令辦理，具報候核！切切。

此令。

銜名

中華民國廿二年六月 日

蓋印何品铢

昆明飞机场第二工程处关于扩建机场需再征地会勘致云南省建设厅的公函（一九四三年六月二十五日）

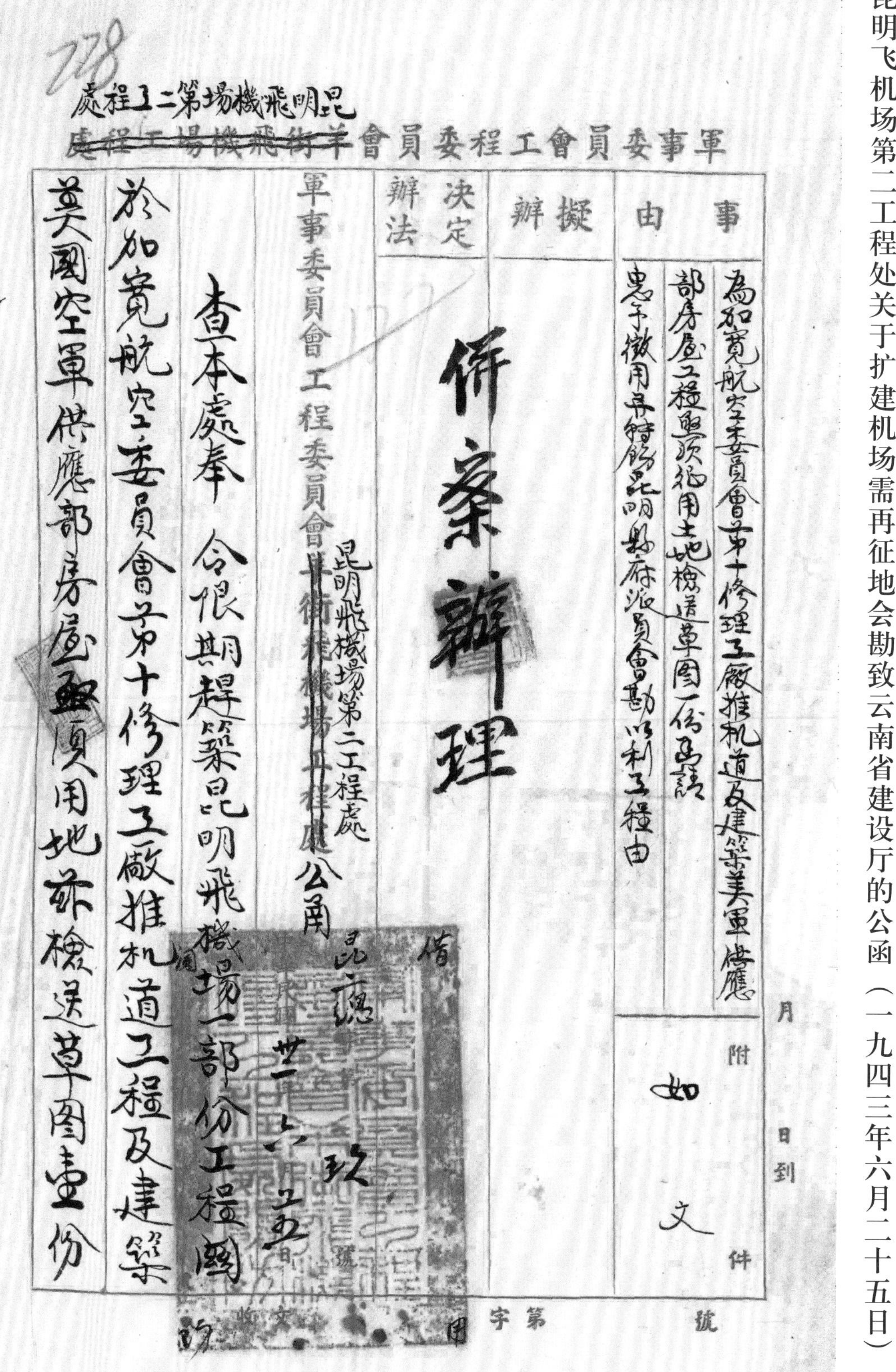

軍事委員會工程委員會~~羊街飛機場工程處~~
昆明飛機場第二工程處

事由	為加寬航空委員會第十修理工廠推机道及建築美軍供應部房屋工程所須征用土地檢送草图一份函請惠予徵用並飭昆明縣府派員會勘以利工程由
擬辦	
決定辦法	併案辦理

軍事委員會工程委員會~~羊街飛機場工程處~~昆明飛機場第二工程處公函

昆總
卅二 六 廿五

查本處奉令限期趕築昆明飛機場一部份工程，關於加寬航空委員會第十修理工廠推机道工程及建築美國空軍供應部房屋所須用地，兹檢送草图壹份

附件：如文

月　日到

字第　號

229

相應函請
貴廳惠予徵用并予轉飭昆明縣政府迅即派員會勘
以利工程爲荷
此致
雲南省建設廳
附送草圖一份
處長 沈
校對唐鴻祺
監印謝少文
巳制卅一號

云南省政府关于协助办理扩修巫家坝机场征地事宜致云南省建设厅的训令（一九四三年六月二十八日）

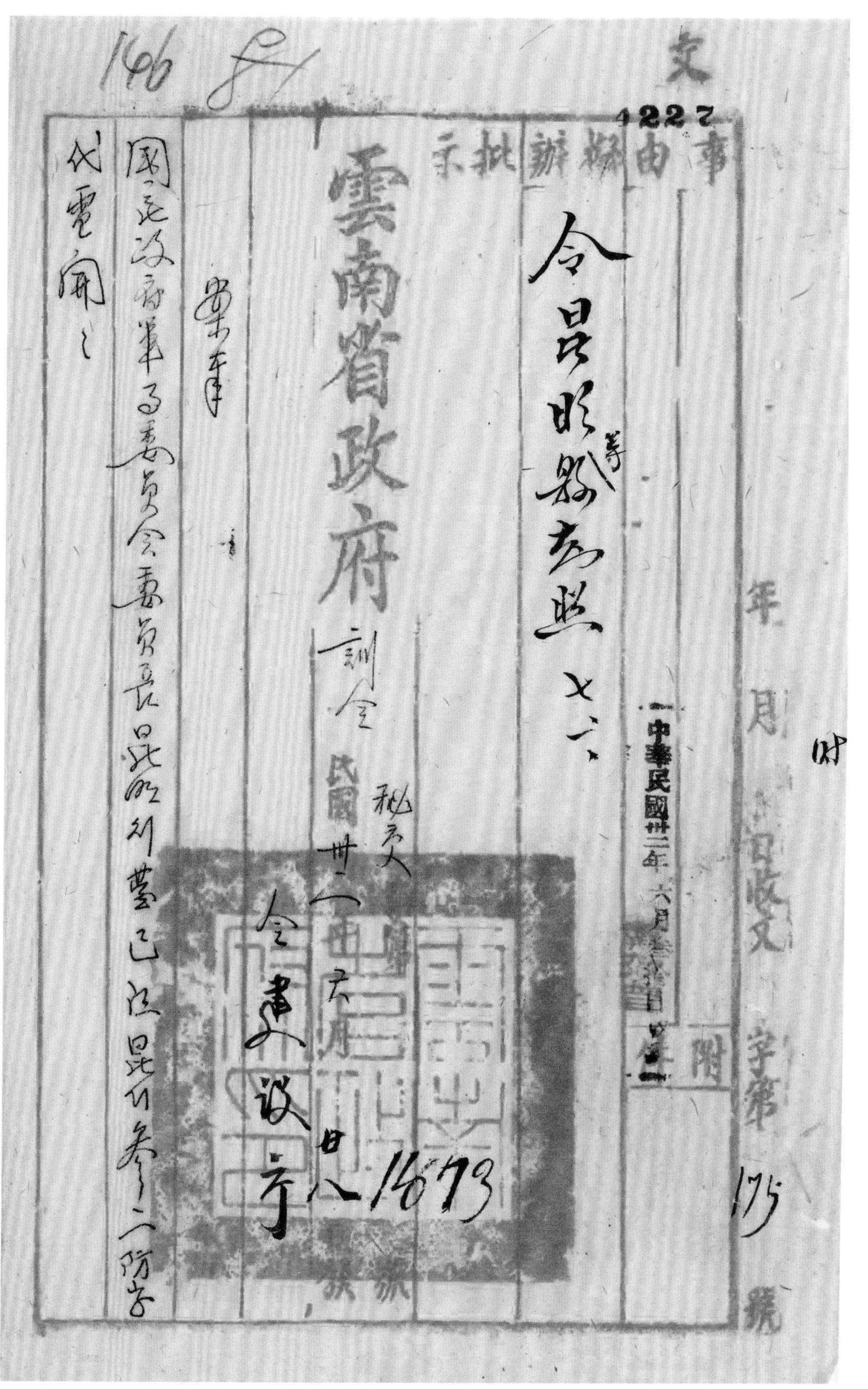

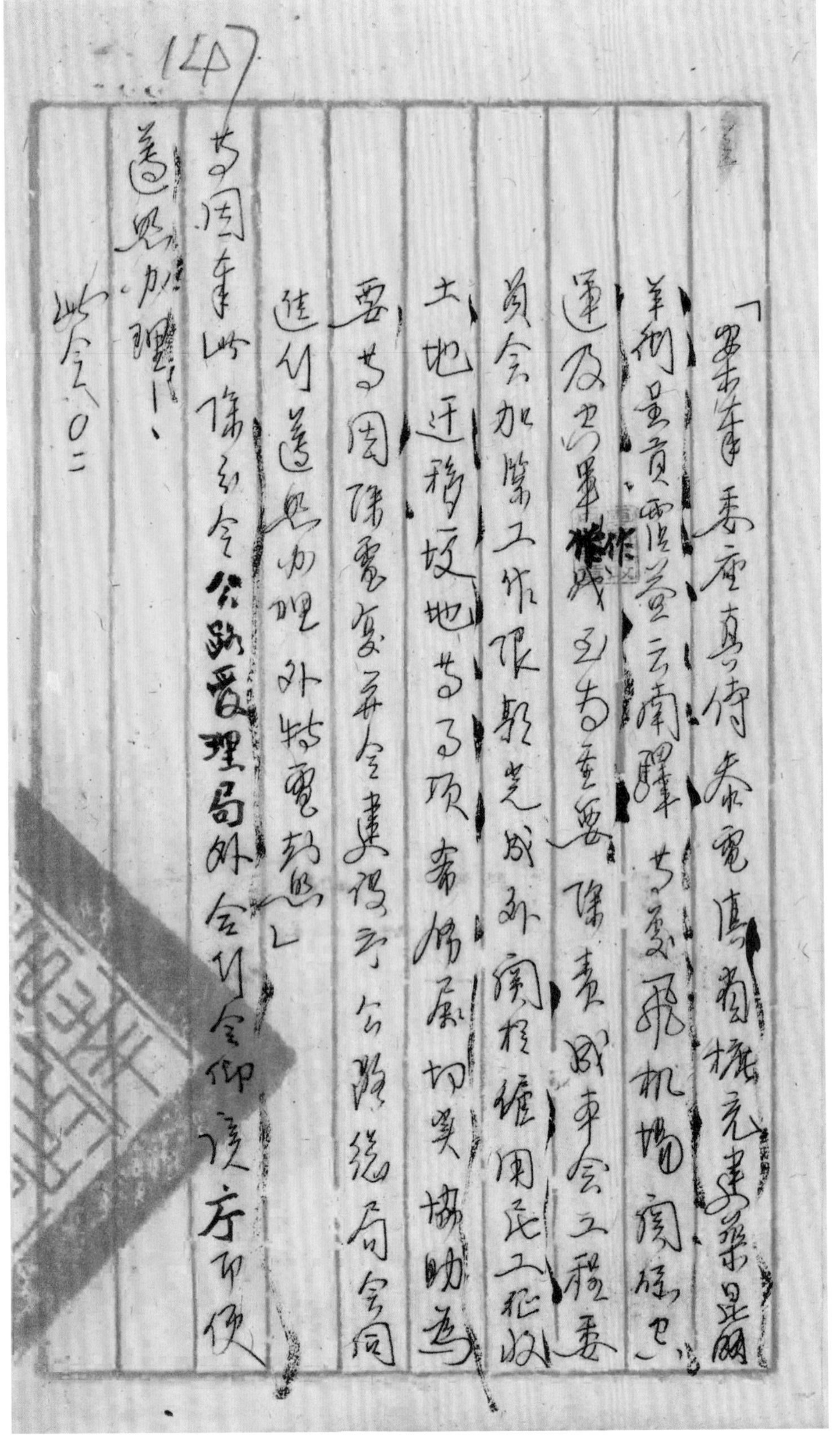

140

「案奉委座真侍秦电：闻扩充建筑昆明羊街呈贡霑益云南驿等处飞机场关系也，运及军事至为重要，除责成本会工程委员会加紧工作限期完成外，关于征用民工征收土地迁移坟地等各项希饬属切实协助为要。等因。除电复并令建设厅、公路总局会同进行遵照办理外，特电转照」等因，奉此，除分令公路管理局外，合行令仰该厅即便遵照办理！

此令。〔一〇二〕

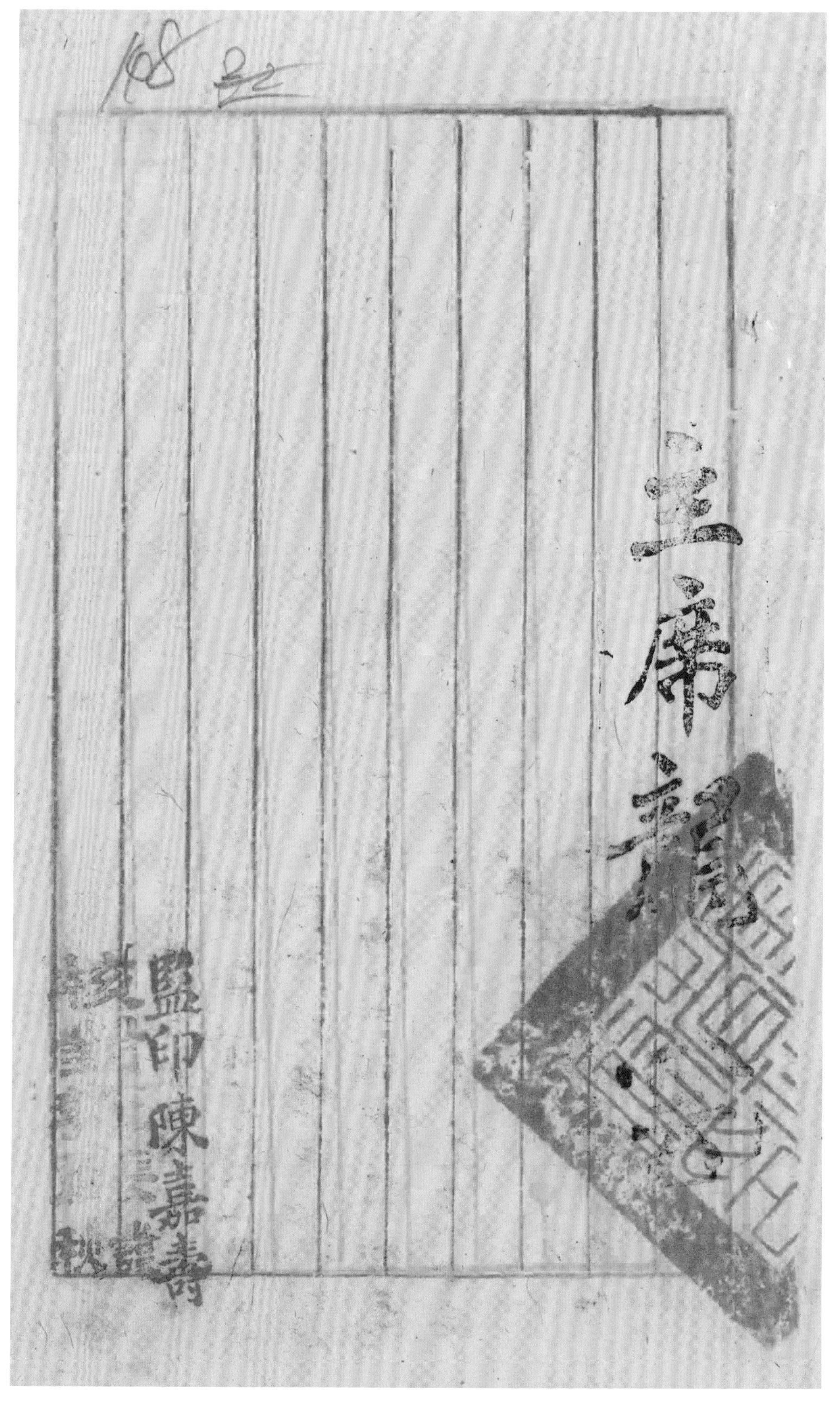

三席龍

監印陳嘉壽

昆明县政府关于请速催发扩修巫家坝机场征地费尾款致云南省建设厅的呈（一九四三年九月三日）

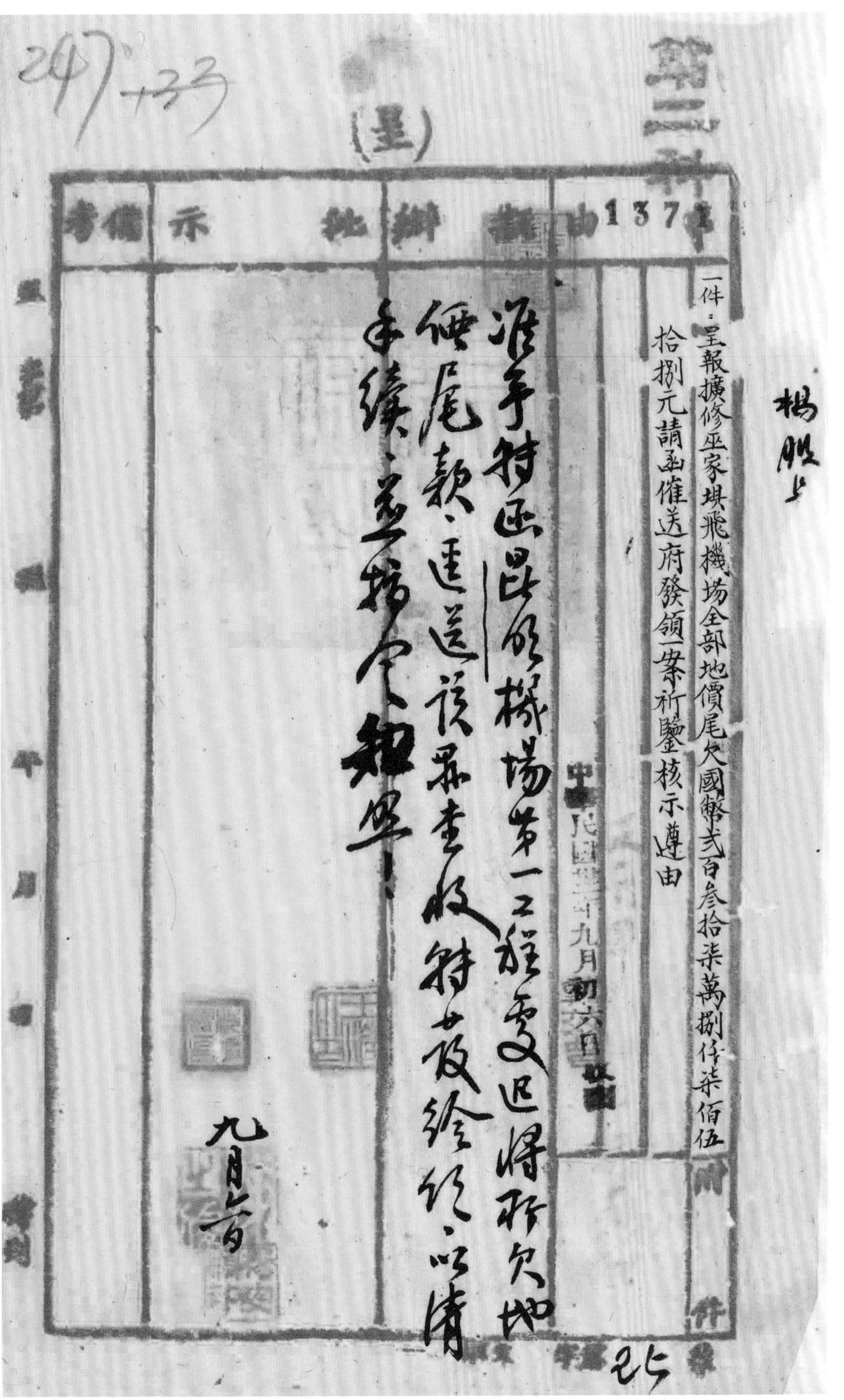

268

呈為呈報事：案查此次擴充巫家機場，改修河道司令部辦公室交通路及修築倉庫等項工程，征用上肖營，阿角村，白得邑，曉東村，土橋村和甸營，元寶村，大羊方四，大麻苴等村民人耕地，及青苗損失，遷移坟墓共合應發地價，坟墓遷移費，青苗損失費，截至七月底止，共計國幣壹仟肆佰叁拾柒萬捌仟柒佰伍拾捌元，除先後向昆明飛機場第一工程處領到國幣壹仟弍佰萬元，業已訂期自七月九日起在職府開始轉發人民領取，並經函請該處派員會同監放，以昭鄭重，並佈告各村業戶遵照各在案。現在此項送到之地價壹仟弍佰萬元，早已發領無餘，下欠尾數地價國幣弍佰叁拾柒萬捌仟柒佰伍拾捌元，而各村未領地價各業戶，以田地坟墓被佔，生活困難，逐日紛紛到府守催給領，甚為迫切，實屬無法應付，業於八月十六日以文電請該處尅日一次送府，以便繼續發領，而安民心在案。現尚未准函送前來，項聞該工程處不日結束遷移

229
130

誠恐此項尾欠地價遷延日久，實難結束，理合將擴修機場及修築倉庫佔用耕地坟墓應發地價各費列表具文呈報，請祈鈞廳俯賜鑒核！准予轉函該五程處，尅日將此項尾欠地價送府，以便繼續發領，而清手續，仍祈指令飭遵！除分呈省政府外，

謹呈

雲南建設廳廳長楊

計呈地價表一份

昆明縣縣長高直青

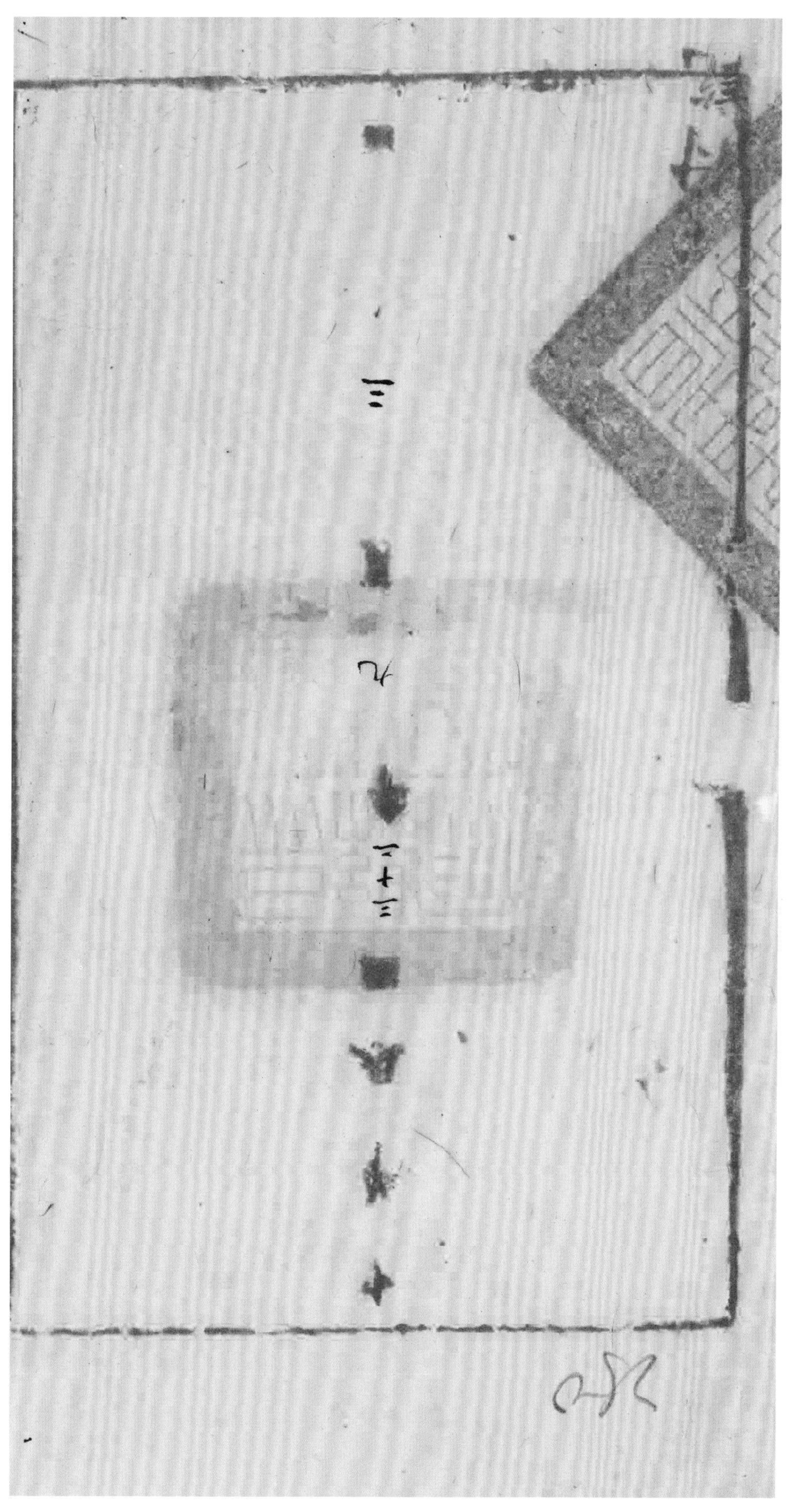

附：地价表

机	场	补	价			
征地村别	中中则以上贰万元耕地	中中则以下壹万六千元耕地	坟地壹万六千元	荒地壹万元	有青苗耕地3000元	土坟堆数
上苜蓿村	43公.446	无	61公.580	5公.700	13公.116	土坟541堆
阿角村	6.513	无	93.360	5.560	无	土坟984堆
台湾邑村	33公.612 熟地0.370	10公.002	15.430	11.300	5.384	土坟202堆
晓东村	无	43公.337	9.160	0.300	40.337	土坟158堆
土桥村	33.360	无	120.90	无	30.380	土坟88堆
和甸营元宝村	21.030	5.392	0.690	无	20.109	土坟17堆
合计亩数	233公.160	56公.131	188公.310	23公.860	109公.326	土坟1990堆
合计国币数	4663200.00	898096.00	3163386.00	238600.00	328378.00	2985000.00

合计机场补价共征用耕地坟地亩积4858.61亩 土坟1991堆 共发国币11848834.00

仓库部份

征地村别	中中则以上式万元耕地	中中则以下一万六千元地价	坟地一万六千元	赔偿损失熟耕地	有青苗耕地	土丘坟塚数
大羊方四赫荳村	56848	54333	9400	31611	111121	土坟40塚
合发国币数	113646.00	868368.00	6400.00	44833.00	33336.00	60000.00

合计仓库部份共征用耕坟地111573 土坟40塚 共发国币3449,424.00

总计第一二程处共征用地亩及塚数 耕坟荒地亩积伍百玖拾陆亩玖分捌厘式毫

土丘坟塚数 式千零叁拾壹塚

合发国币数 总共发国币数壹千捌百叁拾柒万捌千柒佰伍拾捌元

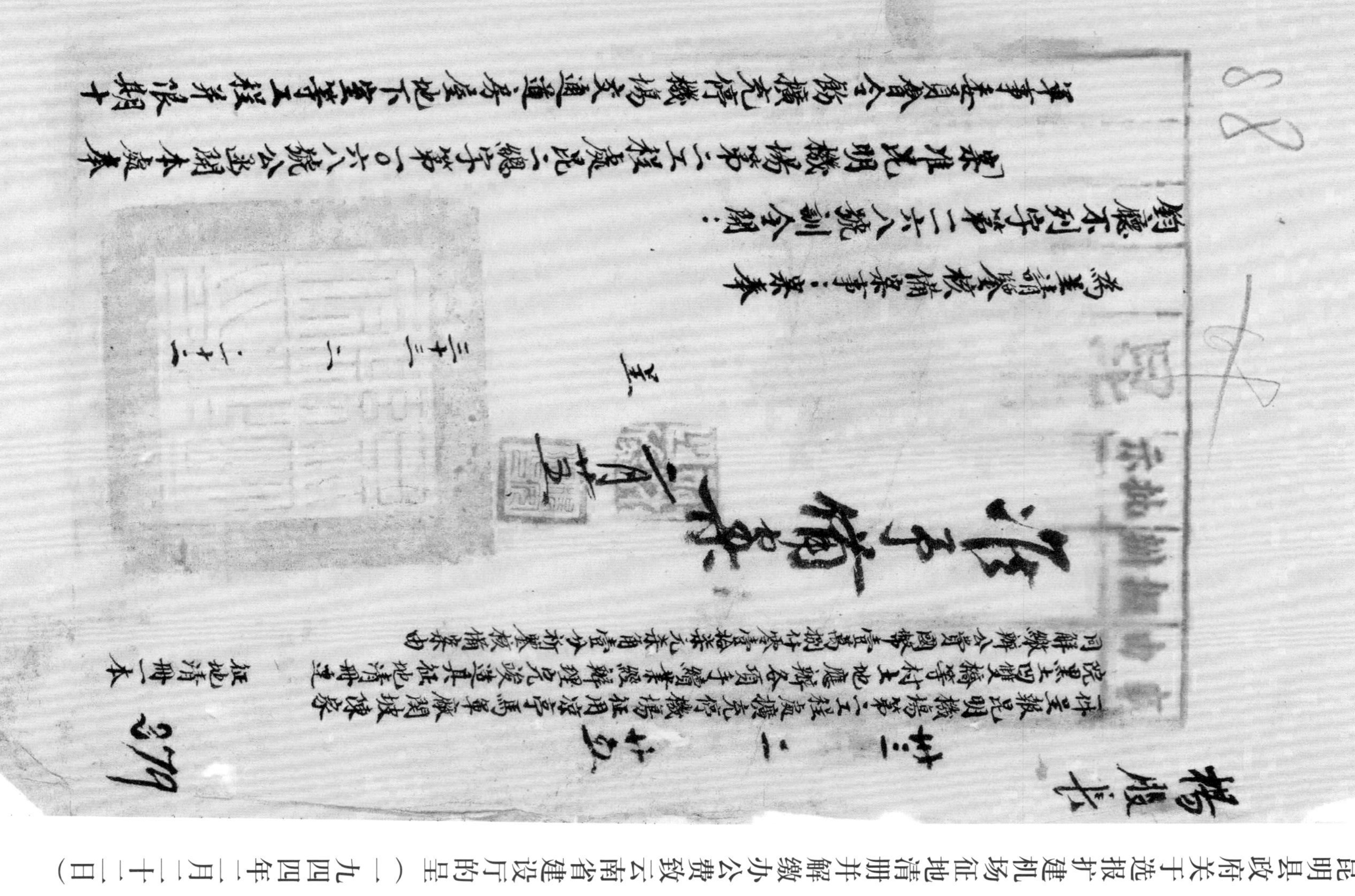

昆明县政府关于选报扩建机场征地清册并解缴办公费致云南省建设厅的呈（一九四四年二月二十二日）

楊股長

廿三 二 廿五

事由：一件呈報昆明機場第二工程處擴充停機場征用涼亭馬軍廠閔坡陳家院黑土凹雙橋等村土地應辦各項手續業經辦理完竣造具征地清冊連同解繳辦公費國幣壹萬捌仟零壹拾柒元柒角壹分祈鑒核備案由

征地清冊一本

批示：准予備案 二月廿五

呈 三十三 二 二十二

為呈請鑒核備案事：案奉

鈞廳不列字第二六八號訓令開：

「案准昆明機場第二工程處昆二總字第一〇六八號公函開本處奉

軍事委員會令飭擴充停機場交通道房屋地下室等工程并限期十

89

月十日以前完成計需在空軍第五路司令部附近加征地畝三處約共十餘畝石虎關附近一處約五六畝第十修理廠公路旁二處約十餘畝以限期迫切立待興工擬請惠予迅飭昆明縣政府按照本處以往征用地畝辦法由本處先將地價撥交縣政府轉發并由縣府即日派員會勘准予一面辦理發價手續一面先行開工並轉飭該管保甲長及業主知照除另函昆明縣政府外相應函請查照惠予協助辦理見復為荷等由准此應予照辦除函復外合行令仰該縣長即便遵辦並尅日派員會同該處

查勘具報切速此令」

等因。奉此。自應遵辦。查此次昆明機場第二工程處奉令擴充停機場交通道等項工程，征用職縣所屬凉亭馬軍廠閣坡陳家院黑土凹雙橋等村土地計耕地

90

一三・三一二畝坟地三四・八八七畝損傷青苗九・二一三畝遷移土坟伍佰伍拾塚照上年飛機場征用阿角村地價計算（耕地每畝貳萬元坟地每畝壹萬陸仟元青苗損失費每畝叁仟元土坟遷移費每塚壹仟伍佰元）應發各項價款共計國幣壹佰捌拾萬零壹仟柒佰柒拾壹元，照案扣辦公費百分之三合國幣伍萬肆仟零伍拾叁元壹角叁分，以三分之一（即百分之一）解繳

鈞廳合國幣壹萬捌仟零壹拾柒元柒角壹分，其餘三分之二，除辦公所需一切費用外，於發價年關分別津貼 職府各部員工，現各項手續，業經辦理完竣，理合造具征地清冊連同解繳款項備文呈請

鈞長俯賜鑒核備案。

謹呈

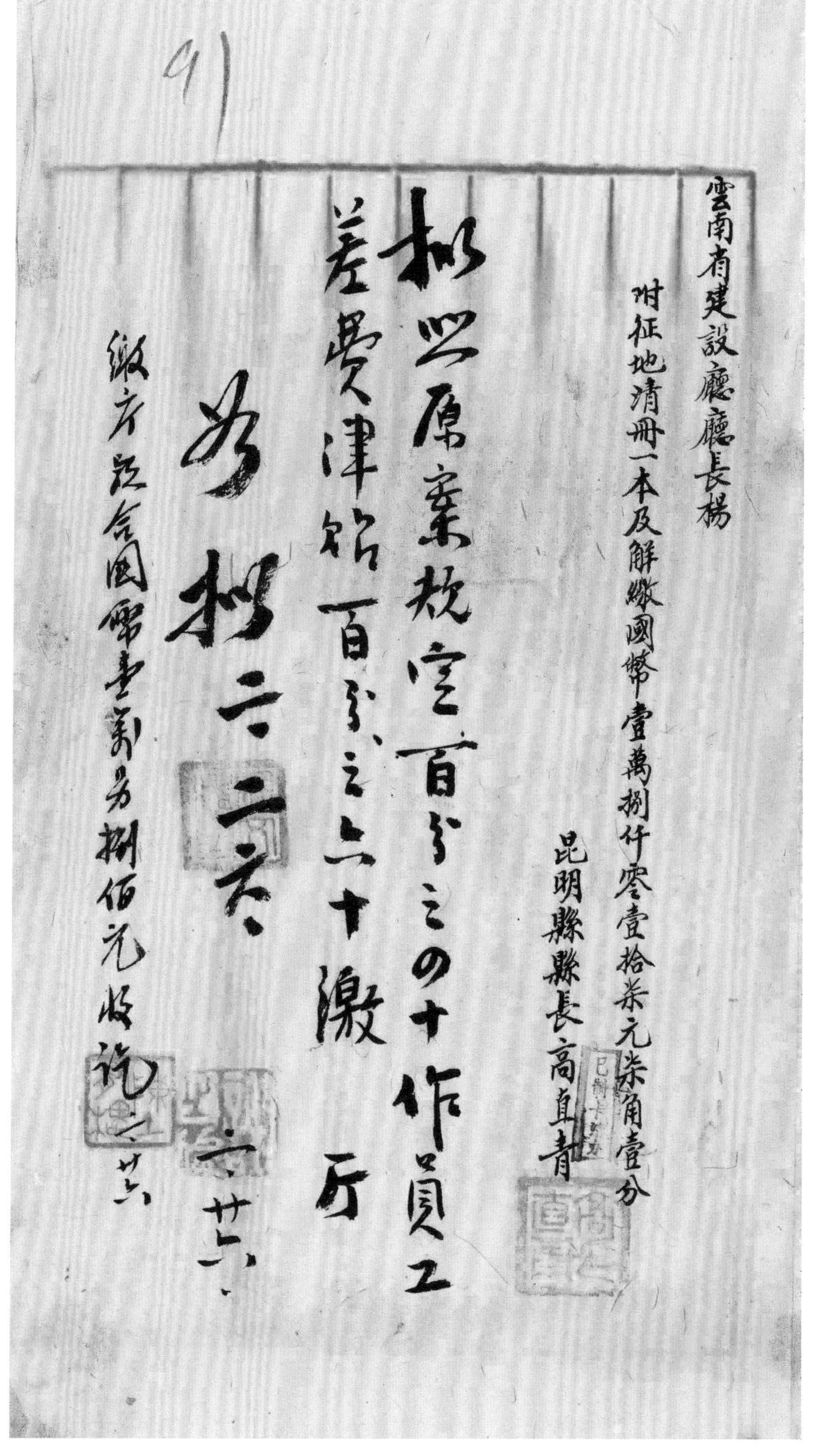

雲南省建設廳廳長楊

附征地清册一本及解繳國幣壹萬捌仟零壹拾柒元柒角壹分

昆明縣縣長高直青

93

計開

經常費 每月二〇四七元

水利局
生活補助費 四三〇〇
特殊事業費 四七九八六
臨發事業費 四四五二

經常費 二九六五

林務處
生活補助費 五〇〇〇
特殊事業費 一二〇〇〇
臨發事業費 六三一八

經常費 八〇九

第一園藝試驗場
生活補助費 一六五〇
臨發事業費 八九一五

經常費 七九五

第一苗圃
生活補助費 十一〇〇
臨發事業費 二八八

綠丰村林場　經常費　一,三〇一
　　生活補助費　二,〇〇〇
第二林場　經常費　二,三六六
　　生活補助費　二〇〇
　　特殊事業費　九,一一四　該所生活補助費係自願捨出
棉蔴改進所　生活補助費　八,六〇〇　附　除外尚須追南分區林務局及開遠農場經費五萬係由財廳自籌付用
　　特殊事業費　八,四〇〇
茶業改進所　經常費　三,四四九　該所經常生活補助費係自願
　　生活補助費　二,七〇〇
調查設計委員會　經常費　三六六
　　縣撥事業費　一,五七八　該會費用係由縣內代办
第一茶場　經常費　二一八
水產試驗所　縣撥事業費　六,三一八
藥物改進所　縣撥事業費　四,五一三

測繪室　廳發事業費　一，八〇三　併於廳經費內办理

廳發事業費　三，七二五　前一月至三月領過一萬元後

園藝改進所　特殊事業費　四，〇〇〇　未據領

蠶林育種場　特殊事業費　一二，八〇〇

病虫害防治所　特殊事業費　六，〇〇〇

熱帶作物種植費　特殊事業費　四，八〇〇　迤西分場及河口試驗場各分一半又河口場另領經常生活補助各費

鑛產調查所　特殊事業費　二四，〇〇〇

鑛產化驗所　特殊事業費　四，二五一

工商事業費　特殊事業費　一六，〇〇〇　一至六月未領數

技工訓練班　特殊事業費　六，〇〇〇　仝　上

建設督導室　特殊事業費　二，四〇〇　仝　上

農具改進所　特殊事業費　七，一七三　仝　上

河口試驗場　經常費　二，五〇三　該場經常生活補助費未由廳

生活補助費　二，二五〇　領發

稻麥改進所事業費　經常費　一九,〇一〇　仝　上
生活補助費　九,〇〇〇
蠶桑改進所事業費　未　詳　仝　上
經常費　二九,六六五
生活補助費　未　詳
蠶業技術班　經常費　五一,六六六　仝　上
迤南分區林務局　經常費　二四八〇　該局經費由棉改所領用
迤南分場　經常費　三九七　仝　上
經常費　一九六九　該場經費未由雁領發
賓川棉作試驗場　生活補助費　未　詳
經常費　五四一五　仝　上
度量衡檢定所　生活補助費　未　詳
經常費　一八七六　仝　上
第二苗圃　生活補助費　未　詳　仝　上
蠶桑推廣費臨時費　一三八八　仝　上

云南省建设厅关于开会商讨扩修巫家坝机场征地事致第三十七工程处等机关的便函（一九四五年二月十六日）

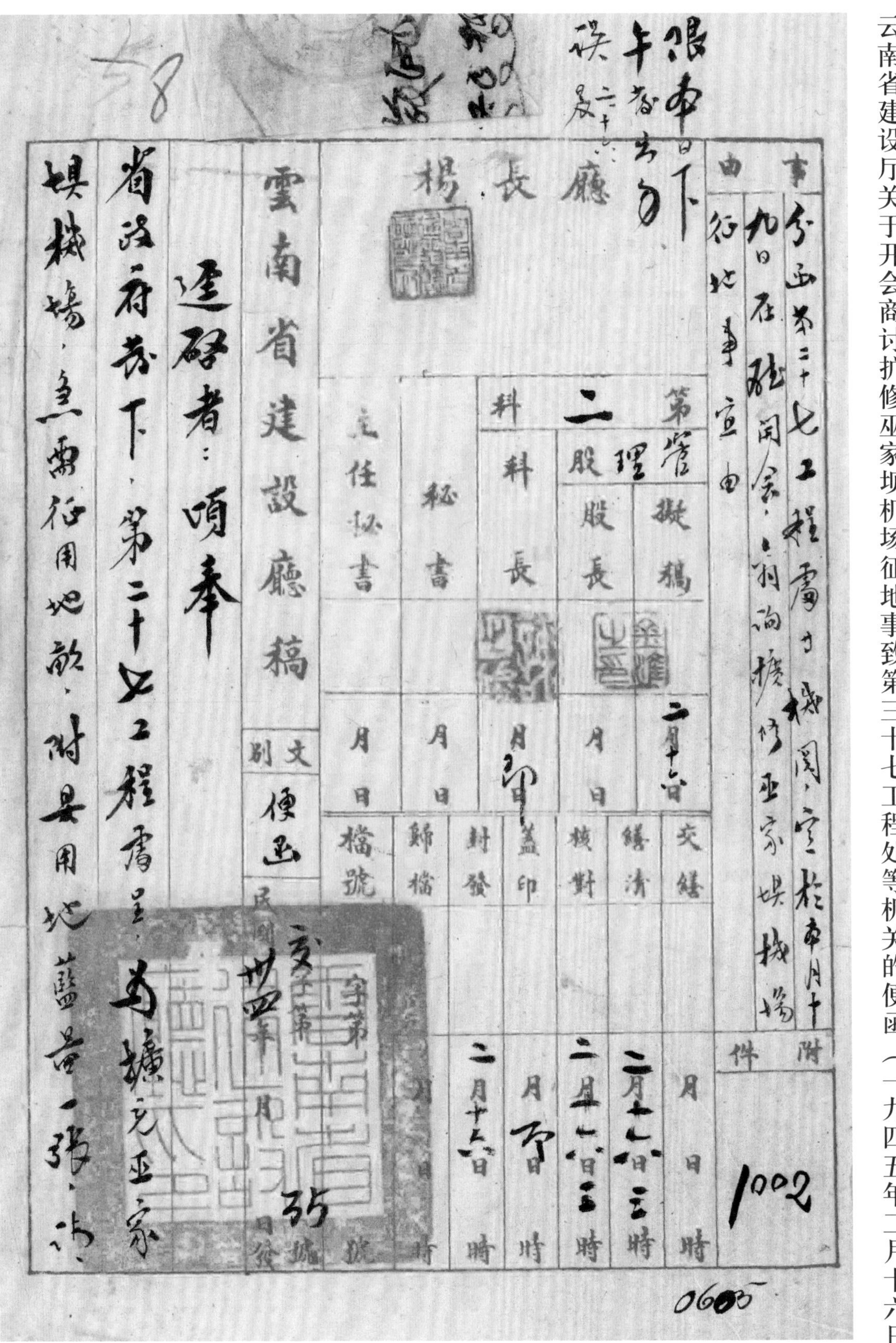

准征用，以利工作。等情；奉
主席谕：「交杨县长详细查复再夺。」等
因；奉此，自应遵办。兹定于二月十九日（星
期二）午后二时，邀集有关机关及地方人民代
表，在本县会议室，先行谈商，以便议
拟呈复。除分函外，相应函请
查照，即希钧府指派贵府秘书长负责人准时
莅县出席，并希饬同里面当村地方首长及人民代表同时
是为至盼！
此致
屯溪县长公

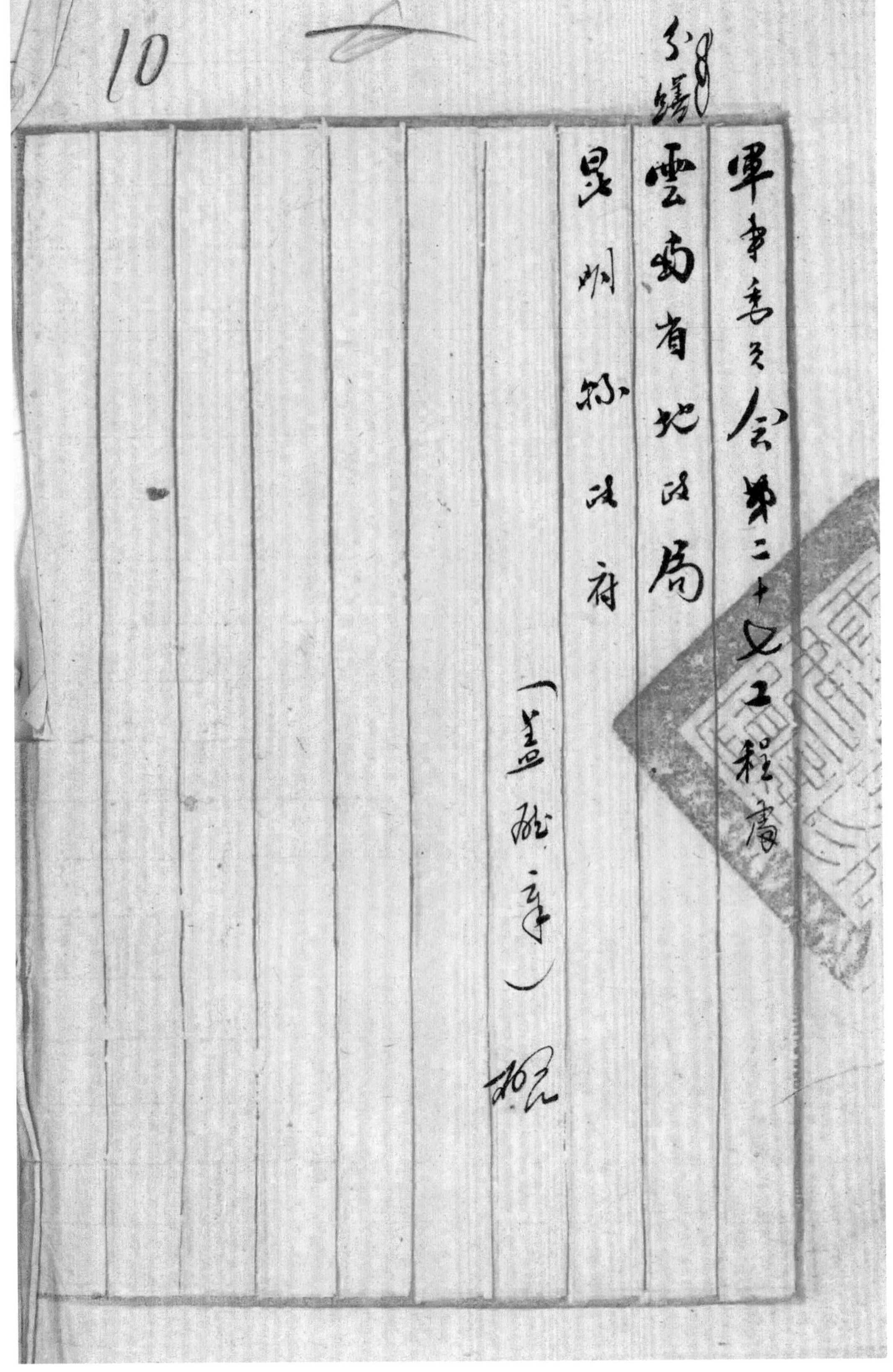

軍事委員會第二十九工程處
雲南省地政局
昆明縣政府
（蓋騎縫章）

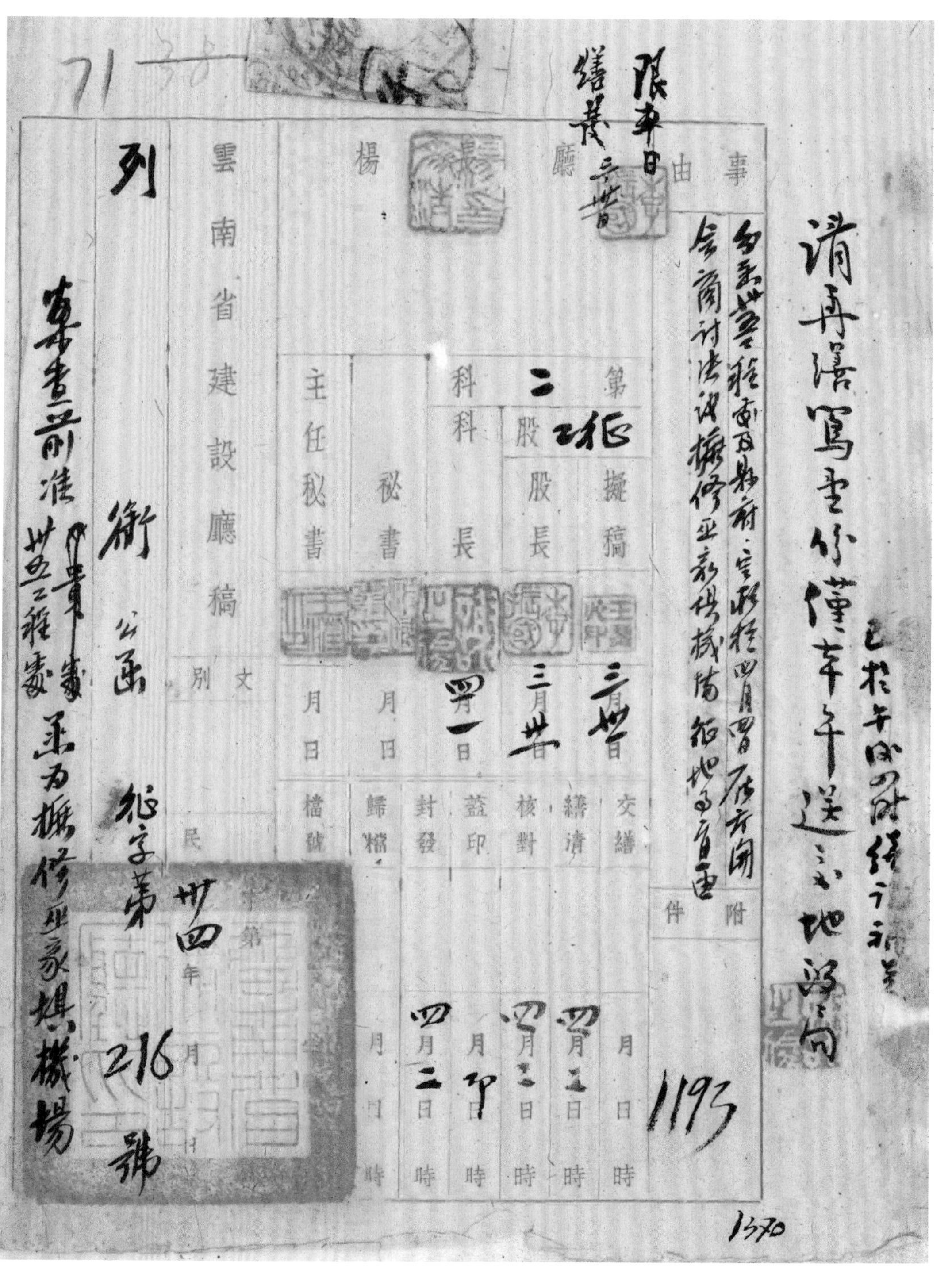
雲南省建設廳稿

事由

附件

第 科

科長

股長

擬稿

主任秘書

秘書

文別

繕清

核對

蓋印

封發

歸檔

檔號

交繕

民 年 月 日

云南省建设厅关于开会商讨扩修巫家坝机场征地事宜致第三十五工程处等机关的公函（一九四五年四月二日）

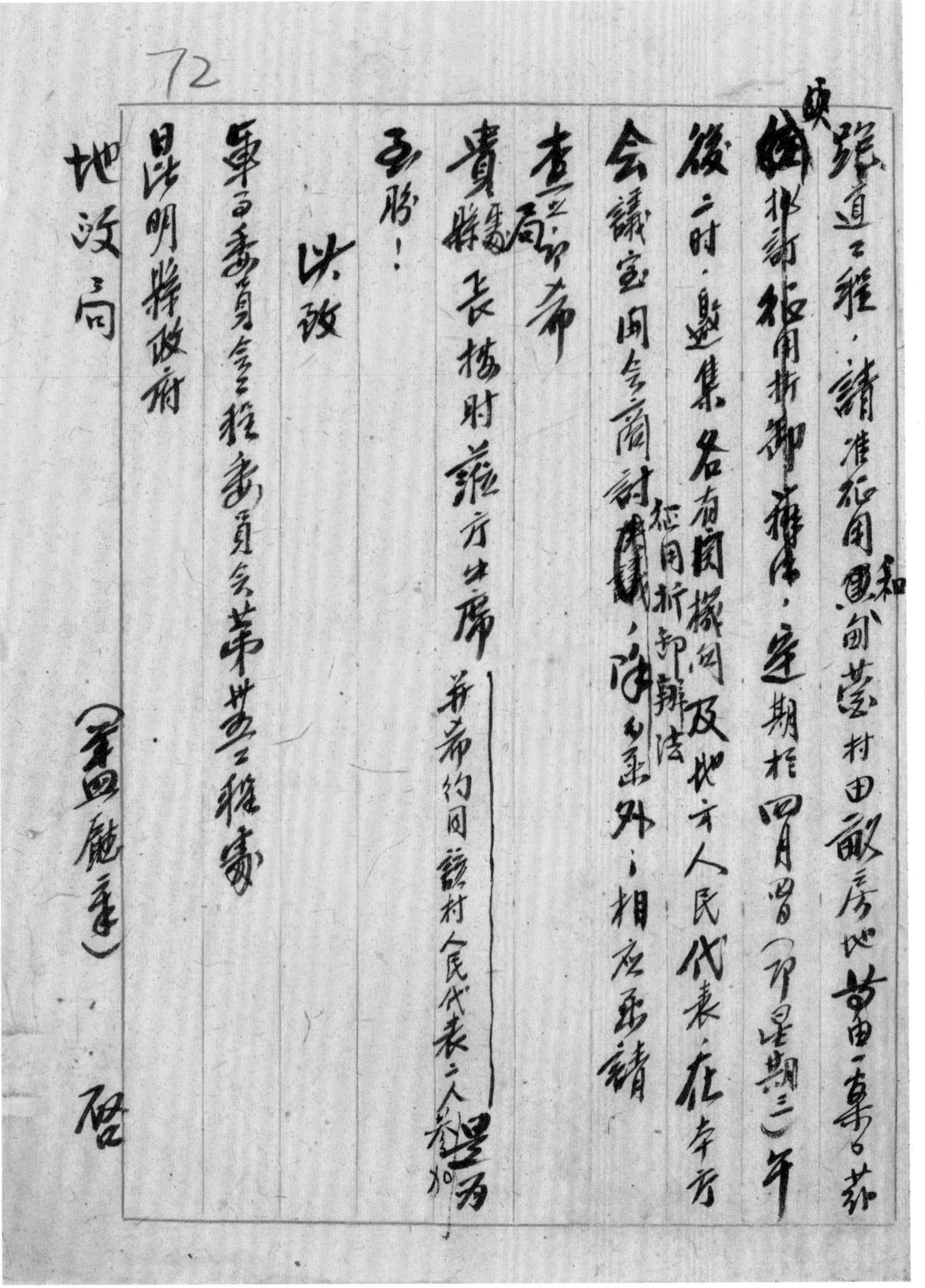

72

跑道工程，請准征用和圆、前營村田畝房地、墳墓、草房等項，
俾辦理征用拆卸手續，並定期於四月四日（即星期三）午
後二時，邀集各有關機關及地方人民代表在本府
会議室開会商討征用拆卸辦法，除分函外，相應函請
查照，屆期即希
貴縣長務希蒞府出席，並希約同該村人民代表二人參加為荷。
至盼！
此致
昆明縣政府
軍事委員会工程委員会第卅五工程處
地政局
（第四處章）啓

云南省政府为陈纳德将军促请征地扩建昆明区飞机场速予会办征购手续事宜致云南省建设厅、地政局的训令（一九四五年四月十六日）

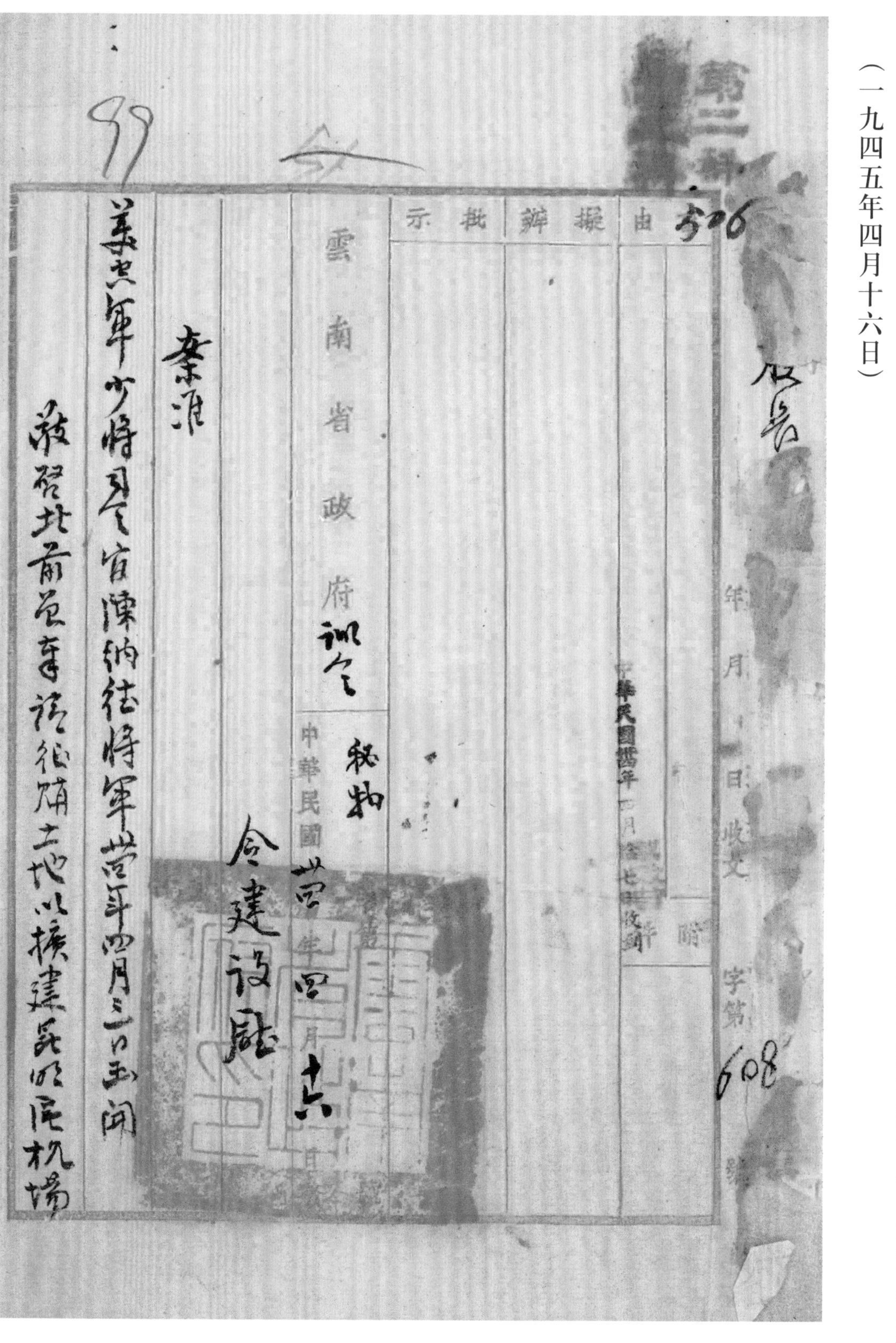

雲南省政府訓令

中華民國卅四年四月十六日

令建設廳

案准

美空軍少將司令官陳納德將軍卅四年四月三日函開

敬啓者前曾奉請征購土地以擴建昆明機場

100

唯延後征購實為驅除倭寇戰爭中獲得勝利之
一大障碍，蓋一日不能征得土地，此軍事迫切需要之
機場設備則一日不能開工興建也。倘此機場不得興建，
不止減低作戰效能，且亦為盟軍作戰計劃中之嚴重阻
撓。今謹附上昆明機場地區計劃圖一紙，於查照該計劃
中之詳細標明此機場新工建築時所必需之地區。
唯以未能獲得該地區之土地，此機場迄今不得興築。
所需征購地區圖中以黃色標定之地區為已經徵
軍工程處申請，其以紅色標定之地區為未來之工
程中所需者，敬乞鈞座迅予協助，如蒙俯允，從速

101

征用此項為擴建昆明機場軍事設施所需之土地則
不僅飛軍完成鉅感且對中美兩軍之作戰上具
莫大之助也
等由准此查此案前經令據該廳詳簽前來復經指令
准予照數在案茲准前由除函復暨分令外合行令
仰該廳迅予會同地政局昆明縣前往迅行征購辦
理征地手續報核勿延

此令

主席 龍雲

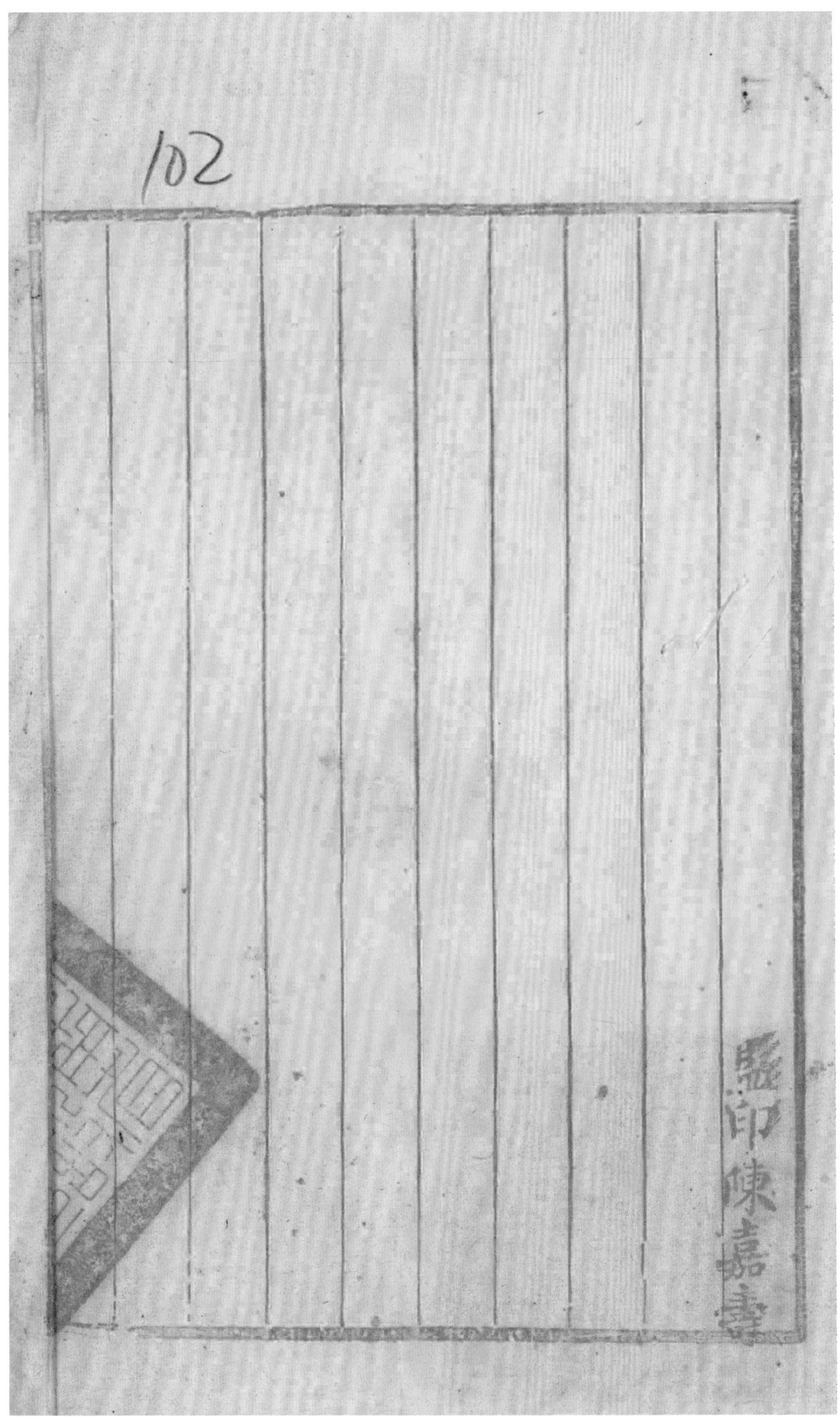
102
監印陳嘉壽

云南省地政局、建设厅关于请予调整扩建巫家坝机场征地费事宜致云南省政府的呈（一九四五年四月三十日）

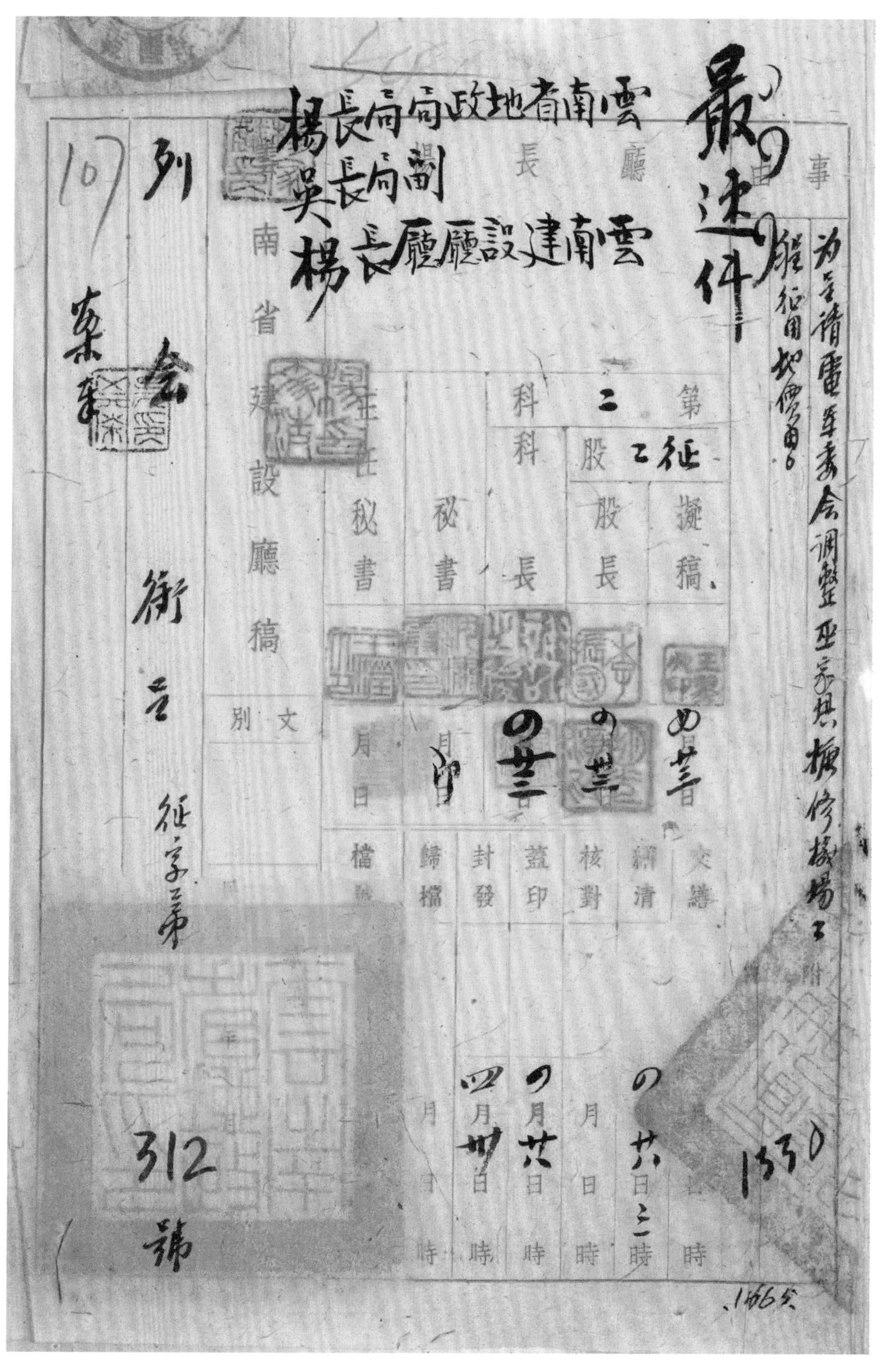

事由：为呈请电军委会调整巫家坝机场征地费……

最速件

雲南省地政局局長楊
副局長吳
雲南建設廳廳長楊

雲南省建設廳稿

第二科 征二股

廳長 主任秘書 秘書 科長 股長 擬稿

列 衔 呈 征字第 312 號

鈞府秘物字不列號訓令：「以准美空軍少將司令官陳納德將軍卅三年四月五日函為擴建昆明區機場，請協助征用土地，以利作戰需要等情，除筋該省府，並令飭同地政局、昆明縣前往進行征購，辦理征地手續，報核」等因，奉此，當經于本月廿日召集各有關機關到府會商，據昆明縣政府及人民請求關於此次擴修巫家壩機場征用田畝地價與青苗補償費暨墳墓遷移費等，因近數月來各項物價高漲，生活倍增，前工程處規定價格太低，人民損失過重，請予調整，當經議決擬具調整價額，由建廳地政局會擬，省稿電軍事委員會工程委員會核辦等語，記錄在卷，並飭由職廳局擬具

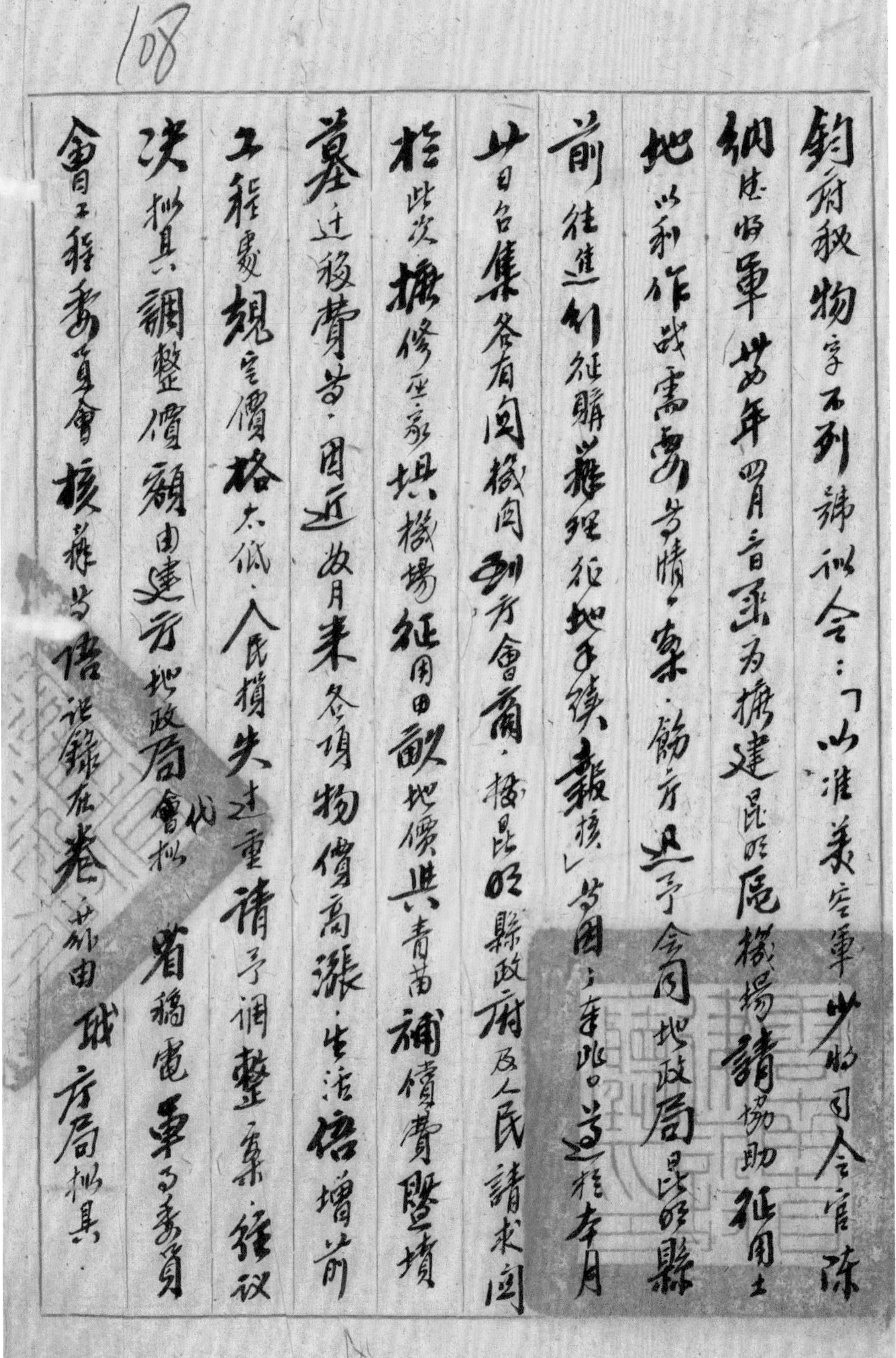

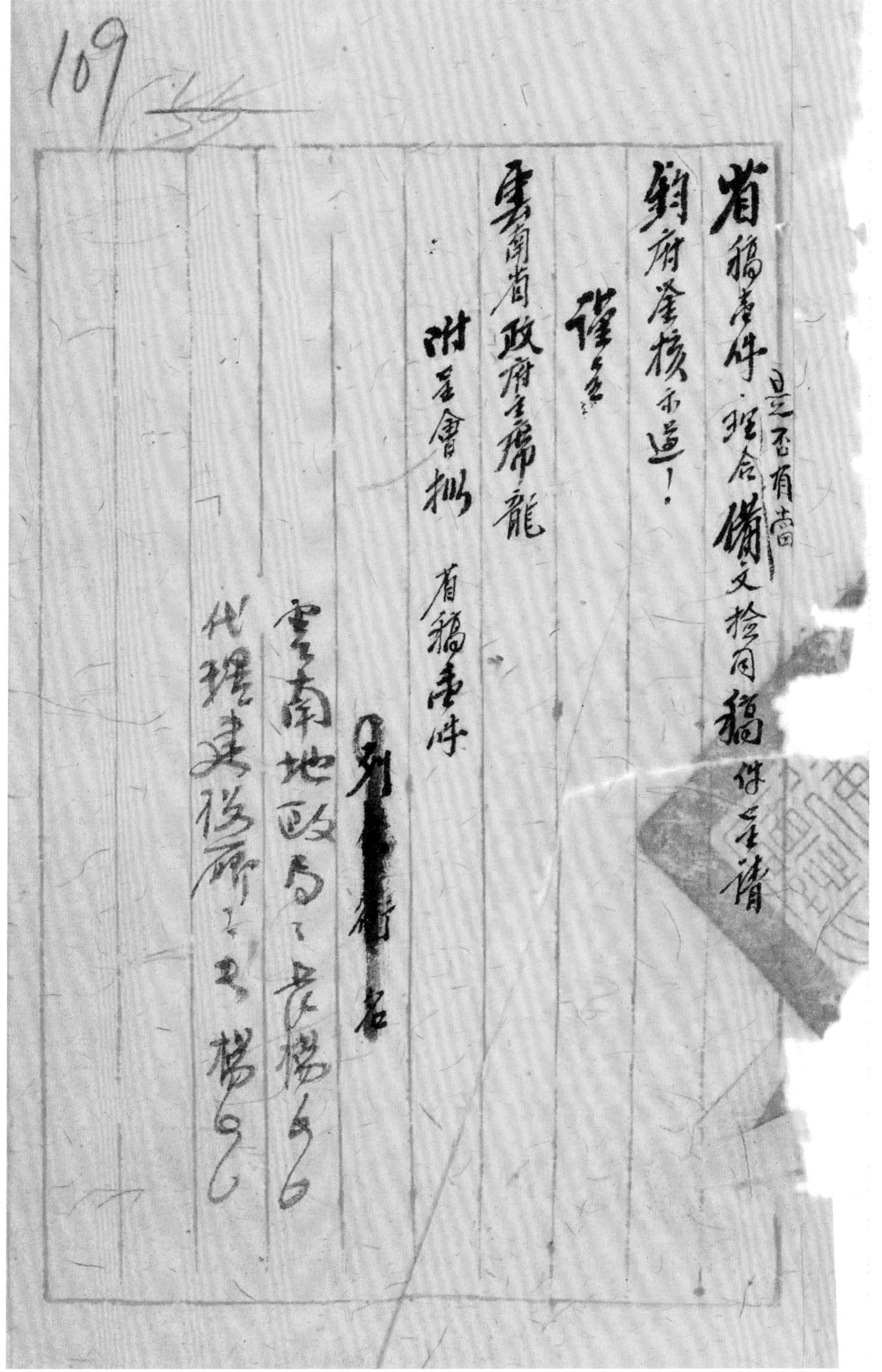

109

省稿一件，是否有當，理合備文檢同稿件，呈請

鈞府鑒核示遵！

謹呈

雲南省政府主席龍

附呈會擬省稿一件

列銜　名

雲南地政局局長楊○○

代理建設廳廳長楊○○

云南省政府关于应呈拟请工程委员会调整扩建巫家坝机场征地费给云南省建设厅、地政局的指令（一九四五年五月二十六日）

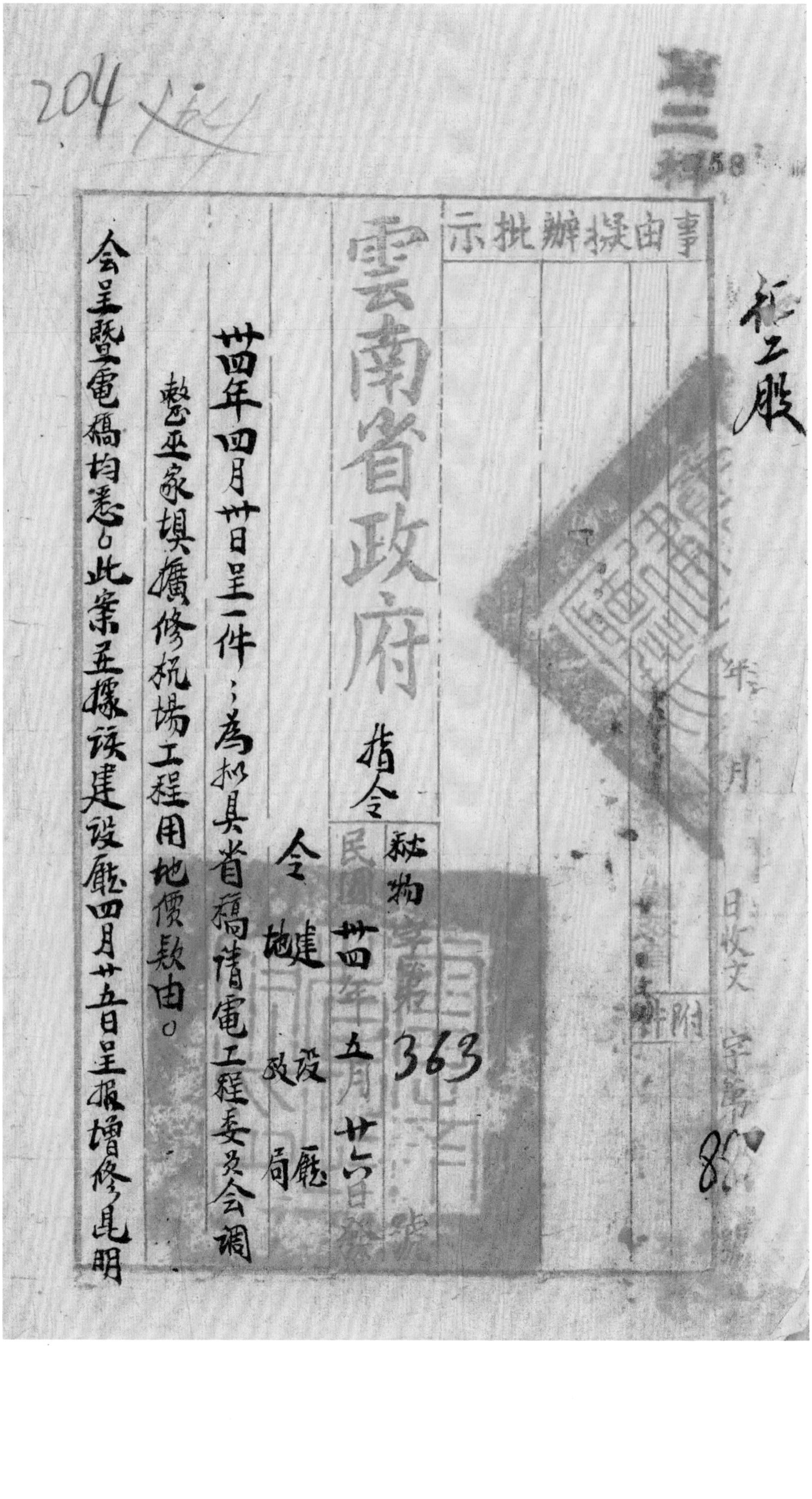

第三科 758

征工股

事由 拟办 批示

雲南省政府指令 秘物字第363号

民国卅四年五月廿六日发

令建设厅、地政局

卅四年四月廿日呈一件，为拟具省稿请电工程委员会调整巫家坝扩修机场工程用地价款由。

会呈暨电稿均悉。此案并据该建设厅四月廿五日呈报增修昆明

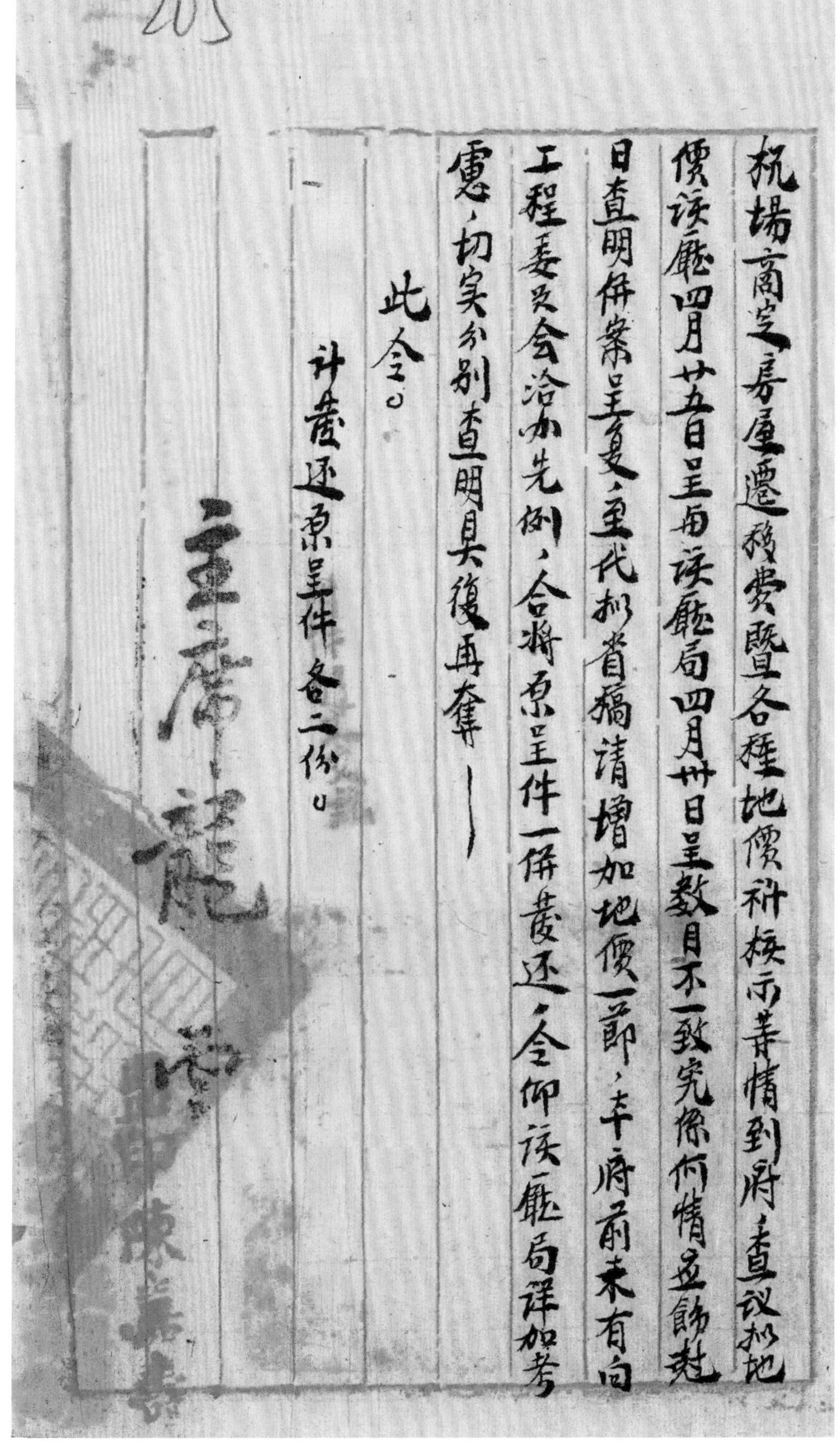

205

机場商定房屋遷移費暨各種地價科核示并情到府查議机地價該廠四月廿五日呈與該廠局四月卅日呈數目不一致究係何情並飭趕日查明併案呈复至代擬省稿請增加地價一節本府前未有向工程委員会洽办先例合將原呈件一併發还仰該廠局詳加考慮切實分別查明具復再奪

此令。

計發还原呈件各二份。

主席 龍

后记

本书编纂工作在《抗日战争档案汇编》编纂出版工作领导小组和编纂委员会的具体领导下进行。

为做好本书编纂出版工作，云南省档案局成立了《抗日战争档案汇编》编委会，局馆长黄凤平任主任，统筹协调编纂工作。在本书编纂过程中，梁屹峰拟定了编纂大纲并对全书进行审定，副局长段俐娟对定稿进行了复审。李艳完成档案选取、标题拟写和统稿，刘春茂参与档案的选取、标题拟写及相关编辑工作。殷俊燕、黄燕玲、和丽琨、李燕、杨萍、唐娟参与了编纂大纲的论证和对所选档案与标题的校对。

国家档案局、中央档案馆、中国第二历史档案馆的同志审阅了书稿并提出宝贵修改意见，对本书编辑工作鼎力相助；中华书局为本书的顺利出版工作提供了强有力的支持。我们在此致以诚挚的感谢！

由于时间久远，部分档案存疑的地方难以考证，限于编者的学识和水平，本书难免会有疏漏，敬请专家和读者指正。

编 者

二〇二〇年八月